高等职业教育土建类专业系列教材

建筑设备

主　编　常　澄
副主编　冯春红
参　编　夏　云　袁学锋

机 械 工 业 出 版 社

本书主要介绍了与房屋建筑紧密联系的建筑设备所涉及的内容，包括给水排水工程、暖通与空调工程和电气工程三个模块，室外给水排水工程、建筑给水系统、建筑排水系统、建筑消防给水系统、热水供应系统与饮水供应系统、建筑给水排水识图、建筑供暖系统、建筑通风及空气调节系统、电工基本知识和低压电气设备、建筑供配电系统、建筑电气照明系统、建筑施工现场供配电、安全用电与建筑防雷、建筑智能化和建筑电气分部工程技能训练共15个单元。每个单元前设有学习目标、学习内容和能力要点，各单元后设有思考题，以利于学生在学习过程中有所侧重，进一步理解和巩固。

本书可作为高职高专建筑工程技术、工程监理专业的教材，也可供相关专业教学、参考使用。

本书配有电子课件，凡选用本书作为教材的教师均可登录机械工业出版社教育服务网 www.cmpedu.com 下载，或拨打编辑电话 010-88379373 索取。

图书在版编目（CIP）数据

建筑设备 / 常澄主编．—北京：机械工业出版社，2018.10（2022.7 重印）
高等职业教育土建类专业系列教材
ISBN 978-7-111-60984-1

Ⅰ．①建…　Ⅱ．①常…　Ⅲ．①房屋建筑设备—高等职业教育—教材
Ⅳ．① TU8

中国版本图书馆 CIP 数据核字（2018）第 216048 号

机械工业出版社（北京市百万庄大街 22 号　邮政编码 100037）
策划编辑：饶雯婧　　　　责任编辑：饶雯婧　高凤春
责任校对：刘志文　张　薇　封面设计：鞠　杨
责任印制：刘　媛
涿州市般润文化传播有限公司印刷
2022 年 7 月第 1 版第 5 次印刷
184mm×260mm · 12.75 印张 · 304 千字
标准书号：ISBN 978-7-111-60984-1
定价：35.00 元

电话服务
客服电话：010-88361066
　　　　　010-88379833
　　　　　010-68326294

网络服务
机　工　官　网：www.cmpbook.com
机　工　官　博：weibo.com/cmp1952
金　　书　　网：www.golden-book.com
机工教育服务网：www.cmpedu.com

前言

本书编写力求体现高职教育的特征，基础理论以必需、够用为度，淡化理论推导，降低内容深度，力求简明扼要、通俗易懂，注重实践性和实用性，体系完备、结构新颖、内容翔实、图文并茂、深入浅出、系统性强，结合现行规范和标准，体现当代的新材料、新技术、新工艺，适应高职高专人才培养的需求。

本书由泰州职业技术学院常澄担任主编，冯春红担任副主编，夏云、袁学锋参与编写。具体的编写分工如下：常澄负责拟定本书的编写方案和全书校对工作并编写了单元 1 ～单元 6，冯春红负责本书的统稿工作并编写了单元 9 ～单元 15，夏云、袁学锋编写了单元 7 和单元 8。

编者在本书的编写过程中参考了大量的书籍资料，在此向有关作者表示衷心的感谢。

由于编者水平有限，加之新材料、新技术、新工艺不断涌现，不妥之处在所难免，敬请专家、读者批评指正。

编　者

目录

前言
模块一　给水排水工程……1
单元 1　室外给水排水工程……1
1.1　室外给水系统……1
1.2　室外排水系统……3
1.3　海绵城市系统……4
思考题……8
单元 2　建筑给水系统……9
2.1　建筑给水系统的分类、组成及给水方式……9
2.2　建筑给水系统常用管材及附件……15
2.3　建筑给水系统常用设备……21
2.4　建筑给水管道布置和敷设……24
思考题……27
单元 3　建筑排水系统……28
3.1　建筑排水系统的分类及组成……28
3.2　建筑排水常用的管材、附件及卫生器具……30
3.3　室内排水管道的布置与敷设……38
3.4　建筑雨水排水系统……41
3.5　建筑中水工程……43
3.6　高层建筑排水系统……44
思考题……47
单元 4　建筑消防给水系统……48
4.1　消火栓给水系统……48
4.2　自动喷水灭火系统……50
4.3　其他固定灭火设施……56
思考题……57
单元 5　热水供应系统与饮水供应系统……58
5.1　热水供应系统……58
5.2　饮水供应系统……62
思考题……64

单元 6　建筑给水排水识图 ……65
6.1　建筑给水排水系统常用图例 ……65
6.2　建筑给水排水施工图的基本内容及识图方法 ……69
思考题 ……70
模块二　暖通与空调工程 ……71
单元 7　建筑供暖系统 ……71
7.1　室内供暖系统 ……71
7.2　供暖系统管材、管件、阀门及散热设备 ……81
思考题 ……87
单元 8　建筑通风及空气调节系统 ……89
8.1　通风的任务及作用 ……89
8.2　通风方式 ……89
8.3　高层建筑的防火排烟 ……92
8.4　空气调节系统 ……92
8.5　空气处理方式与处理设备 ……97
思考题 ……100
模块三　电气工程 ……101
单元 9　电工基本知识和低压电气设备 ……101
9.1　电路的组成及其基本物理量 ……101
9.2　常用的建筑低压电气设备 ……108
9.3　建筑电气工程常用材料 ……116
思考题 ……121
单元 10　建筑供配电系统 ……123
10.1　建筑配电系统的基本知识 ……123
10.2　室内配线 ……127
思考题 ……134
单元 11　建筑电气照明系统 ……136
11.1　电气照明的基础知识 ……136
11.2　电光源与灯具 ……139
11.3　照明器具的安装 ……146
思考题 ……151
单元 12　建筑施工现场供配电 ……152
12.1　建筑施工现场临时用电的特点 ……152
12.2　建筑施工现场临时用电的设置原则 ……153
12.3　建筑施工现场的临时电源设施 ……155
12.4　建筑施工现场低压配电线路和电气设备安装 ……156
思考题 ……161

单元 13　安全用电与建筑防雷 ······························ 162
13.1　安全用电 ······························ 162
13.2　建筑防雷 ······························ 169
思考题 ······························ 175
单元 14　建筑智能化 ······························ 176
14.1　建筑智能化的概念 ······························ 176
14.2　建筑智能化系统简介 ······························ 180
思考题 ······························ 190
单元 15　建筑电气分部工程技能训练 ······························ 191
15.1　常用的建筑电气图例、文字代号和标注格式 ······························ 191
15.2　建筑电气工程施工图的基本内容及识图方法 ······························ 196
思考题 ······························ 197
参考文献 ······························ 198

模块一　给水排水工程

单元1　室外给水排水工程

学习目标

了解城市给水系统供水水源的种类；熟悉城市给水和排水系统的分类和组成；掌握城市给水和排水系统管道布置、敷设和安装工艺要求；了解海绵城市相关知识。

学习内容

1. 城市和小区给水排水系统形式和组成。
2. 室外给水、排水系统的布置和敷设方式。
3. 海绵城市的组成、施工方法。

能力要点

1. 了解水源种类，熟悉给水系统工艺流程。
2. 掌握室外给水、排水系统安装的程序和施工工艺要点。
3. 掌握海绵城市的组成及施工方法。

1.1　室外给水系统

1.1.1　水资源现状

水是人类赖以生存的物质。

水的广义概念：包括海洋、地下水、冰川、湖泊、河川径流、土壤水、大气水在内的各种水体。

水的狭义概念：广义范围内逐年可以得到恢复更新的淡水。

水的工程概念：少量用于冷却的海水和狭义范围内在一定技术经济条件下，可以被人们使用的水。

虽然我国水资源总量多，但由于人口数量庞大，人均用水量低，其中能作为饮用水的水资源更是有限。工业废水、生活污水和其他废弃物进入江河湖海等水体，超过水体自净能力所造成的污染，会导致水体的物理、化学、生物等方面特征的改变，从而影响到水的利用价值，危害人体健康或破坏生态环境，造成水质恶化的现象。

我国的水质分为五类，作为饮用水源的仅为Ⅰ、Ⅱ、Ⅲ类。2016 年，我国达不到饮用水源标准的Ⅳ类、Ⅴ类及劣Ⅴ类水体在河流、湖泊（水库）、省界水体及地表水中占比分别高达 28.8%、33.9%、32.9% 及 32.3%，且与欧美国家相比较，我国水体污染主要以重金属和有机物等严重污染为主。

2016 年，全国地表水 1940 个评价、考核指标中，Ⅰ类、Ⅱ类、Ⅲ类、Ⅳ类、Ⅴ类和劣Ⅴ类水质断面分别占 2.4%、37.5%、27.9%、16.8%、6.9% 和 8.6%。以地下水含水系统为单元，潜水为主的浅层地下水和承压水为主的中深层地下水为对象的 6124 个地下水水质监测点中，水质为优良级、良好级、较好级、较差级和极差级的监测点分别占 10.1%、25.4%、4.4%、45.4% 和 14.7%。目前，海河、辽河、黄河、淮河、松花江五大重点流域均处于超标状态。

1.1.2 室外给水系统的组成

室外给水系统又称为给水工程，是为满足城乡居民及工业生产等用水需要而建造的工程设施。其任务是自水源取水，并将其净化到所要求的水质标准后，经输配水系统送往用户。它包括给水水源、取水构筑物、净水构筑物和输配水构筑物四部分。经净水工程处理后，水源由原水变为通常所称的自来水，满足建筑物的用水要求。

1. 给水水源

给水系统按水源的不同可分为：地表水源给水系统和地下水源给水系统。

（1）地表水源给水系统

地表水源给水系统是指以地表水（江、河、湖泊、水库等）为水源的给水系统。其特点为径流量较大、汛期混浊度较高、水温变幅大、有机污染物和细菌含量高、容易受到污染、具有明显的季节性、矿化度及硬度低。

地表水源给水系统由取水头、一级泵站、沉淀设备、过滤设备、消毒设备、清水池、二级泵站、输水管道、水塔和城市配水管网组成，如图 1-1 所示。

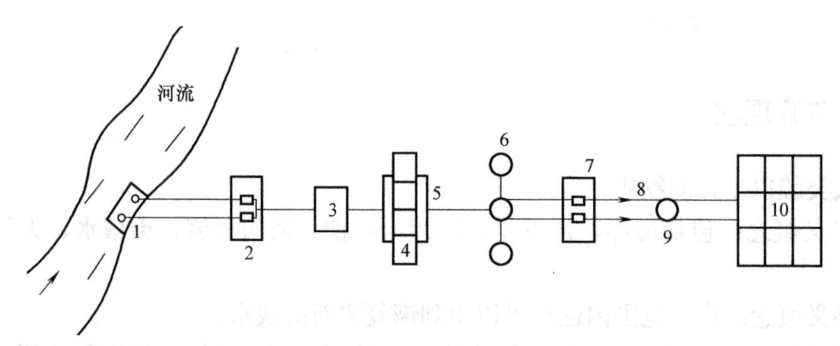

图 1-1　地表水源给水系统

1—取水头　2—一级泵站　3—沉淀池　4—过滤设备　5—消毒设备　6—清水池
7—二级泵站　8—输水管道　9—水塔　10—城市配水管网

（2）地下水源给水系统

地下水源给水系统是指以地下水为水源的给水系统。其特点为水质清澈、水温稳定、分布面广、矿化度及硬度高、径流量小。

地下水源给水系统由集水井、清水池、一级泵站、二级泵站、输水管道、水塔和城市配水管网组成，如图 1-2 所示。

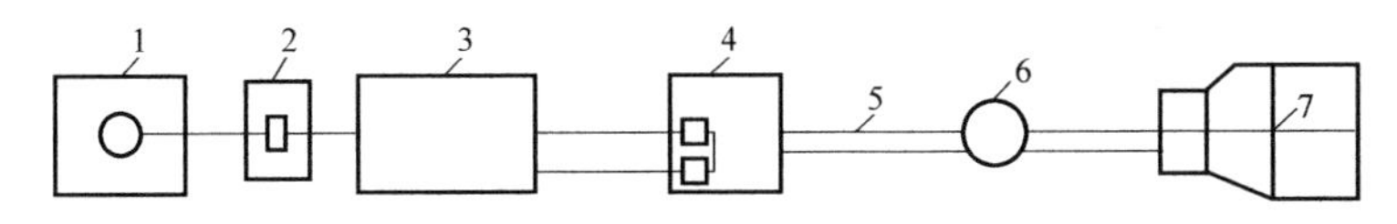

图 1-2 地下水源给水系统

1—集水井 2——级泵站 3—清水池 4—二级泵站 5—输水管道 6—水塔 7—城市配水管网

2．取水构筑物

取水构筑物是指从天然水源取水而建造的构筑物。其包括取水头、集水井和一级泵站，主要任务是取得充足水量和良好水质的原水。

3．净水构筑物

净水构筑物是指为净化原水而建造的构筑物和设备。其主要包括沉淀池、过滤池、消毒设备和清水池，主要任务是将天然水（原水）进行一系列的处理，使其达到符合国家生活饮用水标准或生产工艺用水标准的要求。

4．输配水构筑物

输配水构筑物是指将处理后的净水以一定的压力通过管网输送给各用户的构筑物。其主要包括输水管道、二级泵站、配水管网、水塔或高位水箱等管网和设备，主要任务是将处理后的洁净水经过二级泵站加压输水管道和配水管网送至水塔供给用户使用。

5. 配水管网布置与敷设

配水管网是指将输水管道送来的水分配给各用户的管道系统。配水管网布置应根据城市规划、用户分布以及用户对用水安全可靠性需求的程度来确定其布置形式。

1）树枝状管网：供水管线向供水区延伸，管线的管径随用水量的减少而逐渐缩小。树枝状管网管线长度较短、结构简单、供水直接、投资省，但供水安全可靠性较差。树枝状管网一般用于小城镇、工业区和车间给水管道布置。

2）环状管网：是指城镇配水管网通过阀门将管路连接成环状供用户安全可靠的用水。环状管网管线阀门用量大、造价高，但断水影响范围小，供水较安全可靠。环状管网常用于较大城市的供水管网中或用于不能停水的工业区。

3）综合管网：是指在城市中心区域用水量大的地区设置环状管网，而在边远地区、供水可靠性要求不高的地区设置树枝状管网的一种综合分布形式。综合管网常用于大、中型城市的供水管网中，供水安全可靠、管线布置科学合理。

1.2 室外排水系统

1.2.1 室外排水系统的形式

室外排水系统主要有合流制和分流制两种排水形式。新建住宅小区建议采用生活污水与雨水分流的排水系统。采用合流制排水的小区和城市排水系统应逐步进行管网改造，早日实现分质分流排水，以利于后期的污水处理。

1.2.2 室外排水系统的组成

1. 污水排水系统

污水排水系统是由城市污水管道、城市污水检查井、小区室外污水排水管道、小区污水泵站及压力管道、小区污水检查井及碰头井、建筑化粪池、城市污水处理厂和污水出水口等组成的。

2. 工业废水排水系统

工业废水排水系统是由厂区废水排水管道、厂区废水检查井、厂区废水泵站及压力管道、厂区废水处理站、废水出水口和厂区废水处理后循环管道等组成的。

3. 雨雪水排水系统

雨雪水排水系统是由城市雨水排水管道、城市雨水检查井、小区雨水排水管道、小区雨水检查井、雨水口、雨水碰头井、雨水泵站、雨水沉淀池、雨水过滤设备、中水贮水池、中水管道及中水泵站等组成的。

1.3 海绵城市系统

海绵城市，是新一代城市雨洪管理概念，是指城市在适应环境变化和应对雨水带来的自然灾害等方面具有良好的“弹性”，也可称为“水弹性城市”。国际通用术语为“低影响开发雨水系统构建”。下雨时吸水、蓄水、渗水、净水，需要时将蓄存的水“释放”并加以利用。

1.3.1 海绵城市——渗

由于城市硬质路面过多，改变了原有自然生态和水文特征，因此，加强自然渗透，可以减少从水泥地面、路面汇集到管网中的雨水，减少地表径流，同时，可以涵养地下水，补充地下水的不足，还能通过土壤净化水质，改善城市微气候。加强自然渗透，主要通过改变各种路面性质、地面铺装，改造屋顶绿化，调整绿地竖向设计，从源头将雨水留下来然后“渗”下去。地面铺装包括透水景观的铺装（图 1-3）及透水道的铺装（图 1-4）。

海绵城市的建设措施不仅在于地面，屋顶和屋面雨水的处理也同样重要。在承重、防水和坡度合适的屋面打造绿色屋顶，利于屋面完成雨水的减排和净化。

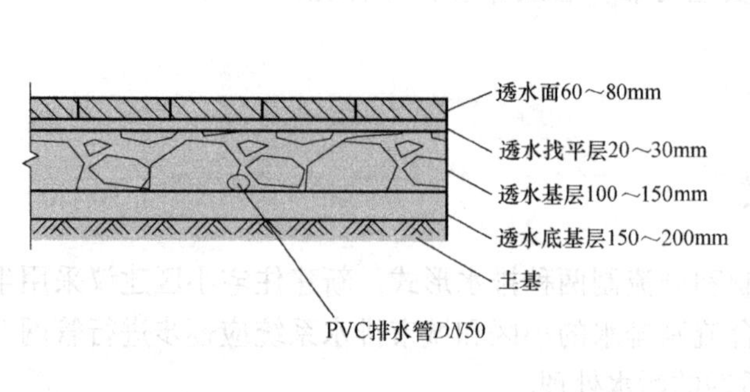

图 1-3 透水景观铺装

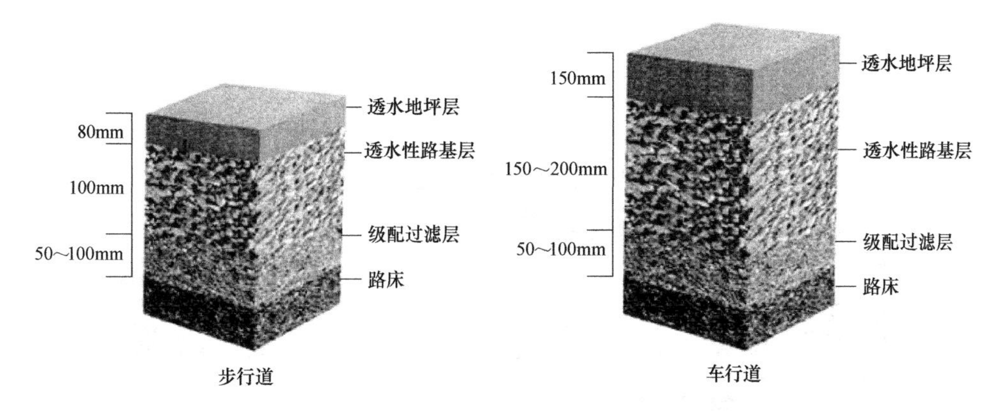

图 1-4 透水道铺装

对于不适用绿色屋顶的屋面，也可以通过排水沟、雨水链等方式收集引导雨水进行储蓄或下渗。

1.3.2 海绵城市——蓄

“蓄”即把雨水留下来，尊重自然的地形地貌，使降雨得到自然散落。如果不合理的人工建设破坏了自然地形地貌，使得短时间内雨水汇集过于集中，就形成了内涝。所以要把降雨蓄起来，以达到调蓄和错峰。目前地下蓄水样式多样，常用的形式有两种：蓄水模块和地下蓄水池。

1. 蓄水模块

蓄水模块是一种可以用来储存水，但不占空间的新型产品。它具有超强的承压能力，95% 的镂空空间可以实现更有效率的蓄水，如图 1-5 所示。配合防水布或者土工布可以完成蓄水、排放，同时还需要在结构内设置进水管、出水管、水泵位置和检查井。

图 1-5 蓄水模块

2. 地下蓄水池

地下蓄水池由水池池体，水池进水沉沙井，水池出水井，高低位通气帽，水池进，出水水管，水池溢流管，水池曝气系统等组成，如图 1-6 所示。

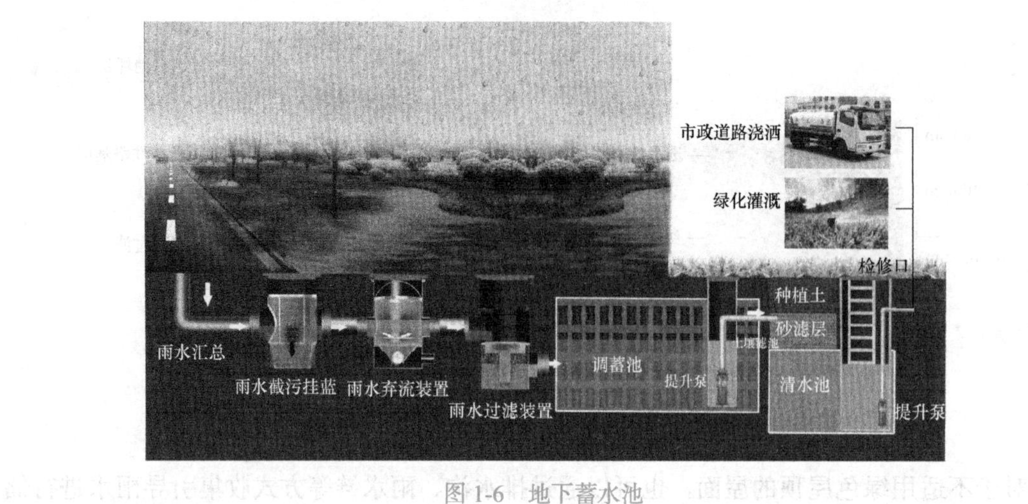

图 1-6　地下蓄水池

1.3.3　海绵城市——滞

“滞”的主要作用是延缓短时间内形成的雨水径流量。例如，通过微地形调节，让雨水慢慢地汇集到指定地点，用时间换空间。通过“滞”，可以延缓形成径流的高峰。具体形式总结为四种：雨水花园（图 1-7）、生态滞留池（图 1-8）、渗透池和人工湿地。

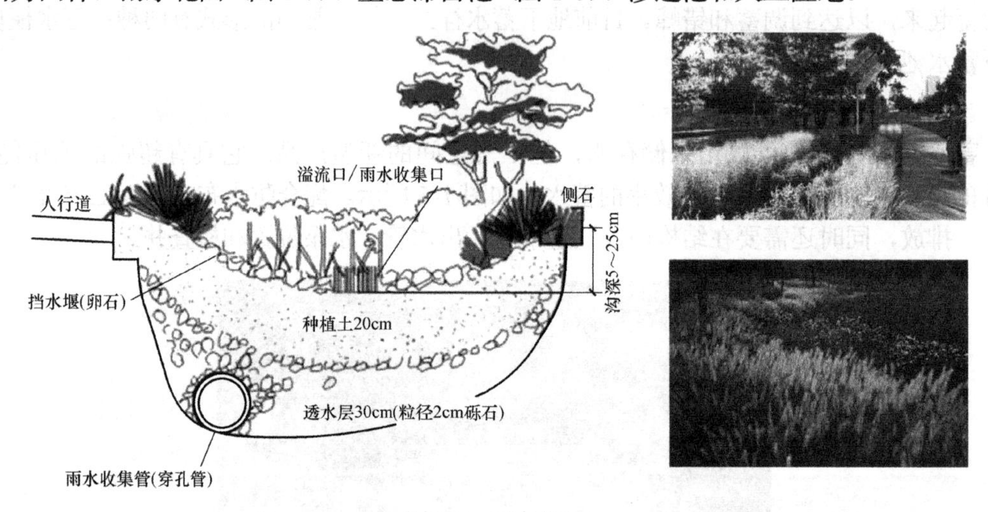

图 1-7　雨水花园

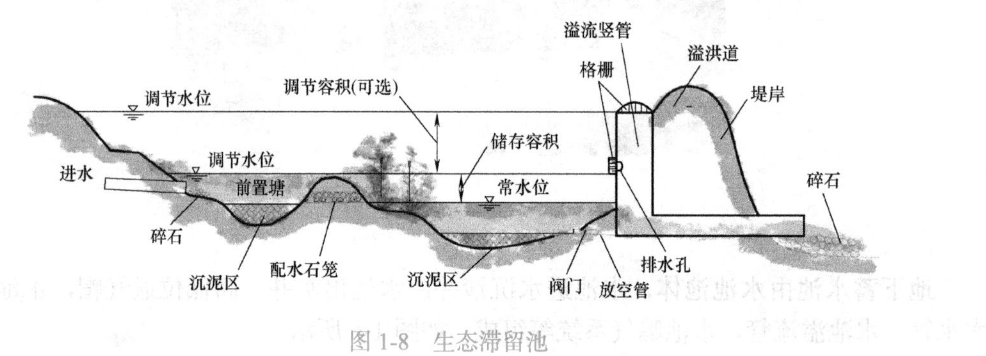

图 1-8　生态滞留池

1.3.4 海绵城市——净

“净”是指通过土壤、植被、绿地系统等的渗透，对水质产生净化。因此，雨水蓄留后，经过净化处理，可以回用到城市中。现阶段的净化过程分为三个环节：土壤渗滤净化、人工湿地净化和生物处理。

土壤渗滤净化：大部分雨水在收集时同时进行土壤渗滤净化，并通过穿孔管将收集的雨水排入次级净化池或贮存在渗滤池中；来不及通过土壤渗滤的表层水经过水生植物初步过滤后排入初级净化池中，如图1-9所示。

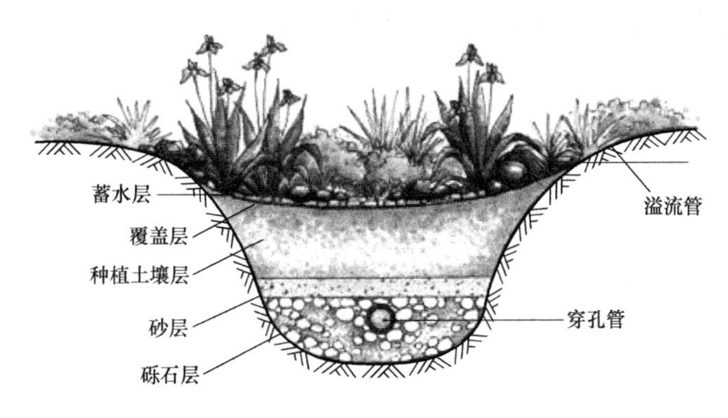

图1-9 土壤渗滤净化

人工湿地净化：分为两个处理过程，一是初级净化池，净化经土壤渗滤的雨水；二是次级净化池，进一步净化初级净化池排出的雨水以及经土壤渗滤排出的雨水；经二次净化的雨水排入下游清水池中，或用水泵直接提升到山地贮水池中。初级净化池与次级净化池之间、次级净化池与清水池之间用水泵进行循环，如图1-10所示。

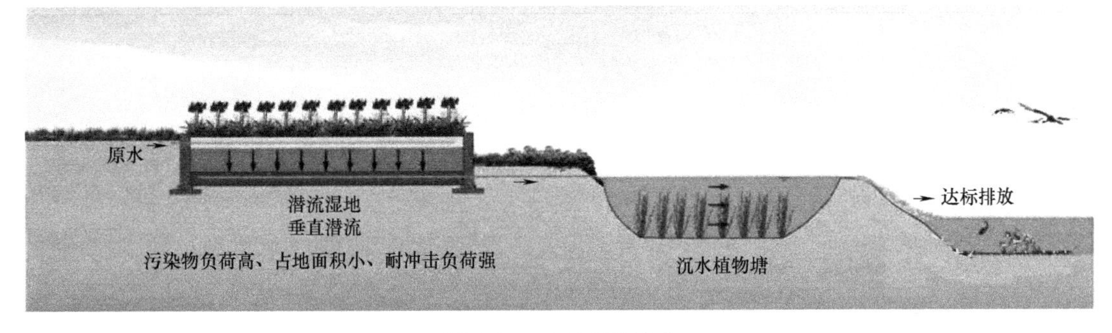

图1-10 人工湿地净化

生物处理：生物处理是指利用生物（细菌、霉菌）或原生动物的代谢作用处理污水，并将其转化为稳定无害的无机物的一种废水处理方法。结合人工湿地设计生物处理系统，可成为处理冲厕，盥洗排水的净化系统。生物处理可分为好氧性处理和厌氧性处理两种。

1.3.5 海绵城市——用

“用”是指经过土壤渗滤净化、人工湿地净化、生物处理多层净化之后的雨水要尽可能被利用，收集雨水可用于建筑施工、绿化灌溉、洗车、抽水马桶、消防、景观用水。

1.3.6 海绵城市——排

“排”是指通过城市竖向与工程设施相结合，排水防涝设施与天然水系河道相结合，地面排水与地下雨水管渠相结合的方式来实现一般排放和超标雨水的排放，避免内涝等灾害。有些城市因为降雨过多导致内涝，这就必须要采取人工措施，把雨水排掉。

当雨峰值过大的时候，经过雨水花园、生态滞留区、渗透池净化之后蓄起来的雨水一部分用于绿化灌溉、日常生活，一部分经过渗透补给地下水，多余的部分就经市政管网排进河流。这不仅降低了雨水峰值过高时出现积水的概率，也减少了第一时间对水源的直接污染。

1. 城市给水系统由哪几部分组成？分为哪几类？
2. 画图说明地表水源给水系统的工艺流程。
3. 室外排水系统有哪几种形式？由哪几部分组成？
4. 什么是海绵城市？有什么作用？

单元2 建筑给水系统

学习目标

掌握建筑内部给水系统的分类、组成及给水方式，给水管路的布置与敷设方法；了解给水升压和贮水设备及建筑中水工程；掌握给水系统与建筑的配合。

学习内容

1. 建筑给水系统的分类和组成。
2. 建筑给水系统的给水方式和给水管道的布置与敷设。
3. 建筑给水系统管材与连接。

能力要点

1. 要求学生熟悉常用的给水管材、管件、阀门及卫生器具的选择和安装。
2. 能正确选择给水方式和管道敷设方法。
3. 施工时能做好给水系统与建筑的配合。

2.1 建筑给水系统的分类、组成及给水方式

建筑给水系统的任务是将室外给水管网中的水输送到室内各用水设备，并满足用户对水质、水量和水压三方面的要求。

2.1.1 建筑给水系统的分类

根据用户对水质、水量、水压和水温的要求，室内给水系统按用途基本上可分为三类：生活给水系统、生产给水系统和消防给水系统。

1. 生活给水系统

生活给水系统是供民用、公共建筑和工业企业建筑内的饮用、烹调、盥洗、洗涤、淋浴等生活用水。根据用水需求的不同，生活给水系统可分为：饮用水系统、杂用水系统和建筑中水系统。饮用水系统要求水质必须严格符合《生活饮用水卫生标准》(GB 5749—2006)。

2. 生产给水系统

生产用水对水质、水量、水压以及安全方面的要求由于工艺不同，差异很大。生产用水主要用于以下几方面：生产设备的冷却、原料和产品的洗涤、锅炉用水及某些工业原料用水等。生产给水系统可分为：循环给水系统、复用水给水系统、软化水给水系统和纯水给水系统。

3. 消防给水系统

消防给水系统是指供给民用建筑、大型公共建筑及某些生产车间的消防系统的消防设备用水，用于扑灭火灾和控制火灾蔓延。消防用水对水质没有要求，但必须按建筑防火规范保证有足够的水量和水压。消防给水系统包括消火栓给水系统和自动喷水灭火给水系统。

上述三种给水系统在一幢建筑物内并不一定需要单独设置，可以按水质、水压、水量的要求，结合室外给水系统情况并考虑技术、经济和安全条件，组成不同的共用给水系统。如生活 - 生产共用给水系统、生产 - 消防共用给水系统等。但在共用时需保证生活用水不受污染。

2.1.2 建筑给水系统的组成

室内给水系统一般由下列各部分组成，如图 2-1 所示。

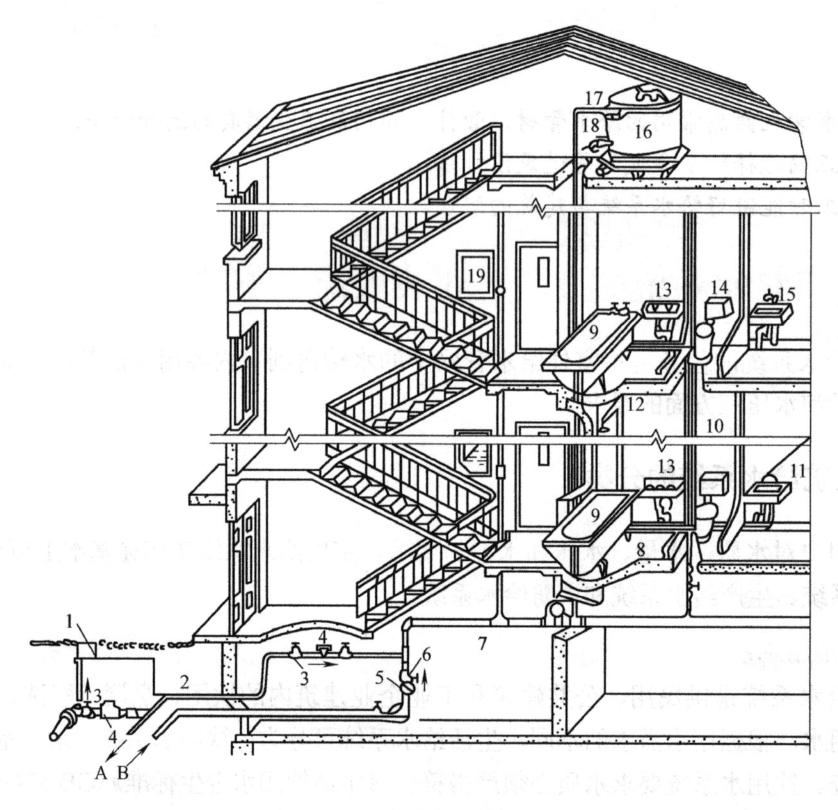

图 2-1 室内给水系统的组成

1—阀门井 2—引入管 3—闸阀 4—水表 5—水泵 6—止回阀 7—干管 8—支管 9—浴盆 10—立管 11—洗涤盆 12—淋浴器 13—洗脸盆 14—坐式大便器 15—水龙头 16—水箱 17—进水管 18—出水管 19—消火栓 A—入储水池 B—来自储水池

1. 引入管

引入管是指室外给水管网与室内给水管道之间的联络管段，也称为进户管。其作用是将水从室外给水管网引入到建筑物内部给水系统。对于一个工厂、一个建筑群体、一个学校，引入管就是指总进水管。

2. 水表节点

水表节点是指引入管上装设的水表及其前后设置的闸阀、泄水装置等的总称。闸阀用以关闭管网，以便修理和拆换水表；泄水装置为检修时放空管网、检测水表精度及测定进户点压力值。为了保证水表前水流平稳、水表的计量准确，在螺翼式水表与闸阀间应有8～10倍水表直径的直线管段。

3. 管道系统

管道系统包括室内给水干管、立管、横管和支管等，将水输送到各个供水区域和用水点。

4. 给水附件

为了便于取用水、调节水量和管路维修，通常需要在给水管路上设置各种给水附件，如闸阀、止回阀及各式水龙头等。

5. 升压和贮水设备

在室外给水管网提供的压力不足或室内对安全供水、水压稳定有一定要求时，需设置各种附属设备，如水箱、水泵、气压装置、水池等升压和贮水设备。

6. 建筑消防设备

按照建筑物的防火要求及规定需要设置消防给水时，一般应设置消火栓消防设备。有特殊要求时，还应设置自动喷水灭火消防设备。

7. 给水局部处理设备

当建筑物所在地点的水质不符合要求或室内给水水质要求超出我国现行标准时，需要设置给水深度处理构筑物和设备，对水进行局部处理。

2.1.3　常用的建筑给水方式

建筑给水方式的选择必须依据用户对水质、水压和水量的要求，室外管网所能提供的水质、水量和水压的情况，卫生器具及消防设备在建筑物内的分布，用户对供水安全可靠性的要求等条件来确定。

1. 建筑给水方式的选择原则

1）在满足用户要求的前提下，应力求给水系统简单、管道长度短，以降低工程费用和运行管理费用。

2）应充分利用城市管网水压直接供水，如果室外给水管网水压不能满足整个建筑物用水要求时，应考虑分压系统供水模式。

3）供水应安全可靠，管理维修方便。

4）当两种及两种以上用水的水质接近时，应尽量采用共用给水系统。

5）在生活给水系统中，卫生器具给水配件处的静水压力不得大于0.6MPa，若超过该值，宜采用竖向分区供水，以防使用不便和卫生器具及配件破裂漏水，造成维修量增大，浪费水源。

2. 建筑给水方式

按系统的组成来分，室内给水系统方式有：

（1）直接给水方式

直接给水方式是指给水系统不设加压及储水设备，与室外供水管网直接相连，利用室外管网压力直接向室内给水系统供水，如图 2-2 所示。这种给水方式的优点是给水系统简单、投资少、安装维修方便，充分利用室外管网水压，供水较为安全可靠；缺点是系统内无储备水量，供水安全性较差。这种给水方式适用于室外管网水量和水压充足，能够 24h 保证室内用户用水要求的地区。

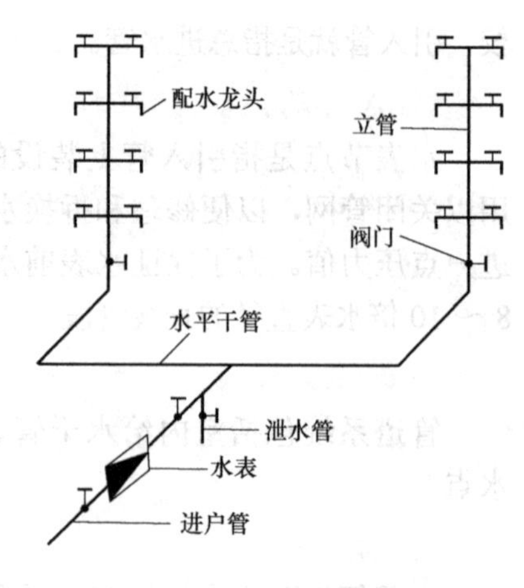

图 2-2 直接给水方式

（2）单设水箱的给水方式

建筑物内部设置水箱，室内给水系统与室外给水管网直接连接。当室外给水管网水压能够满足室内用水需要时，由室外给水管网直接向室内给水管道供水，并向水箱充水，以储备一定水量。当用水高峰，室外给水管网压力不足时，由水箱向室内给水系统补充供水。为了防止水箱中的水回流至室外管网，在引入管上必须设置止回阀。这种给水方式适用于室外管网的水压周期性不足，或室内用水要求水压稳定并且允许设置水箱的建筑物，如图 2-3 所示。

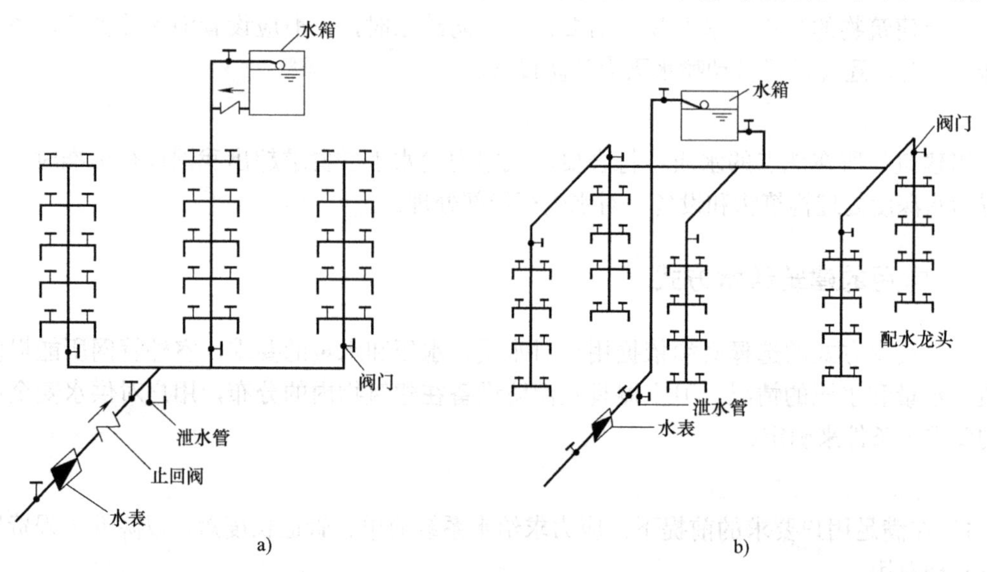

图 2-3 单设水箱的给水方式

a）下行上给式 b）上行下给式

在室外管网水压周期性不足的多层建筑中，也可以采用分区供水的给水方式，即建筑物下面几层由室外管网直接供水，建筑物上面几层采用有水箱的给水方式。

其中，上行下给式是指给水横干管位于配水管网的上部，通过立管向下给水的方式。适用于设高位水箱的居住与公共建筑和地下管线较多的工业厂房。

下行上给式是指水平干管敷设在地下室顶板下、专用的地沟内或者在底层直接埋地敷设，即水平干管自下向上供水的给水方式。该方式能够直接利用外网水压供水，明装时便于维修。民用建筑直接由室外管网供水时，大都采用该方式。

（3）设水泵的给水方式

当室外管网水压经常不足而且室内用水量较为均匀时，可利用水泵加压后向室内给水系统供水。

当室外给水管网允许水泵直接吸水时，水泵宜直接从室外给水管网吸水，但水泵吸水时，室外给水管网的压力不得低于100kPa。单设水泵的给水方式如图2-4a所示。水泵需设旁通管，并在旁通管上设阀门，当室外管网水压较大时，可停泵直接向室内系统供水。在水泵出口和旁通管上应装设止回阀，以防止停泵时室内给水系统中的水产生回流。

当水泵直接从室内管网吸水造成室外管网压力大幅度波动，影响其他用户的用水时，则不允许水泵直接从室外管网吸水，必须设置水池或水箱。设水泵和水箱的给水方式如图2-4b所示。这种给水方式由于水泵和水箱联合工作，水泵及时向水箱充水，可以减小水箱体积。同时在水箱的调节下，水泵工作稳定，能经常处在高效率下工作，降低电耗。在高位水箱上采用水位继电器控制水泵启动，易于实现管理自动化。

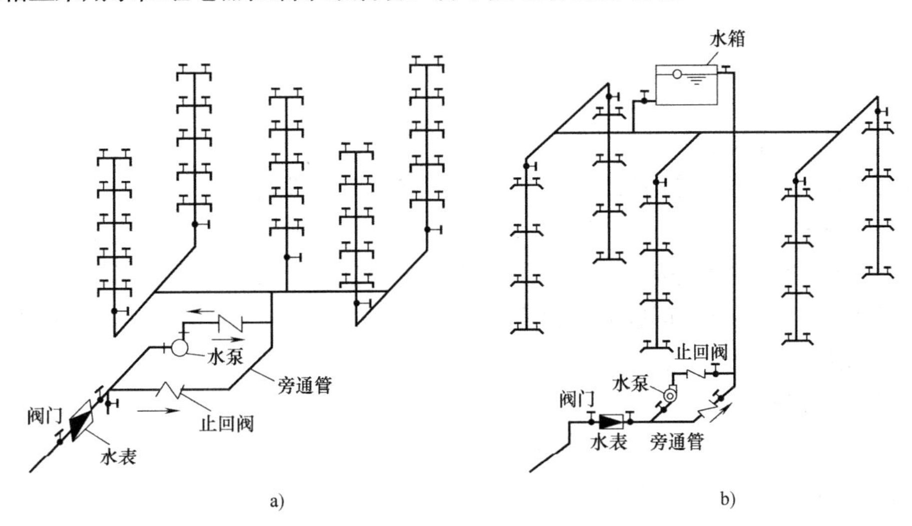

图2-4　设水泵的给水方式

a）单设水泵的给水方式　b）设水泵和水箱的给水方式

当室外给水管网水压经常性不足，而且不允许水泵直接从室外管网吸水和室内用水不均匀时，宜采用水池-水泵-水箱的联合给水方式，如图2-5所示。

（4）设气压给水装置的给水方式

气压给水装置是利用密闭气压水罐内空气的可压缩性贮存、调节和压送水量的给水装置，其作用相当于高位水箱和水塔，如图2-6所示。由气压水罐调节、贮存水量及控制水泵运行，水泵从贮水池或由室外给水管网吸水，经加压后送至给水系统和气压水罐内，停泵时，再由气压水罐向室内给水系统供水。

这种给水方式的优点是设备可设在建筑的任何高度上，安装方便，水质不易受污染，投资较省，建设周期短，便于实现自动化。但是由于给水压力变动较大，管理及运行费用较高，压水量较少，供水安全性较差。这种给水方式适用于室外管网水压经常不足，不宜设高位水箱的建筑或消防系统中屋顶水箱不满足安装高度时的增压。

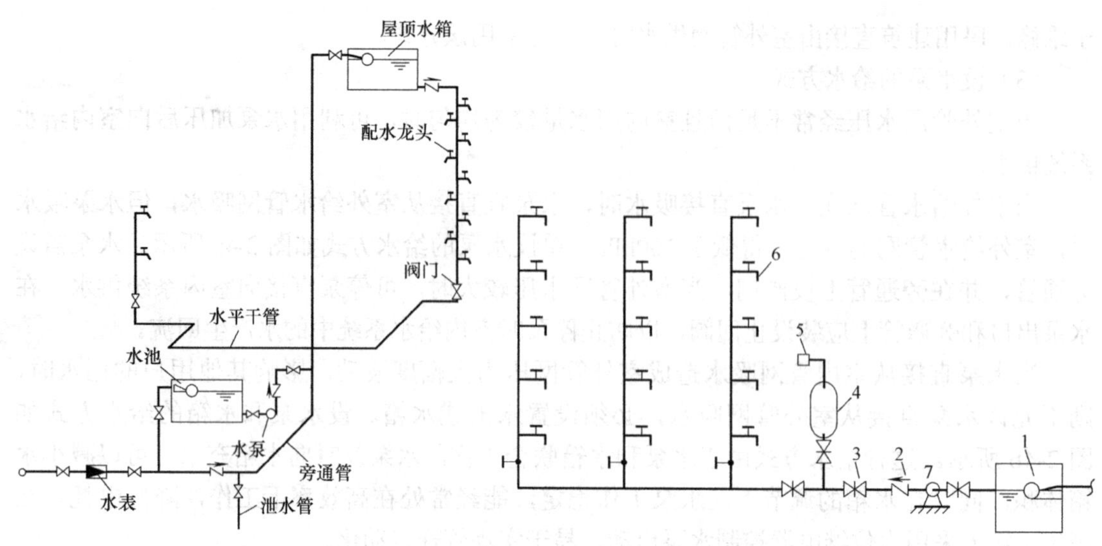

图2-5 水池-水泵-水箱的联合给水方式

图2-6 设气压给水装置的给水方式

1—水池 2—止回阀 3—闸阀 4—密闭气压水罐
5—补气装置 6—水龙头 7—水泵

（5）分区分压给水方式

选择合适的给水方式是高层建筑生活给水系统设计的关键，它直接关系到生活给水系统的使用和工程造价。对于高层建筑，城市给水管网的水压一般不能满足高区部分生活用水的要求，绝大多数采用分区给水方式，即低区部分直接由城市给水管网供水，高区部分由水泵加压供水。高区部分可以采用的分区给水方式有：分区并联给水方式、分区串联给水方式、分区减压水箱给水方式和分区减压阀减压给水方式。

（6）分区并联给水方式

分区并联给水方式是在各分区独立设置水箱和水泵，水泵集中设置在建筑底层或地下室，分别向各区供水，如图 2-7 所示。

这种给水方式的特点是：各区是独立系统运行，互不干扰，供水安全可靠；水泵集中布置，便于维护管理；运行动力费用经济。但高压管线长、管材耗用较多；水泵数量多，投资较大；分区水箱占用建筑面积，影响经济效益。

这种给水方式广泛用于允许分区设置水箱的各类高层建筑中。贮水池进水管上应装设液压水位控制阀。水泵宜采用同型号不同级数的多级水泵。

（7）分区串联给水方式

分区串联给水方式是在各分区独立设置水箱和水泵，水泵分散设置在各区的楼层中，低区的水箱兼作上一区的水池，自下区水箱抽水供上区用水，如图 2-8 所示。

这种给水方式的特点是：无高压水泵和高压管线，运行动力费用经济；供水较可靠，设备管道较简单、投资较省，能源消耗较少。但水泵设在上层，振动和噪声干扰较大，占用建筑上层使用面积较大，设备分散，维护管理不便，上区供水受下区限制，供水安全性不够好。

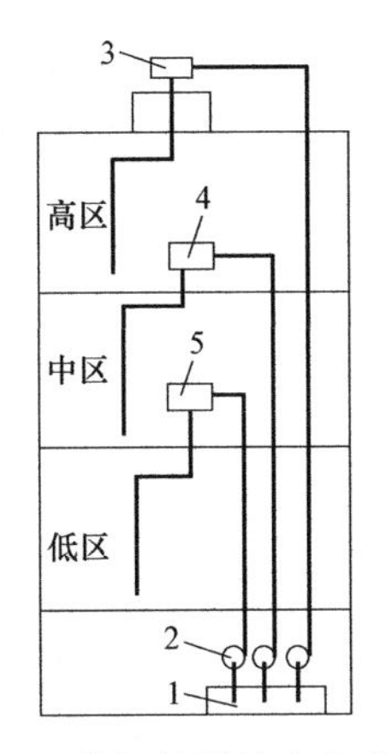

图 2-7 分区并联给水方式

1—水池 2—水泵 3—高区水箱
4—中区水箱 5—低区水箱

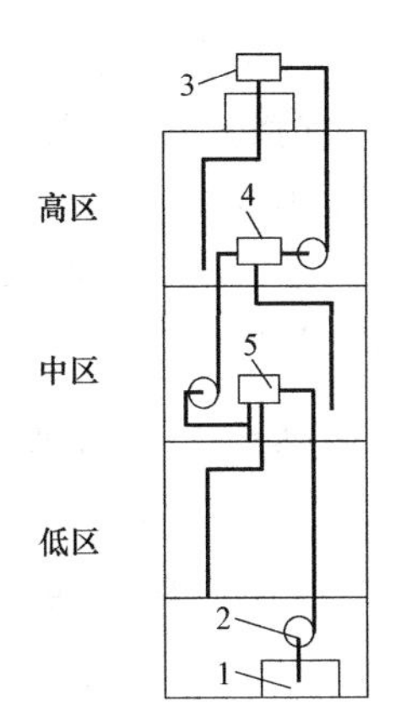

图 2-8 分区串联给水方式

1—水池 2—水泵 3—高区水箱
4—中区水箱 5—低区水箱

2.2 建筑给水系统常用管材及附件

2.2.1 建筑给水系统常用给水管材

建筑给水系统是由管道和各种管件、附件连接而成的系统。

一般来说，管子的直径可分为外径（*De*）、内径（*D*）、公称直径（*DN*）和外径（*Φ*）×壁厚。

1）*DN* 是指管道的公称直径，是外径与内径的平均值。*DN* 值 =*De* 值 -0.5× 管壁厚度。公称直径既不是外径也不是内径。

水、煤气输送钢管（镀锌钢管或非镀锌钢管），铸铁管，钢塑复合管和聚氯乙烯（PVC）管等管材，应标注公称直径 *DN*（如 *DN*15、*DN*50）。

2）*De* 主要是指管道外径，PPR 管、PE 管、聚丙烯管外径一般采用 *De* 标注。

3）*D* 一般指管道内径。

4）*Φ* 表示普通圆的直径；也可表示管材的外径，但此时应在其后乘以壁厚，如：*Φ*25×3，表示外径 25mm，壁厚为 3mm 的管材。一般用于无缝钢管或有色金属管道，应标注"外径 × 壁厚"。

建筑给水系统常用管材按材料可分为金属管材、非金属管材和复合管材。

1. 金属管材

目前应用较多的室内金属给水管材主要有镀锌钢管、不锈钢管、给水铝合金衬塑管和给水铜管等。

（1）镀锌焊接钢管及管件

建筑给水和消防自动喷水灭火系统中常用的钢管是低压流体输送用镀锌焊接钢管。按镀锌工艺不同，可分为冷镀管（电镀工艺）和热镀管（热浸工艺），普通焊接钢管可承受的工作压力为 1.0MPa，加厚焊接钢管可承受的工作压力为 1.6MPa。

镀锌钢管管径小于或等于 100mm 时应采用螺纹连接，套丝时破坏的镀锌层表面及外露螺纹部分应进行防腐处理，管径大于 100mm 的镀锌钢管应采用卡箍连接。

低压流体输送用焊接钢管的螺纹连接管件，通常是用可锻铸铁制造的，带有管螺纹的镀锌管件，管件的公称压力为 1.6MPa，如图 2-9 所示。

镀锌管件有 90° 弯头、45° 弯头、管箍、三通、四通、活接头、外接头和异径管等。螺纹等径三通如图 2-10 所示。

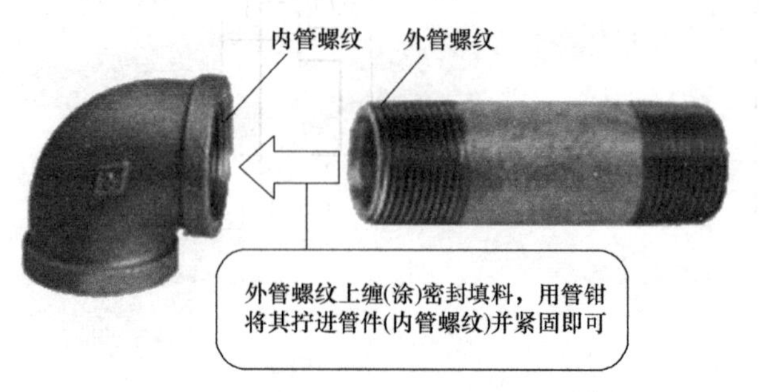

图 2-9　弯头管件构造与使用

图 2-10　螺纹等径三通

（2）不锈钢管及管件

不锈钢管可分为薄壁不锈钢管和厚壁不锈钢管。其中薄壁不锈钢管是由特殊焊接工艺处理的，强度高，管壁较薄，造价较低，常用于室内给水系统、室外直饮水管道系统、食品工业和医药工业工艺管道系统。它具有经久、耐用、卫生、不会污染水质、防腐蚀性好、环保性好、抗冲击性强、管道强度高、韧性好的优点。薄壁不锈钢管的连接方式采用卡压式连接；厚壁不锈钢管的连接方式有氩弧焊接和螺纹连接。不锈钢管的规格用外径 × 壁厚表示。

（3）铜管及管件

铜管按材质不同分为纯铜管、青铜管和黄铜管三大类。建筑给水中采用纯铜管。《无缝铜水管和铜气管》（GB/T 18033—2017）按壁厚不同将铜管分为 A、B、C 三种型号，其中 A 型管为厚壁型，适用于较高压力；B 型管适用于一般压力；C 型管为薄壁铜管。建筑给水的铜管，公称压力推荐 1.0MPa 和 1.6MPa。铜管连接可采用焊接、胀接、法兰连接和螺纹连接等方式。铜管规格用外径 × 壁厚表示。

目前，铜管可用于冷热水供应系统及直接饮用净水系统，连接方式多为螺纹连接、钎焊承插连接、卡箍式机械挤压连接和法兰连接。

根据铜管材的连接方式不同，要分别选择不同连接方式的铜管件。当螺纹连接时，要选用铜螺纹管件；当焊接连接时，要选用焊接铜管件；当管径小于 22mm 时，宜采用承插或套管焊接，承口应迎介质流向安装；当管径大于或等于 22mm 时，宜采用对口焊接。焊接用铜管件一般带有承口便于焊接，焊接铜管件如图 2-11 所示。

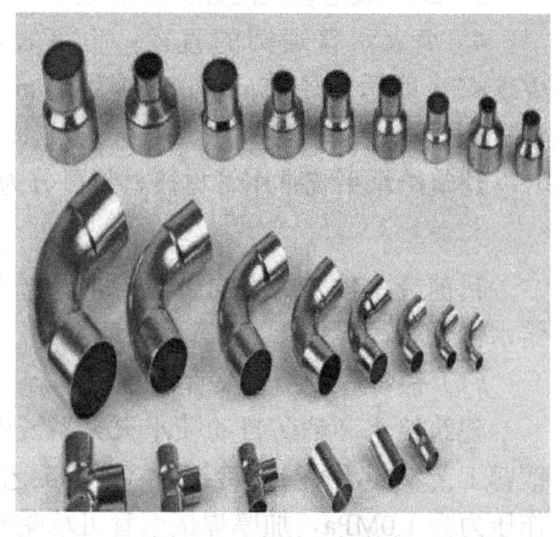
图 2-11　焊接用铜管件

2. 非金属管材及管件

建筑给水非金属管材工程中常用塑料管，包括硬聚氯乙烯给水管（UPVC 管）、聚乙烯管（PE 管）、无规共聚聚丙烯管（PP-R 管）、氯化聚氯乙烯管（CPVC 管）、聚丁烯管（PB 管）和工程塑料管（ABS 管）等。

（1）硬聚氯乙烯给水管（UPVC 管）

硬聚氯乙烯给水管用于输送温度低于 45℃以下的室内、室外给水系统中。建筑给水用硬聚氯乙烯管材应按管道的最大允许工作压力并考虑管材的刚度等因素选用，如图 2-12 所示。当管道外径≤ 40mm 时，宜选用公称压力为 1.6MPa 的管材；当管道外径≥ 50mm 时，宜选用公称压力不小于 1.0MPa 的管材。还要考虑承压与温度有关的因素：当温度为 0℃≤ t ≤ 25℃时，承压≤ 1.0MPa；当 25℃＜ t ≤ 35℃时，承压≤ 0.8MPa；当 35℃＜ t ≤ 45℃时，承压≤ 0.63MPa。管道连接宜采用承插式粘接连接、承插式弹性密封圈柔性连接。

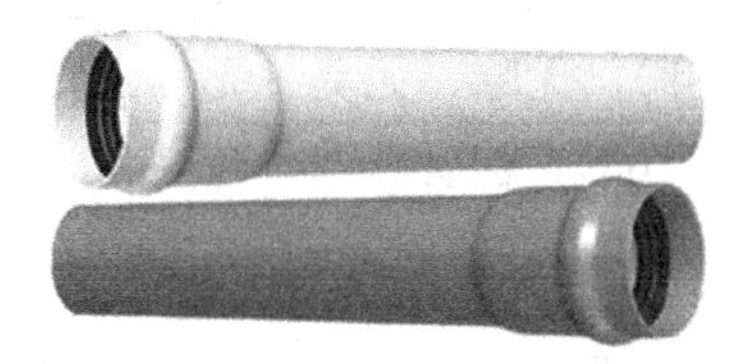

图 2-12　硬聚氯乙烯给水管

硬聚氯乙烯给水管具有质量轻、输送流体阻力小、耐腐蚀、不生锈、不结垢、安全卫生、施工方便、使用寿命长等特点。

硬聚氯乙烯给水管不得用于室内消防给水系统，也不得用于与消防给水系统相连接的给水系统。

（2）聚乙烯管（PE 管）

聚乙烯管是以优质聚乙烯树脂为主要原料，添加必要的抗氧化剂、紫外线吸收剂等助剂，经挤出加工而成的一种新型产品，如图 2-13 所示。聚乙烯管能广泛应用于工作压力 0.6 ～ 1.6MPa，工作温度在 -20 ～ 40℃的市政给水、排水、燃气、建筑给水、石油化工、矿山、农田排灌等各种管道工程中。

聚乙烯管质量轻、抗低温和抗冲击性好、耐磨性好、水流阻力小、柔韧性好、管材长、管道接口少、密封性好、材质无毒、无结垢层、不滋生细菌、抗腐蚀、使用寿命长、施工方法简单多样、维修方便。

聚乙烯管材按用途可分为给水用聚乙烯管（图 2-14），热水用交联聚乙烯管（PE-X 管），燃气用聚乙烯管，农村排灌用聚乙烯管；按密度可分为高密度聚乙烯管（HDPE 管）、中密度聚乙烯管（MDPE 管）、低密度聚乙烯管（LDPE 管）。

图 2-13　聚乙烯管

图 2-14　给水用聚乙烯管

（3）无规共聚聚丙烯管（PP-R 管）

无规共聚聚丙烯管（图 2-15）具有质量轻、强度好、耐腐蚀、不结垢、防冻裂、耐热保温、使用寿命长等优点；但抗冲击性能差，线胀系数大。无规共聚聚丙烯管可用于建筑冷、热水系统，空调系统，低温供暖系统等场合。PP-R 管及其管件的种类较多，连接方式有承插连接、热熔连接和法兰连接。

（4）聚丁烯管（PB 管）

聚丁烯管（图 2-16）是由聚丁烯、树脂添加适量助剂聚合而成的高分子聚合物，经挤出成型的热塑性加热管，它具有很高的耐寒性、耐热性、耐压性。寿命长（可达 50 ～ 100 年），无味、无臭、无毒、质量轻、柔韧性好、可在 95℃以上长期使用，最高使用温度可达 110℃，但管材造价较高。

图 2-15　无规共聚聚丙烯管

图 2-16　聚丁烯管

聚丁烯管适用于建筑自来水给水系统、直接饮用水给水系统、热水供应系统和地面辐射供暖地热系统。

聚丁烯管小口径的管材选用热熔连接；大口径的管材选用电熔连接。

3. 复合管材及管件

（1）铝塑复合管（PAP 管）

铝塑复合管是以焊接铝管为中间层，铝层采用搭接超声波焊和对接氩弧焊，内外层均为塑料，铝层内外采用热熔胶粘接，通过专用机械加工方法复合成一体的管材。铝塑复合管的结构如图 2-17 所示。

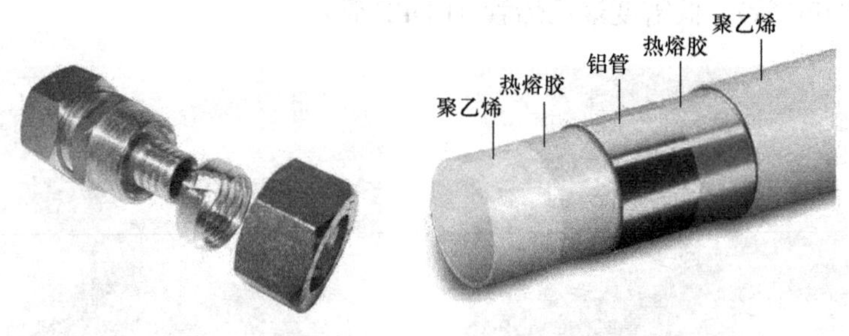

图 2-17　铝塑复合管

铝塑复合管具有耐温、耐压、耐腐蚀，不结污垢、不透氧、保温性能好、管道不结露、抗静电、阻燃、可弯曲不反弹、可成卷供应、接头少、渗漏机会少、即可明装也可暗装、施工安装简便、施工费用低、质量轻、运输储存方便等特点。铝塑复合管广泛应用于建筑室内冷热水供应、地面辐射供暖系统、空调管、城市燃气管道、压缩空气管等工程。

铝塑复合管可采用卡套式和卡压式连接，专用管件结构与连接方式配套。管件材质一般为黄铜或不锈钢。

（2）给水钢塑复合钢管

给水钢塑复合钢管主要分为给水涂塑复合钢管与给水衬塑复合钢管两大类，如图 2-18 所示。

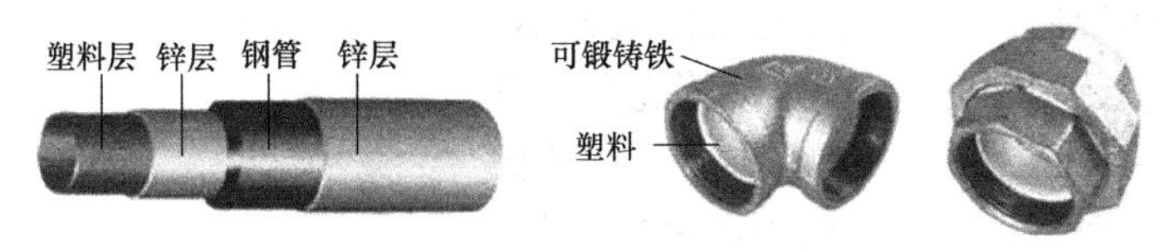

图 2-18 给水钢塑复合钢管

给水涂塑复合钢管安全卫生、价格低廉、具有良好的防腐性能和优越的耐冲击机械性能，且耐酸、耐碱、耐高温，强度高、使用寿命长，介质流动阻力低于钢管 40%，常用规格有公称直径为 DN15 ～ DN150 十多种。

2.2.2 管道附件

室内给水管道附件分为配水附件和控制附件两大类。

1. 配水附件

配水附件是指用以调节和分配水量，装在卫生器具及用水点的各式水龙头。常见的有普通水龙头、化验水龙头、浴盆水龙头和智能感应水龙头等。

水龙头按功能分为面盆水龙头、浴缸水龙头、淋浴水龙头和厨房水槽水龙头，常用水龙头如图 2-19 所示。

图 2-19 常用水龙头

水龙头按结构分为单联式、双联式和三联式水龙头等。

水龙头按开启方式分为螺旋式、扳手式、抬启式和感应式水龙头等。

水龙头按阀芯分为橡胶芯（慢开阀芯）、陶瓷芯（快开阀芯）和不锈钢阀芯水龙头等。陶瓷芯水龙头质量较好，现在比较普遍；不锈钢阀芯水龙头更适合水质差的地区。

2. 控制附件

控制附件是用来调节水量和水压，开启和切断水流的，一般指各种阀门。给水管道系统常使用的阀门有闸阀（螺纹、法兰）、截止阀（螺纹、法兰）、止回阀（螺纹、法兰）、蝶阀等类型，如图 2-20 所示。

图 2-20　给水管道系统常使用的阀门

1）闸阀：闸阀可分为明杆、暗杆、手动、电动、电机驱动等多种形式。闸阀具有流体阻力小，开启关闭力小，介质可从任一方向流动等优点。但结构较为复杂，闸板密封面易被水中杂质或颗粒状物擦伤或沉积阀体底部，造成关闭不严密的缺陷。经常开启的闸阀有时会出现阀板脱落现象，使系统失去控制能力。管径大于 50mm 时采用闸阀。

2）截止阀：与闸阀相比截止阀具有结构简单、密封性能好、维修方便等优点，但开启关闭力稍大于闸阀，安装时应注意阀体上标有箭头（水流）方向，不得装反。管径不大于 50mm 时，宜采用截止阀。

3）蝶阀：蝶阀是指在给水管道上起着全开全闭作用的一种阀门。其开启关闭力较大，但阀体较小、较轻。蝶阀种类很多，根据驱动方式可分为手柄式、蜗轮蜗杆传动式、电动式、气动式等多种类型。一般在消防系统等需要瞬时开启的情况中宜采用蝶阀。

4）止回阀：又称为逆止阀，是一种只允许介质向一个方向流动的阀门，因此它具有严格的方向性。其主要用于防止水倒流的管路上。常用的止回阀有升降式及旋启式。

升降式垂直瓣止回阀应安装在垂直管道上；升降式水平瓣止回阀和旋启式止回阀安装在水平管道上，安装时应注意阀体箭头标注的方向，不得装反。

2.2.3　水表

1．水表的类型和性能参数

水表是计量建筑物内用户或设备累计用水量的仪表。水表按叶轮转轴构造不同可分为旋翼式（又称为叶轮式）和螺翼式两种。

旋翼式水表的叶轮转轴与水流方向垂直，多用于小口径给水管道系统中测量小流量，按计数部件所处环境状态不同又可分为干式水表和湿式水表两种；螺翼式水表的叶轮转轴与水流方向平行，阻力较小，起步流量和计量范围较大，适用于室外较大口径给水管道系统中测量大流量。

水表按水表智能程度分为 IC 卡智能水表和远传式水表。智能水表是一种利用现代微电子技术、现代传感技术、智能 IC 卡技术对用水量进行计量并进行用水数据传递及结算交易的新型水表，与传统水表一般只具有流量采集和机械指针显示用水量的功能相比，是很大的进步，如图 2-21 所示。智能水表除了可对用水量进行记录和电子显示外，还可以按照约定对用水量进行控制，并且自动完成阶梯水价的水费计算，同时可以进行用水数据存储。数据传递和交易结算通过 IC 卡进行，具有交易方便、计算准确、可利用银行进行结算的特点。

IC卡智能水表

超声波远传水表

图 2-21 智能水表

2. 水表的安装

（1）水表的选用原则

选择水表时，应考虑管道直径，还要考虑经常使用流量的大小来选择适宜口径的水表，以经常使用的流量接近或小于水表要求流量为宜。

（2）水表的安装要求

1）水表应安装在便于检修，不受暴晒、污染和冰冻的地方。

2）水表安装前应将管道内的所有杂物清洁干净，以免阻塞水表运行。

3）安装螺翼式水表，表前与阀门应有不小于 8 倍水表接管直径的直管段，出水口侧直线管段的长度不得小于水表口径的 5 倍。安装旋翼式水表时，水表前与阀门应有不小于 300mm 的直管段。

4）水表在水平安装时，标度盘上、下不得倾斜，垂直安装时，水表叶轮轴和管道中心线必须保持同心，不得发生偏角。

5）水表安装必须使表壳上箭头方向与管道内水的流向保持一致。水表外壳距墙外表面净距为 10 ～ 30mm；水表进水口中心标高按设计要求，允许偏差为 ±10mm。

2.3 建筑给水系统常用设备

2.3.1 给水系统的水泵

水泵是给水系统中最主要的升压机械设备，广泛应用于室外给水系统和室内给水系统中，工程中常选用清水离心泵。它具有结构简单、体积小、效率高、流量和扬程在一定范围内可以调整等优点。

1. 水泵的基本性能

水泵的基本性能通常由七个性能参数表示，如下：

1）扬程：表示水泵出口总水头与进口总水头之差，它反映了通过水泵的液体所获得的有效能量，用 H 表示，单位为 m。

2）流量：是指水泵在单位时间内输送流体的量，用 Q 表示，单位为 m^3/s、m^3/h 或 L/s。

3）轴功率：又称为输入功率，是指原动机传递给泵轴的功率，用 N 表示，单位为 W 或 kW。

4）有效功率：是指单位时间内液体从水泵所得到的能量，是水泵传递给液体的净功率。用 *Ne* 表示，单位为 W 或 kW。

5）效率：是指水泵的有效功率与轴功率的比值，表示轴功率被利用程度的物理量，用 η 表示。水泵的有效功率总是小于水泵的轴功率。

6）转速：是指水泵叶轮每分钟的转数，用 n 表示，单位为 r/h。

7）允许吸上真空高度及汽蚀余量：允许吸上真空高度是指为避免水泵发生汽蚀所允许的最大吸上真空高度，反映离心水泵的吸水性能。汽蚀余量是为了保证水泵不发生汽蚀，在水泵的入口处必须具有超过其汽化压力的静压水头，它反映轴流泵、锅炉给水泵的吸水性能。

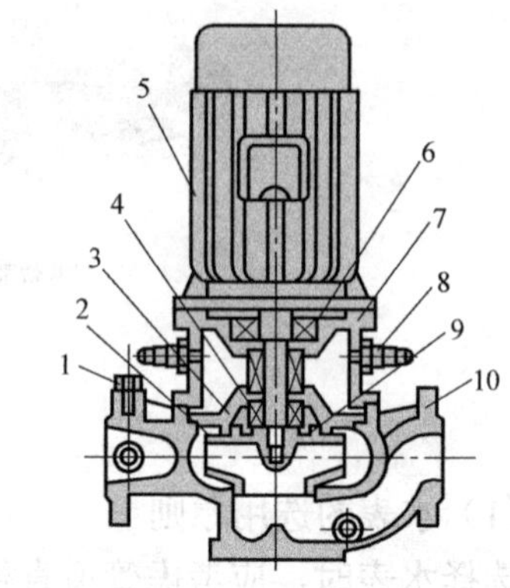

图 2-22　离心水泵的构造

1—排气阀　2—叶轮　3—泵盖　4—机械密封　5—电动机　6—轴承　7—联体座　8—冷却水管　9—叶轮螺母　10—泵体

2. 离心水泵的结构组成

离心水泵是由排气阀、叶轮、泵盖、机械密封、电动机、轴承、联体座、冷却水管、叶轮螺母、泵体组成的，如图 2-22 所示。

3. 离心水泵的工作原理

离心水泵是利用叶轮旋转而使水产生离心力来工作的。水泵在启动前，必须使泵壳和吸水管内充满水，或用真空泵抽气，形成真空后启动电动机，使泵轴带动叶轮和水做高速旋转运动，水在离心力的作用下，被甩向叶轮外缘，经蜗形泵壳的流道流入水泵的压水管路而输送出去。水泵叶轮中心处，由于水在离心力作用下被甩出后形成真空，吸水池中的水便在大气压力的作用下被压进泵壳内，叶轮通过不停地高速转动，使得水在叶轮的作用下不断流入与流出，达到了输送水的目的。

2.3.2　给水系统的生活水箱和贮水池

1. 水箱

水箱是指设置在建筑物高处，用来贮存和调节水量，具有增压、稳压作用的设备。水箱一般按形状可分为圆形水箱和矩形水箱。常用给水水箱的材质可采用不锈钢板或钢筋混凝土内衬不锈钢板。

水箱上必须设置进水管、出水管、溢流管、泄水管、通气管、信号管、人孔和仪表孔等附件，如图 2-23 所示。

1）进水管及浮球阀：进水管一般从侧壁接入，当水箱利用管网压力进水时，进水管入口应安装不少于两个的浮球阀，且管径应与进水管管径相同。在浮球阀前应装设控制阀门。

2）出水管及止回阀：出水管一般从侧壁下部接出，出水管管口应高出水箱内底部 50 ～ 100mm，并应装设阀门。当进水管和出水管为同一条管道时，应在水箱的出水管上装设止回阀。

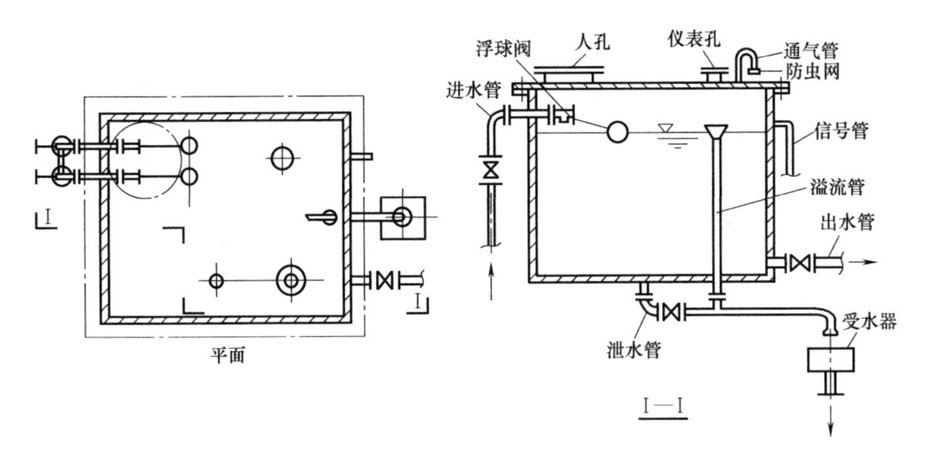

图 2-23　生活水箱的配管

3）溢流管：溢流管宜从水箱侧壁接出，其管口最好做出朝上的喇叭口形状并高于设计最高水位 20 ～ 30mm，管径应比进水管大 1 ～ 2 号，便于泄水。溢流管上不得安装阀门。其出口处应设网罩，并采取断流排水或间接排水方式。

4）泄水管：泄水管从水箱底部接出，并设阀门，泄水管可与溢流管相连，但不得与排水系统直接连接。

5）通气管：供生活饮用水的水箱应设置密封箱盖，箱盖上应设检修人孔和通气管。通气管可伸至室内或室外，但不得伸到有有害气体的地方。管口应设置防止灰尘、昆虫和蚊蝇进入的滤网，一般将口朝下设置。通气管上不得装设阀门、水封等妨碍通气的装置，且不得与排水管道和通风管道连接。

6）信号管：一般应在水箱侧壁上安装玻璃液位计，来显示水箱水位。当水箱液位与水泵连锁时，应在水箱内设置液位计。常用的液位计有浮球式、杆式、电容式和浮子式等。液位计停泵液位应比溢流水位低不少于 100mm，启泵液位应比设计最低水位高不小于 200mm。当水箱内未装设液位信号计时，一般应设信号管给出溢流信号。信号管一般从水箱侧壁接出至值班房间内的污水盆内，当出水即可关闭进水阀，选择 *DN*15 ～ *DN*20 的管子作为信号管。

7）人孔和仪表孔：人孔与仪表孔一般从水箱顶部接入。人孔不得小于 500mm 并设置能够锁定的人孔盖，以保证水箱卫生安全。当水箱高度大于 1500mm 时，应在人孔处设置内外人梯。

2．贮水池

贮水池是供水设备中贮存和调节水量的构筑物。当一幢（特别是高层建筑）或数幢相邻建筑所需的水量、水压明显不足，或者是用水量很不均匀（在短时间内特别大），供水管网难以满足时，应当设置贮水池。

贮水池的有效容积与水源供水保证能力和用户要求有关，一般应根据用水调节水量，消防贮备水量和生产事故备用水量来确定。

贮水池应设置进水管、出（吸）水管、溢流管、泄水管、人孔、通气管和水位信号装置。贮水池进水管和出水管应布置在相对位置，以便池内贮水经常流动，防止滞留和死角，以防池水腐化变质。对于生活消防合用水池，要有消防用水不被动用的措施，如图 2-24 所示。

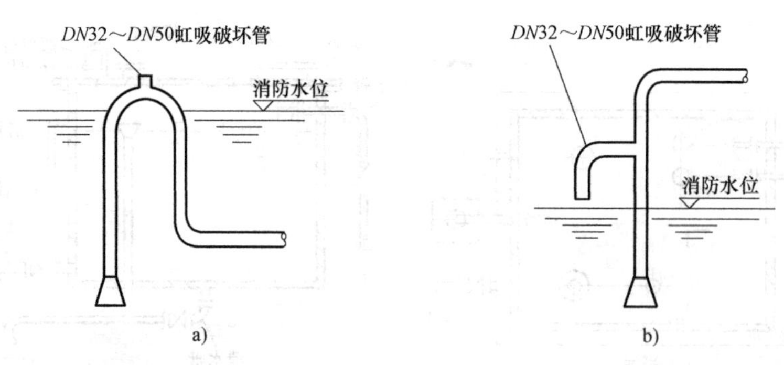

图 2-24　消防用水不被动用的措施

2.4　建筑给水管道布置和敷设

2.4.1　室内给水系统的管道布置

1．室内给水管道的布置原则

（1）力求工程经济合理、满足最佳水利条件

1）给水管道布置应力求短而直。

2）室内给水管网宜采用枝状布置单向供水。

3）充分利用室外给水管网的水压，给水引入管宜布置在用水量最大处或不允许间断供水处。

4）室内给水干管宜靠近用水量最大处或不允许间断供水处。

（2）满足美观要求、便于维修及安装

1）给水管道应沿墙、梁、柱直线布置。

2）对美观要求较高的建筑，给水管道必须布置在管槽、管道竖井、管沟及吊顶内暗设。

3）为了便于维修，管道竖井应每层设检修装置，每两层应有横向隔断，检修门易开向走廊。暗设在顶棚或管槽内的管道，在阀门处应留有检修门。

4）室内管道安装位置应有足够的空间以便于拆换附件。

5）给水引用管应有不小于 0.3% 的坡度坡向室外给水管网或阀门井、水表井，以便于检修放水。

（3）保证生产及使用安全性

1）室外给水管道的覆土深度，应根据土壤冰冻深度、车辆荷载、管道材质及管道交叉等因素确定。管顶最小覆土深度不得小于土壤冰冻线以下 0.15m，车行道下的管线覆土深度不宜小于 0.7m。

2）给水管道的位置不得妨碍生产操作、交通运输和建筑物的使用。管道不得布置在遇火会引起燃烧、爆炸或损坏的原料、产品和设备上，并应避免在生产设备上面通过。

3）给水埋地管道应避免布置在可能受重物压坏处。如若穿过时，应采取有效保护措施。

4）室内给水管道不能敷设在烟道、风道内及排水沟内；给水管道不宜穿过橱窗、壁柜及木装修，并不得穿过大便槽和小便槽。

5）不允许间断供水的建筑，应从室外管网不同侧设两条或两条以上的引入管。在室内给水管道连成环状或贯通枝状双向供水。

6）给水引入管与室内排出管管外壁的水平距离不小于 1.0m。

7）室内给水管与排水管之间的最小净距：平行布置时为 0.5m; 交叉埋设时应为 0.15m，且给水管宜在排水管的上面。

8）室内冷、热水管上、下平行布置时，冷水管宜在热水管的下方；垂直平行布置时，冷水管宜在热水管的右侧。

2. 给水管道的布置形式

根据给水干管的位置可分为下行上给式、上行下给式和环状式等布置形式。

1）下行上给式：水平干管敷设于底层走廊或地下室顶棚下，也可直接埋在地下。水平干管向上接出立管和支管，自下而上供水。直接给水管道的布置通常采用这种形式。

2）上行下给式：水平干管敷设在顶棚或吊顶内，高层建筑敷设在设备层中。立管由干管向下分出，自上而下供水。单设水箱给水管道的布置通常采用这种形式。

3）环状式分为水平干管环状式和立管环状式两种。水平干管环状式是将给水干管布置成环状；立管环状式是将给水立管布置成环状。此形式多用于大型公共建筑及不允许断水的场所。

2.4.2　室内给水管路的敷设

1. 室内给水管道的敷设方式

根据建筑物的性质、卫生标准要求及美观方面要求的不同，室内给水管道的敷设可分为明装和暗装两种方式。

（1）明装

室内给水管道在建筑物内沿墙、梁、柱、顶棚下及地板旁暴露敷设。明装管道造价低，施工安装、维护修理均较方便。缺点是由于管道表面易积灰、产生凝结水等影响环境卫生，而且明装有碍房屋美观。一般民用建筑和大部分生产车间内的给水管道均为明装方式。

（2）暗装

室内给水管道敷设在地下室顶棚下或吊顶中，或在管井、管槽及管沟中隐蔽敷设。管道暗装时，卫生条件好，房间整洁、美观，但施工复杂，维护管理不便，工程造价高。标准较高的民用建筑、宾馆等均采用暗装；在工业企业中，某些生产工艺要求较高的车间，如精密仪器或电子元件车间要求室内洁净无尘时，也可采用暗装。给水管道暗装时，必须考虑便于安装和检修。

2. 给水管道敷设时的注意事项

1）给水横干管宜敷设在地下室、技术层、吊顶或管沟内，立管可敷设在管道井内。

2）塑料管宜在室内暗设，明设时立管应布置在不宜受撞击处，若不能避免时，应采取保护措施。

3）给水管道穿过承重墙或基础时，必须预留孔洞，且管顶上部净空不得小于建筑物的沉降量，一般不小于 0.1m，如图 2-25 所示。

4）当给水管道穿越地下室或外墙、屋面、钢筋混凝土水池壁板或底板连接管时，应设置防水套管。

5）给水管道穿越楼板时应预留孔洞并设套管，孔洞尺寸一般比管径大 50 ～ 100mm。

6）给水管道不宜穿过伸缩缝、沉降缝和抗震缝，必须穿过时应采取以下措施：

① 螺纹弯头法，又称为丝扣弯头法，建筑物的沉降可由螺纹弯头旋转补偿，适用于小管径的管道，如图 2-26 所示。

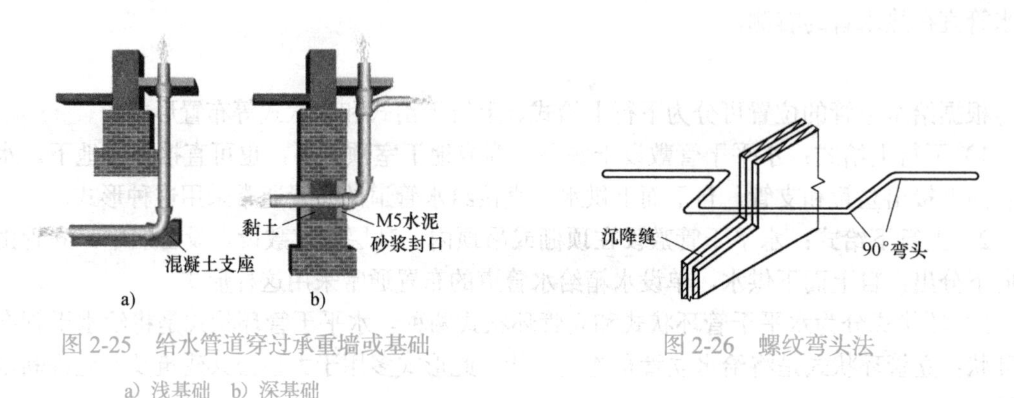

图 2-25 给水管道穿过承重墙或基础

a）浅基础 b）深基础

图 2-26 螺纹弯头法

② 软接头法，用橡胶软管或金属波纹管连接沉降缝、伸缩缝两边的管道，如图 2-27 所示。

③ 活动支架法，将沉降缝两侧的支架做成使管道能垂直位移而不能水平横向位移，以适应沉降伸缩的应力，如图 2-28 所示。

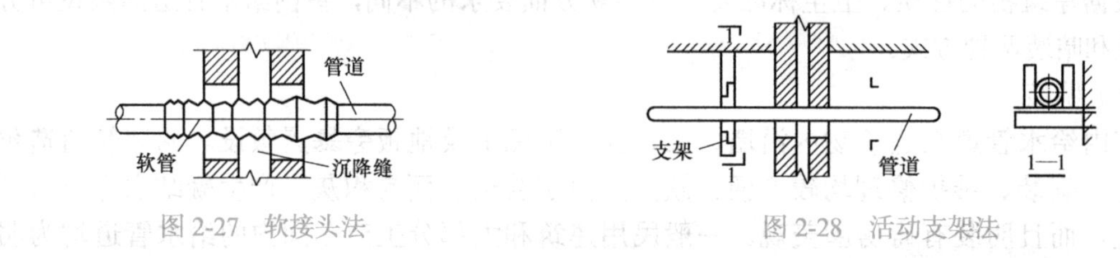

图 2-27 软接头法

图 2-28 活动支架法

7）给水管道外表面若结露，应根据建筑物的性质和使用要求，采取防结露措施。

2.4.3 给水管道的防护技术措施

要使室内给水管道系统能在较长的年限内正常、安全地工作，除加强日常维护管理外，在设计和施工过程中也需要对给水管道采取防腐、防冻和防结露等防护技术措施。

1. 管道防腐

给水管道在长期的运行中，由于物理、化学、电化学及微生物的作用，使管道受到腐蚀，污染水质，管壁减薄，管道承压能力下降，易发生爆管事故。

在给水管道系统中，无论是明装还是暗装的管道，除镀锌钢管、给水塑料管和复合管外，都必须做防腐处理。管道防腐最常用的方法有刷油法和喷塑法或涂塑法。

2. 管道保温与防冻

（1）保温材料

良好的保温材料应具有较低的热导率，受潮时不变质，耐热性能好，不腐蚀金属，质轻而空隙较多；具有一定的机械强度，受到外力时不损坏；易加工、成本低廉等特性。

工程中常用的保温材料有膨胀珍珠岩及其制品、玻璃棉及其制品、岩棉及其制品、矿渣棉及其制品、微孔硅酸钙、硅酸铝纤维制品、泡沫塑料（聚氨酯泡沫塑料、聚苯乙烯泡沫塑料、聚氯乙烯泡沫塑料）、泡沫石棉、软木管壳等。

（2）保温结构

管道保温层一般由绝热层、防潮层和保护层三部分组成。

在被保温的管道应做水压试验或气密性试验，以及支架、支座和仪表接管等安装工作均已完毕，表面经除锈刷油后，即可进行保温施工。

（3）保温的施工方法

管道工程保温施工方法有涂抹施工法、预制瓦块施工法、包扎施工法、填充施工法和整体发泡施工法。

3. 管道防结露

在环境温度较高、空气湿度较大的房间，或管道内水温低于室内温度时，管道和设备表面容易产生凝结水，会引起管道和设备的腐蚀、房间滴水，影响使用和室内卫生，因此室内管道和设备必须采取防结露措施。

管道防结露的方法一般与管道保温的方法基本相同。

4. 管道及设备防振动和噪声

给水加压系统，应根据水泵扬程、管道走向、环境噪声要求等因素，设置水锤消除装置。在水泵出口处设置法兰式橡胶软接头防止水泵工作振动，螺栓松动产生接口渗漏。水泵固定底座下应设置弹簧减振器、橡胶减振隔振垫或橡胶减振隔振器。

隔声防噪要求严格的场所，给水管道的支架应采用隔振支架；配水管起端宜设置水锤吸纳装置；配水支管与卫生器具配水件的连接宜采用软管连接。

思考题

1. 简述建筑给水系统的分类及组成。
2. 建筑给水系统有哪几种给水方式及适用条件是什么？
3. 简述建筑给水系统的常用管材以及连接方式是什么。
4. 保证贮水池消防水量不被动用的措施有哪些？
5. 水箱溢流管设置有哪些要求？
6. 建筑给水管道布置原则是什么？
7. 建筑给水管道敷设的方式有几种？敷设时的注意事项有哪些？
8. 建筑给水管道防护应考虑哪些内容？管道保温有哪些施工方法？
9. 给水水泵在选用时应考虑的技术参数有哪些？
10. 高层建筑为什么必须采取分区分压供水？有哪些给水方式？

单元3　建筑排水系统

学习目标

了解建筑排水系统的组成；掌握排水管道的布置与敷设原则以及建筑排水系统设计的方法；了解屋面排水的方式和高层建筑排水系统的分类。

学习内容

1. 建筑排水系统的分类及组成；雨水排水系统的方式和组成；中水系统的组成与用途。
2. 建筑排水系统常用的管材、附件及连接方式。
3. 建筑排水系统的布置与敷设要求；熟悉卫生器具及安装相关知识。
4. 高层排水系统的特点；熟悉高层建筑排水方式。

能力要点

1. 要求学生能正确选择排水方式，准确预留、预埋排水管道。
2. 能较熟练地指导安装管道和卫生器具，确定卫生器具的安装高度等。
3. 施工时能做好排水系统与建筑设备的配合。

3.1　建筑排水系统的分类及组成

3.1.1　建筑排水系统的分类

根据所排出的污水、废水和被污染的程度及性质不同，室内排水系统可分为三大类：

1. 生活污水排水系统

生活污水排水系统是用来收集排出居住建筑、公共建筑及工厂生活间等人们日常生活中盥洗、洗涤、沐浴和洗衣等所产生的生活废水和大、小便器等卫生设备所排放的粪便污水。

2. 工业污（废）水排水系统

工业污（废）水排水系统是用来排出工业生产中所排放的污废水。其中生产污水排水系统主要是排出生产过程中被严重污染的水的排水系统；生产废水排水系统主要是排出生产过程中污染较轻及水温升高的废水（如冷却废水、冷凝水等）的排水系统。

3. 屋面雨雪水排水系统

屋面雨雪水排水系统是用来收集排出房屋屋面上的雨水和融化的雪水的排水系统。

建筑物内的排水系统可分为分流制排水体制和合流制排水体制。在选择排水体制时，应根据污废水的性质、污染程度、排水量的大小并结合室外排水体制和污水处理设施的完善程度，以及有利于综合利用与处理的要求等因素来确定。

3.1.2　建筑排水系统的组成

建筑排水系统一般由污（废）水收集器、排水管道、通气管、清通设备、抽升设备、污水局部处理构筑物等部分组成，如图 3-1 所示。

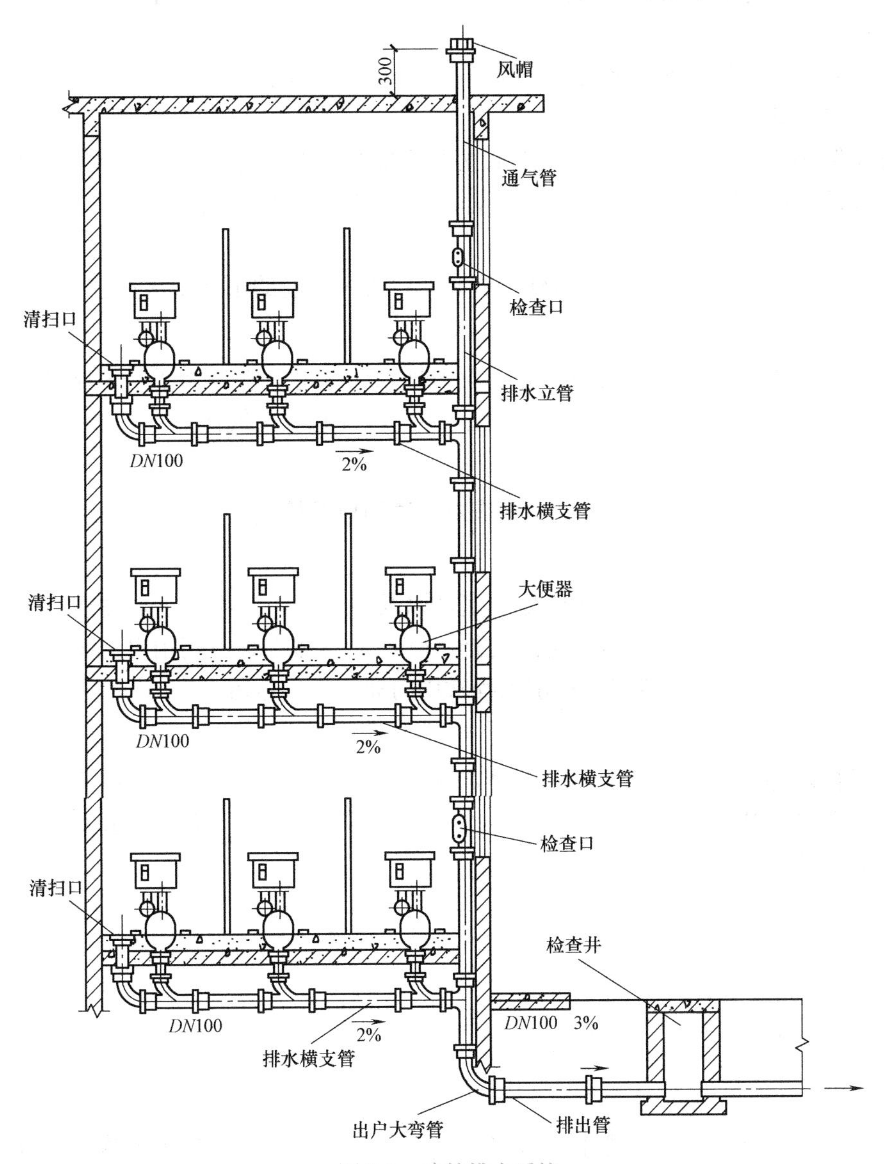

图 3-1　建筑排水系统

1. 污（废）水收集器

污（废）水收集器是用来收集污（废）水的器具，它是建筑排水系统的起点，如室内的卫生器具、生产设备上的排水设备及雨水斗等。

2. 排水管道

排水管道是由器具排水管、排水横支管、排水立管、排水干管和排出管等组成的。

（1）器具排水管

器具排水管是连接卫生器具和排水横支管之间的短管，除坐式大便器等自带水封装置的卫生器具外，均应设水封装置。

（2）排水横支管

排水横支管是将卫生器具排水管送来的污（废）水传输到排水立管中。

（3）排水立管

排水立管是用来收集各排水横支管的污（废）水并输送至排出管。

（4）排水干管

排水干管是连接两根或两根以上排水立管的总的排水横管。在一般的建筑中，排水干管是埋地敷设；在高层建筑中，排水干管设置在地下室或专门的设备层中。

（5）排出管

排出管是连接室内排水立管至室外检查井的一段带坡度的水平排水管道。

3. 通气管道

通气管道是指与大气相通仅用于通气而不排水的管道，它是为了使水流通畅，稳定排水管道内的气压，防止水封被破坏，排出管道内的臭气和有害气体。

4. 清通设备

清通设备是指设置在排水管道中的检查口、清扫口及检查井等起疏通排水作用的设备。

5. 抽升设备

一些高层民用建筑和公共建筑的地下室，以及地下人防工程、工业建筑内部标高低于室外地坪的车间和其他用水设备的房间的排水管道，当污水难以利用自流排至室外时，就需要设置污水抽升设备增压排水。排水工程常用的抽升设备是污水泵。

6. 污（废）水局部处理构筑物

当建筑物内部的污、废水未经处理而未达到国家排放标准时，不允许直接排放到城市排水管网，必须设置污（废）水局部处理构筑物，包括隔油池、沉淀池、化粪池、中和池以及含毒污水的局部处理设备。

3.2 建筑排水常用的管材、附件及卫生器具

3.2.1 排水管材、管件与附件

1. 常用排水管材

室内排水系统对所选用的排水管材应具备的要求是排水管材应有足够的机械强度、抗污水侵蚀性能好、内壁光滑、水利条件好、不渗漏、使用寿命较长等；在建筑工程中首选硬聚氯乙烯排水塑料管或柔性抗震排水铸铁管及相应的管件。

（1）硬聚氯乙烯（UPVC）排水塑料管

硬聚氯乙烯排水塑料管具有质量轻、强度高、安装方便、耐腐蚀、抗老化、管壁光滑、水流阻力小、外表美观、造价低等优点。但它强度低、耐温性能差、排水立管易产生噪声，暴露于阳光下的管道易老化、防火性能差。

其常用的管材规格的公称外径为：50mm，75mm，90mm，110mm，125mm，160mm，200mm，250mm，315mm。UPVC 管材的长度一般为 4m。

硬聚氯乙烯排水塑料管道连接的方法有承插粘接、橡胶圈密封连接和螺纹连接。常见 UPVC 管及管件如图 3-2 所示。

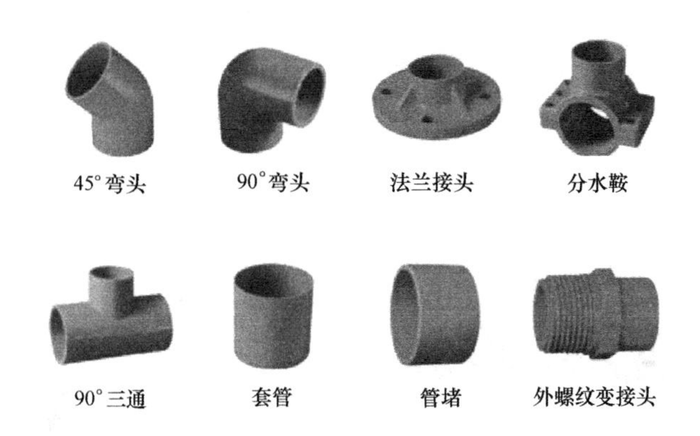

图 3-2 硬聚氯乙烯（UPVC）排水塑料管

（2）排水铸铁管

排水铸铁管具有耐腐蚀性能强、寿命长、价格便宜、噪声低、强度高、柔性抗震、柔性接口施工方便、耐高温、阻燃防火等优点。但其质量重、质脆、刚性接口施工麻烦。

排水铸铁管按材质不同可分为灰口铸铁排水管和球墨铸铁排水管；按制造工艺不同可分为普通砂型排水铸铁管、连续铸造排水铸铁管、离心铸造排水铸铁管和柔性抗震排水铸铁管等。排水铸铁管的连接形式：普通排水铸铁管有青铅接口、承插石棉水泥接口、膨胀水泥接口和胶圈接口；在有抗震要求或湿陷性黄土地区需采用柔性接口。

普通砂型排水铸铁管常用于底层或多层建筑室内排水系统和雨水排水系统中。柔性抗震排水铸铁管常用于小高层和高层建筑室内排水系统和雨水排水系统中。

在城镇新建住宅中，淘汰砂模铸造铁排水管用于室内排水管道，推广应用硬聚氯乙烯（UPVC）塑料排水管。

2. 排水附件

（1）存水弯

存水弯是设置在卫生器具排水支管上和生产污（废）水受水器泄水口下方的排水附件（坐便器除外）。存水弯按其外形和构造不同可分为 U 形存水弯、S 形存水弯、P 形存水弯、瓶式存水弯和防虹吸式存水弯五种，如图 3-3 所示。U 形存水弯常用于水平横交管；S 形存水弯常用于连接的排水横管标高较低的位置；P 形存水弯常用于连接排水横管标高较高的位置；瓶式存水弯一般明装在洗脸盆或洗涤盆等卫生器具排出管上；防虹吸式存水弯的排出管上部装有进气短管，在排水管内形成负压时可以补气，防止水封破坏，消除排水管道虹吸振动而引起的噪声。

存水弯具有阻隔排水管道内的臭气和有害小虫进入室内污染环境的作用。在其弯曲段内必须存有 50 ～ 100mm 高的水封。存水弯按材质不同可分为铸铁存水弯和硬聚氯乙烯塑料存水弯两种。其规格有 *DN*50、*DN*75、*DN*100。

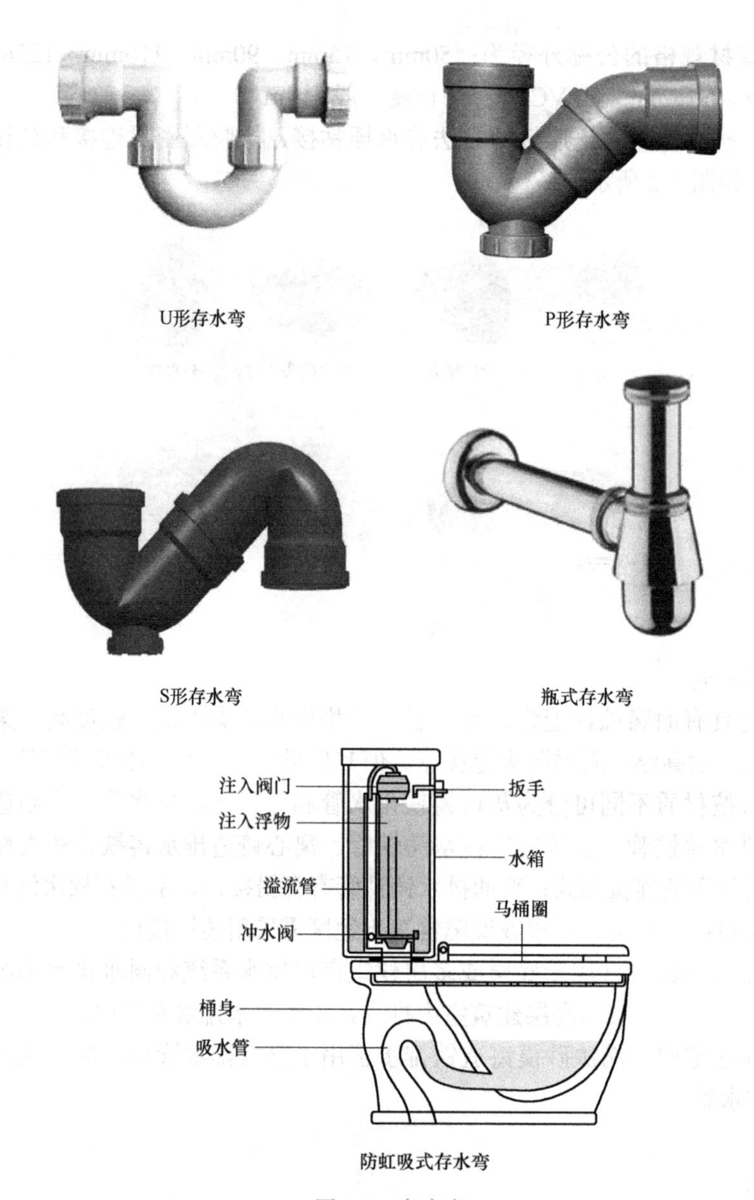

图 3-3 存水弯

（2）检查口

检查口是设置在排水立管上或较长的排水横管段上的附件，其作用是清通排水管道，防止其堵塞。检查口是一个带有盖板的开口短管，维修时可拆开盖板进行管道清通，如图 3-4 所示。

检查口安装在排水立管上时，应每隔一层设置一个检查口，但在最底层和有卫生器具的最高层必须设置。安装高度是检查口中心距操作地面为 1.0m，且与墙面成 45°角。

埋地管道上的检查口应设在检查井内，以便清通操作，检查井直径不得小于 0.7m。

（3）清扫口

清扫口是设置在排水横管段上，其作用是清通排水横管段防止其堵塞，如图 3-5 所示。清扫口顶应与地面相平。连接两个及两个以上大便器或三个及三个以上卫生器具的污水横管上应设置清扫口。当污水管在楼板下悬吊敷设时，可将清扫口设在上一层楼地面上，污水管起点的清扫口与管道相垂直的墙面距离不得小于200mm；若污水管起点设置堵头代替清扫口时，与墙面距离不得小于400mm；在转角小于135°的污水横管上，应设置检查口或清扫口。

图3-4　检查口

图3-5　清扫口

（4）地漏

地漏常装设在地面需经常清洗或地面有积水需排泄的地方，如淋浴间、盥洗室、厕所、卫生间等，如图3-6所示。地漏应布置在不透水地面的最低处，地漏箅子顶面应低于地面5～10mm。地漏内的水封深度不得小于50mm，其周围地面应有不小于0.01的坡度坡向地漏。

图3-6　地漏

3.2.2　室内卫生器具

1．卫生器具的种类

卫生器具按使用功能分为便溺用、盥洗用、沐浴用、洗涤用四类。

（1）便溺用卫生器具

便溺用卫生器具包括大便器、大便槽、小便器、小便槽等。

1）大便器。大便器分为坐式大便器（简称坐便器）和蹲式大便器（简称蹲便器）。

① 坐式大便器。坐式大便器按水力冲洗原理可分为冲洗式和虹吸式两大类，如图3-7所示。按低水箱和马桶的连接方式和制造工艺不同可分为分体式和连体式。

冲洗式坐便器：冲洗式坐便器上口一圈开有许多小孔的冲洗槽，冲洗水经小孔流出沿便器冲水斜坡冲下，将粪便冲出存水弯。其特点是冲洗噪声较大，存水面小而浅，污物不易冲净而产生臭气，卫生条件较差，价格便宜。

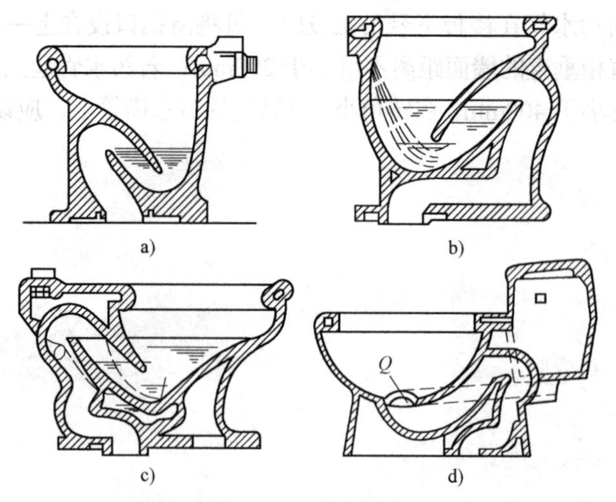

图 3-7　坐式大便器

a）冲洗式　b）虹吸式　c）喷射虹吸式　d）旋涡虹吸式

虹吸式坐便器：虹吸式坐便器是依靠虹吸作用使冲洗水形成旋流，将粪便全部冲出存水弯。其特点是排污能力强、卫生条件较好、存水面积大、噪声较小。虹吸式坐便器又可分为喷射虹吸式坐便器和旋涡虹吸式坐便器（图 3-7）。

② 蹲式大便器。蹲式大便器一般安装在公共卫生间、普通住宅、集体宿舍、普通的旅馆以及防止接触传染的医院厕所内等场合。蹲式大便器的冲洗设备有三种：一是常采用的水箱冲洗；二是采用手动式或脚踏式延时自闭冲洗阀冲洗；三是采用感应自动冲洗阀冲洗。

2）大便槽。大便槽较少采用，目前只在某些造价较低的一般公共建筑物的公共厕所中使用，如学校、火车站、汽车站、码头等。它卫生条件较差、不美观、但与其他形式的大便器相比造价低，并且由于使用集中自动冲洗水箱，耗水量较少。大便槽的槽宽一般为 200 ～ 300mm，起端槽深为 350mm，槽底坡度不小于 0.015，末端设有高出槽底 150mm 的挡水坎，排水口需设存水弯。

3）小便器。小便器一般安装在公共建筑男厕所中，分为挂式和立式两种，如图 3-8 所示。挂式小便器挂装在一般的厕所墙上，其冲洗设备可采用按钮式自闭冲洗阀；立式小便器落地安装在对卫生设备要求较高的公共建筑中，如宾馆、高档商场、大剧院、展览馆等男厕所内，其冲洗设备可采用光电数控感应冲洗阀。

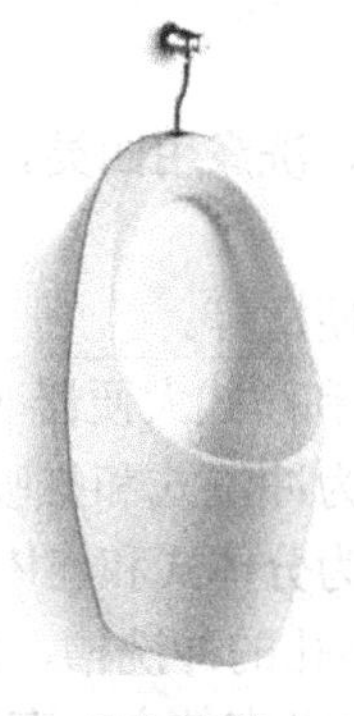

挂式小便器

立式小便器

图 3-8　小便器

4）小便槽。小便槽常用于工业企业、公共建筑、集体宿舍、学校等建筑的男厕所内，其冲洗设备可采用阀门或水箱通过多孔管冲洗。小便槽构造简单、造价低、不美观，可供多人同时使用。

（2）盥洗、沐浴用卫生器具

1）洗脸盆。洗脸盆常安装在盥洗室、浴室、卫生间、理发室、公共洗手间、医院治疗间，用于洗脸、洗头和洗手，其形状有长方形、椭圆形等，其形式有立柱式、台下式、台上式等，如图 3-9 所示。

图 3-9 洗脸盆形式

2）盥洗槽。盥洗槽有单面和双面两种，常安装在同时有多人使用的地方，如标准不高的公共建筑、教学楼、集体宿舍、工厂生活间等，常用砖砌抹面贴瓷片、水磨石现场建造。

3）浴盆。浴盆又称为浴缸，常安装在住宅、宾馆的卫生间内，配有冷热水混合龙头和淋浴器（有固定莲蓬头和软管莲蓬头），如图 3-10 所示。浴缸按其材质不同分为陶瓷、搪瓷钢板、塑料、亚克力、玻璃钢、大理石等材料制成的浴缸；按洗浴方式不同分为坐浴缸、躺浴缸、带盥洗底盘的坐浴缸；按支撑方式不同分为有腿浴缸和无腿浴缸；按形状不同分为长方形、方形和椭圆形等形状的浴缸。

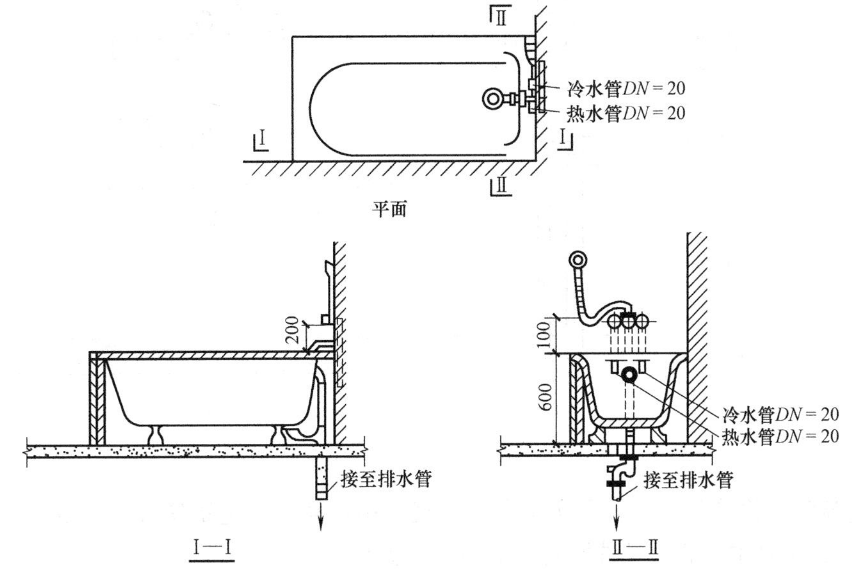

图 3-10 浴缸

4）淋浴器。淋浴器与浴盆相比，它具有占地面积小、清洁卫生、造价低、耗水量少等特点，常安装在工厂生活间、集体宿舍等公共浴室中，供人们洗浴之用，如图 3-11 所示。

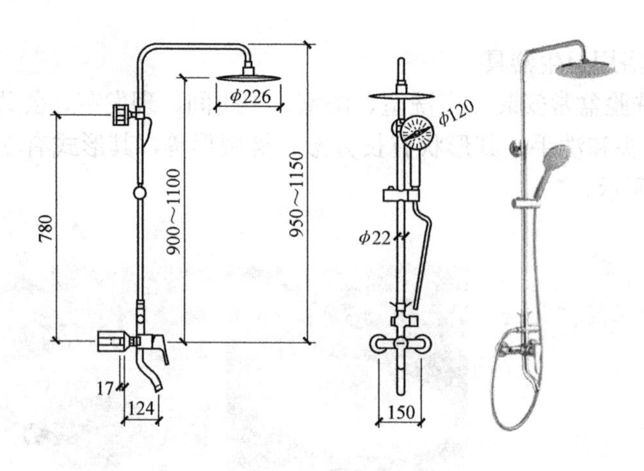

图 3-11　淋浴器

（3）洗涤用卫生器具

洗涤用卫生器具是供人们洗涤食物、衣物、器皿等物品之用，主要有洗涤盆、化验盆和污水盆等卫生器具。

1）洗涤盆。洗涤盆常安装在厨房和公共食堂内，用来洗涤碗碟及蔬菜、食物等，也可安装在医院的诊室、治疗室内，供医护人员洗手之用。洗涤盆有单格和双格两种，按材质不同可分为水泥水磨石洗涤池、陶瓷洗涤盆和不锈钢洗涤盆，其中陶瓷洗涤盆应用较普遍；不锈钢双格洗涤盆常用于家庭厨房或与公共食堂不锈钢柜、台配套使用；按形状可分为长方形、正方形、椭圆形等几种，如图 3-12 所示。

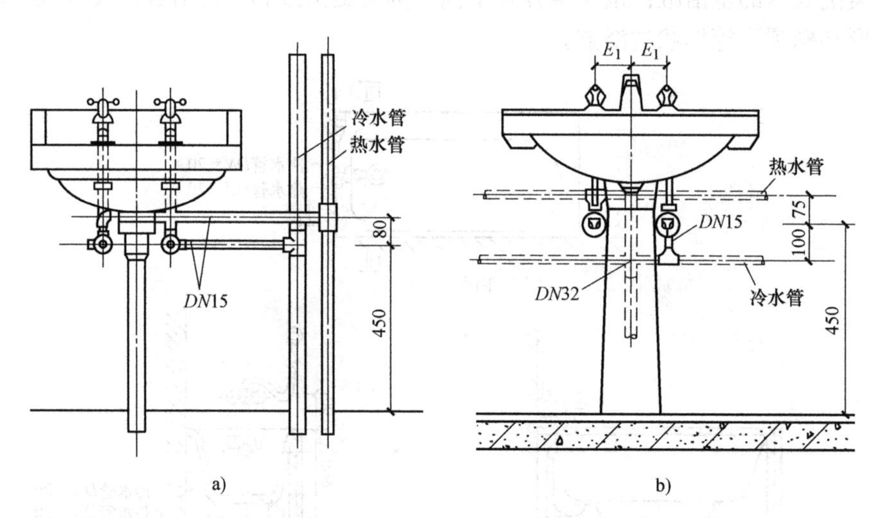

图 3-12　洗涤盆

2）化验盆。化验盆常安装在实验室内。根据用户需要，化验盆可选用单联、双联、三联鹅颈龙头。它是供化验人员洗刷化验器皿和实验接水之用，常用陶瓷化验盆。

3）污水盆。污水盆又称为污水池、拖布池，常安装在公共建筑的厕所、卫生间及集体宿舍盥洗间内，供洗涤拖布、打扫卫生、倾倒污水之用。它多用砖砌瓷砖贴面制成。

2. 卫生器具的布置与安装

（1）卫生器具的布置

布置卫生器具时，应根据厨房、卫生间、公共厕所的平面位置、房间面积的大小、卫生器具数量与单件尺寸、有无管道竖井和管槽等条件，以满足使用方便、容易清洁、管线短转弯少等要求综合考虑。

（2）卫生器具的安装

各类卫生器具的安装高度详见表 3-1。

表 3-1 卫生器具的安装高度

项次	卫生器具名称			卫生器具安装高度 /mm		备注
				居住、公共建筑	幼儿园	
1	污水盆（池）	架空式		800	800	—
		落地式		500	500	
2	洗涤盆（池）			800	800	自地面至器具上边缘
3	洗脸盆、洗手盆（有塞、无塞）			800	500	
4	盥洗槽			800	500	
5	浴盆			480	—	
6	蹲式大便器	高水箱		1800	1800	自台阶面至高水箱底
		低水箱		900	900	自台阶面至低水箱底
7	坐式大便器	高水箱		1800	1800	自地面至高水箱底
		低水箱	虹吸喷射式	470	370	自地面至低水箱底
8	小便器	挂式		600	450	自地面至受水部分上边缘
9	小便槽			200	150	自地面至台阶面
10	大便槽冲洗水箱			≥ 2000	—	自台阶面至水箱底

卫生器具安装工艺流程：安装准备→卫生洁具及配件检验→卫生洁具安装→卫生洁具配件预装→卫生洁具安装→卫生洁具与墙、地缝隙处理→卫生洁具外观检查→通水试验。

3.2.3 局部污水处理设备

1. 局部污水、废水处理构筑物

民用建筑（住宅、公共建筑）及工业企业所排出的污水中，常含有大量的悬浮固体、也伴有油脂或水温过高等现象，因此在排入城市排水管道系统或水体之前，必须对污水、废水进行局部处理，达到国家规定的污（废）水排放标准。

（1）化粪池

化粪池是简单的污水沉淀和污泥消化处理的构筑物，它是污泥处理最初级的方法。污水从池子首端进入，在池内停留 12 ～ 24h，悬浮物在重力作用下沉入池底，澄清的水从池子末端上部流出；而污泥中有机物进行厌氧分解，转化为 H_2O、CH_4、H_2S、NH_4^+、N^+ 等。

经化粪池处理后，污水中无机物可去除 20% 左右，同时灭菌 25% ～ 75%，处理后的污泥可用作肥料施地。

化粪池结构简单、施工方便、除渣灭菌效果好，但要设置通风管降低甲烷浓度和采取防火措施，防止化粪池燃烧爆炸。

化粪池一般用砖或钢筋混凝土砌筑，有圆形和矩形两种，但常采用矩形化粪池。为减少污水与腐化污泥接触时间及便于污泥清掏，化粪池一般分为双格和三格两种。

（2）降温池

当排水水温高于 40℃时，会蒸发大量气体，给管道维护管理带来困难，同时对管道接口、密封和管道寿命产生影响。因此，温度高于 40℃的排水，应优先考虑将所含热量回收利用，若不可能或回收不合理时，再排入城镇排水管道之前应设降温池。降温池应设置于室外。

降温池降温的方法是二次蒸发，通过水面散热添加冷却水的方法，最好利用废水冷却降温。

（3）隔油池

在食品厂、餐饮行业、公共食堂等排放的污水中，经常含有较多的食用油脂。当油脂进入排水管道后，随着水温的降低，会凝固附着在管道内壁上，使排水管道过流断面逐渐缩小而堵塞管道。洗车台、汽车修理间及其他少量生产污水中含有一定量的汽油、机油、柴油，容易进入排水管道产生挥发性气体并聚集在检查井和排水管道空间，当达到一定浓度可产生爆炸引起火灾，危害人身安全。因此，需要进行隔油处理，设置隔油池。为了使积留下来的油脂有重复利用的条件，粪便污水和其他污水不得排入隔油池内。隔油池有普通隔油池和斜板隔油池两种。

（4）沉淀池

在工业废水排入城市排水管网之前，必须设置沉淀池进行处理。当处理后，排水水质达标方可排放或满足生产工艺要求后供生产再利用。

2. 医院污水处理

医院污水处理常采用的处理方法是将医院污水进行预处理后再加消毒剂消毒，如氯气等。预处理的目的是将污水中所含有机悬浮物和无机悬浮物等杂质去掉。预处理分为机械处理和生化处理两种。

3.3 室内排水管道的布置与敷设

室内排水管道布置与敷设的基本原则是：力求管线短而直，使污水以最佳的水利条件快速排至室外；不影响和妨碍房屋及其室内设备功能与正常使用；管道牢固耐用，不裂不漏，便于安装和维修；满足经济和美观要求。

3.3.1 室内排水管道的布置

1. 室内排水管道的布置原则

室内排水管道在布置时应考虑排水要通畅、水力条件要好；使用安全可靠，防止污染，不影响室内环境卫生；管线要简单，工程造价要低；施工安装方便，易于维护管理；占地面积要小并且要美观；在布置排水管道时，也要考虑给水管道、热水管道、供热通风管道、燃气管道、电力照明线路、通信线路及电视电缆等的布置和敷设要求。

2. 排水管道的布置要求

1）排水管的布置距离应最短，管道转弯应最少。

2）排水立管应靠近排水量最大和杂质最多的排水点。当排水立管穿越楼板时应设钢套管或塑料套管，对于现浇楼板应预留孔洞或预埋套管，其孔洞尺寸要比管径大50 ～ 100mm。

3）排水管道不得布置在遇火会引起燃烧、爆炸或损坏的原料、产品和设备的上面。

4）架空管道不得布置在生产工艺或卫生有特殊要求的厂房内，以及食品、贵重商品库、通风小室和变配电间内。

5）排水横管不得布置在食堂、饮食业的主副食操作间和住宅厨房间内的上方，若实在无法避免，应采取防护措施。

6）生活污水立管不得穿越卧室、病房等对卫生、安静要求较高的房间，并不宜靠近与卧室相邻的内墙。

7）排水管道不得穿过沉降缝、烟道和风道，并不得穿过伸缩缝，当受条件限制必须穿过时，应采取相应的技术措施。

8）排水埋地管道，不得布置在可能受重压易损坏处或穿越生产设备基础，特殊情况下应与有关专业协商处理。

9）硬聚氯乙烯排水立管（UPVC 管）应避免布置在易受机械撞击处，当不能避免时，应采取保护措施；同时应避免布置在热源附近，当不能避免，且管道表面受热温度大于60℃时，应采取隔热措施，立管与家用灶具边缘净距应不小于 0.4m。硬聚氯乙烯排水立管应按规定设置阻火圈或防火套管。

3.3.2 室内排水管道的敷设

1. 室内排水管道的施工程序

室内排水管道的施工程序：施工准备→预制加工→埋地排水管道安装→隐蔽排水管道灌水试验及验收→排水立管安装→各楼层排水横管安装→卫生器具支管安装→排水系统灌水试验→通球试验。

2. 室内排水管道的敷设方式

（1）排水支管

排水支管常明装在楼板下，用弯头或三通与排水横管或立管连接。三通应采用斜三通或顺水三通。除卫生器具本身有水封外，排水支管上应安装存水弯。

（2）排水横管

排水横管应根据卫生器具的位置和管道布置的要求而敷设。底层排水横管一般敷设在地沟内或直接埋在地下，一层以上的排水横管可用吊环悬吊在屋顶下明装。排水横管应有一定的坡度坡向排水立管，应尽量减少转弯。与排水立管的连接处应采用斜三通或顺水三通，以防堵塞。

(3) 排水立管

排水立管一般明装在墙角，当建筑物有较高要求时可暗装在管槽或管道竖井中。排水立管应设在靠近最脏、杂质最多的排水点处，如民用建筑中排水立管应靠近大便器布置。

排水立管穿过楼层时应预留孔洞，预留孔洞一般比管径大 50 ～ 100mm。

排水立管仅设伸顶通气管时，最低排水横支管与立管连接处距排水立管管底的垂直距离不得小于表 3-2 规定，若不满足要求，底层需考虑单独排水。

表 3-2　最低排水横支管与立管连接处距排水立管管底的垂直距离

立管连接卫生器具的层数	垂直距离 /m	立管连接卫生器具的层数	垂直距离 /m
≤ 4	0.45	13 ～ 19	3.0
5 ～ 6	0.75	≥ 60	6.0
7 ～ 12	1.2		

当排水管选用 UPVC 管时，立管须设伸缩节。

1）当设计需要安装伸缩节时，可在立管安装普通伸缩节。

2）当设计对伸缩量无规定时，管段插入伸缩节处预留的间隙应为：夏季，5 ～ 10mm；冬季，15 ～ 20mm。

3）立管伸缩节的设置规定见表 3-3。立管伸缩节的位置设定如图 3-13 所示。

表 3-3　立管伸缩节的设置规定

序　号	条　件	伸缩节位置
1	立管穿越楼层处为固定支承且排水支管在楼板之下接入时	水流汇合管件之下
2	立管穿越楼层处为固定支承且排水支管在楼板之上接入时	水流汇合管件之上
3	立管穿越楼层处为不固定支承时	水流汇合管件之上或下
4	立管上无排水支管接入时	按间距要求设于任何部位

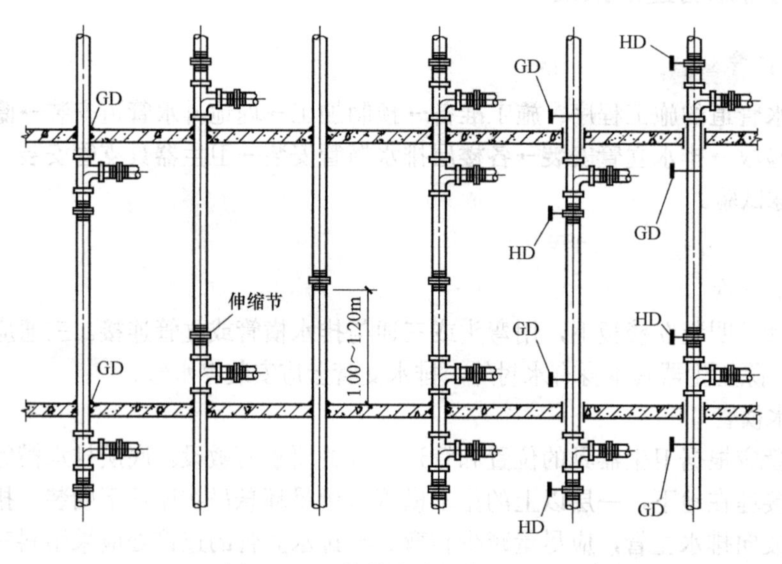

图 3-13　立管伸缩节的位置设定

4）立管穿越楼层处为固定支承时，伸缩节不得固定；伸缩节固定支承时，立管穿越楼层处不得固定。

5）污水横支管、横干管、器具通气管、环形通气管和汇合通气管上无汇合管件的直线管段大于 2m 时，应安装伸缩节，但伸缩节之间最大间距不得大于 4m。

6）横管伸缩节应采用锁紧式橡胶圈管件。但当管径大于或等于 160mm 时，横干管宜采用橡胶密封圈连接形式。管段插入伸缩节的深度与立管规定相同。

3.4 建筑雨水排水系统

当降落在建筑物屋面上的雨、雪水不及时排出，就会造成屋面积水四处溢流或漏水，严重影响人们的生活和生产。为了有效、及时、有组织地排除屋面上的雨雪水，建筑物就必须设置完整的雨水排水系统。屋面雨水排水系统可分为外排水系统和内排水系统。

3.4.1 雨水外排水系统

外排水系统可分为檐沟外排水系统和天沟外排水系统两种方式。

1. 檐沟外排水系统

檐沟外排水系统又称为雨水管外排水系统，它由檐沟、雨水斗、雨水管组成，如图 3-14 所示。

雨水降落到屋面上流入檐沟，经雨水斗流入雨水管，排至室外散水，流经雨水口、雨水井至地下排水系统。檐沟外排水系统适用于一般居住建筑、屋面面积较小的公共建筑和小型单跨厂房等建筑屋面雨水的排除。

檐沟常用镀锌钢板或混凝土制成。目前雨水管常选用排水铸铁管，石棉水泥管和 UPVC 塑料排水管。有些建筑还选用镀锌钢管卡箍连接。雨水管的管径选用 *DN*75 和 *DN*100，间距为 8 ～ 12m。

雨水管的布置间距应根据当地暴雨程度、屋面积水面积以及雨水管的通水能力来确定。

2. 天沟外排水系统

天沟外排水系统由天沟、雨水斗、排水立管和排出管组成，如图 3-15 所示。

雨水由屋面汇集于天沟，然后沿天沟流到沟端的雨水斗，经雨水立管排至地面或室外雨水管沟。这种排水系统适用于长度不超过 100m 的多跨工业厂房，以及厂房内不允许布置雨水管道的建筑。

天沟外排水应以建筑的伸缩缝或沉降缝作为屋面分水线，坡向两侧，以防止天沟通过伸缩缝或沉降缝而漏水。天沟的流水长度，应结合天沟的伸缩缝布置，一般不宜大于 50m，其坡度不小于 3‰。为防止天沟末端积水，应在女儿墙、山墙上或天沟末端设置溢流口，溢流口应比天沟上檐低 50 ～ 100mm，以防止偶然超过设计暴雨强度的雨水量，也能正常安全排水。

天沟可采用矩形、三角形、梯形或半圆形，应根据屋面实际情况来确定。排水立管和排出管可选用普通排水铸铁管承插连接石棉水泥接口、柔性抗震排水铸铁管承插法兰橡胶圈接口、UPVC 塑料排水管承插粘接。

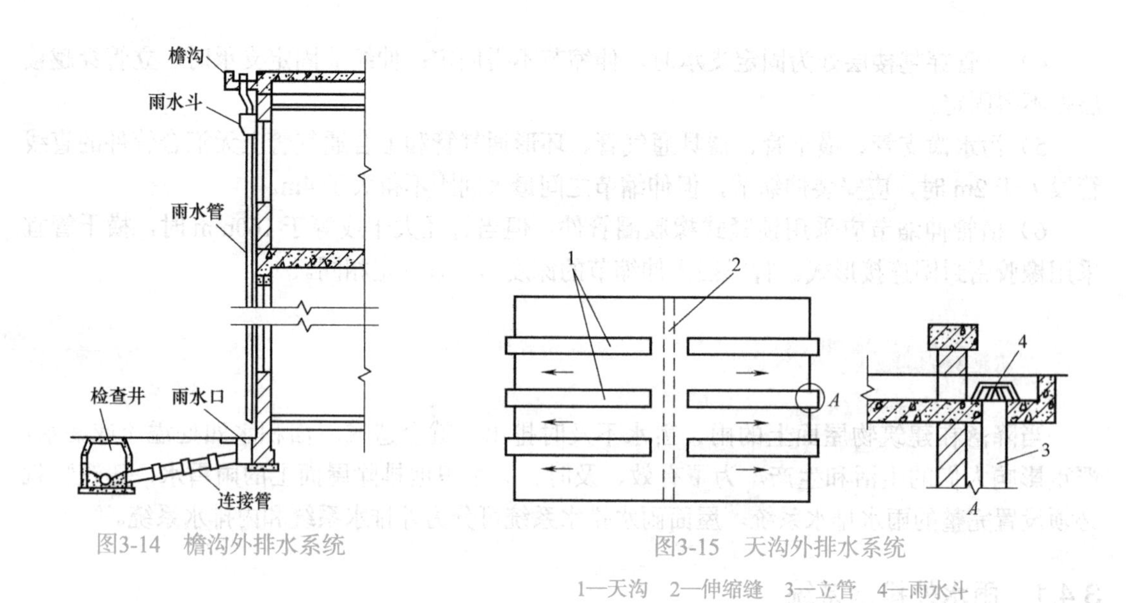

图3-14 檐沟外排水系统

图3-15 天沟外排水系统

1—天沟 2—伸缩缝 3—立管 4—雨水斗

3.4.2 雨水内排水系统

对于大面积建筑屋面或多跨的工业厂房以及建筑立面处理要求较高的建筑物，当采用外排水系统有困难时，可以采用内排水系统。内排水系统是在建筑物内部设置雨水管道的雨水排水系统。

1．雨水内排水系统的组成

雨水内排水系统由天沟、雨水斗、连接管、悬吊管、立管和排出管等部分组成，如图3-16所示。

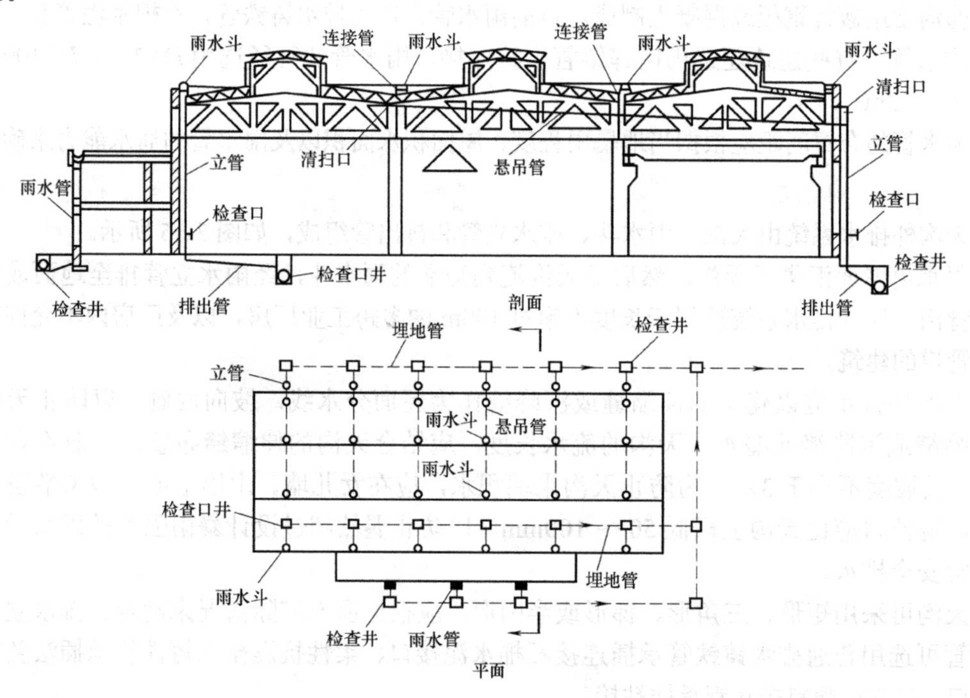

图3-16 雨水内排水系统

2. 雨水内排水系统的分类

按每根立管接纳雨水斗的个数，内排水系统分为单斗和多斗雨水排水系统。单斗排水系统一般不设悬吊管，在多斗排水系统中，悬吊管将几个雨水斗和排水立管相连接。

按排除雨水的安全程度，内排水系统分为敞开式和密闭式。敞开式内排水系统是重力排水，由架空的排水管道将雨水引入建筑物内的地下管道和检查井或明渠，并将雨水排至建筑物外，在暴雨时可能出现检查井冒水现象。密闭式排水系统为压力排水，雨水由雨水斗收集，进入雨水立管，或通过悬吊管直接排至室外。在建筑物内设有密闭的埋地管和检查口，不设检查井，当雨水排泄不畅时，室内也不会发生冒水现象，当屋面雨水为内排水系统时，最好选用密闭式排水系统。

3.5 建筑中水工程

随着国民经济的发展，城市用水量的大幅上升，给水量和排水量日益增大，大量污、废水的排放严重污染了环境和水源，造成水资源的日益不足，水质日益恶化。建筑中水技术已引起人们的日益关注，正不断进行研究、利用和推广。

3.5.1 建筑中水技术的发展与中水系统组成

1. 建筑中水技术的发展

建筑中水是指把人们生活用过的各种排水或雨雪水，以及生产排放的冷凝水、冷却水，经过收集、水处理达到一定的水质标准，再输配给建筑或小区内用于冲厕、洗车、绿化、道路洒水和消防等杂用水。水质标准低于生活饮用水水质标准，所以称为中水。建筑中水的利用既可以节约淡水资源，又可以减轻水环境的污染，具有明显的经济效益和社会效益，国家应大力推广和利用。

2. 建筑中水系统的组成

（1）中水原水系统

中水原水系统是指收集、输送中水原水至中水处理设施的管理系统和一些附属构筑物。它分为污废水合流系统和污废水分流系统。一般情况下，为简化处理，推荐采用污废水分流系统。以杂排水和优质杂排水作为中水水源。

（2）中水处理设施

中水处理设施包括预处理设施和主要处理设施。预处理设施有化粪池、格栅和调节池等；主要处理设施有沉淀池、气浮池、生物接触氧化池、生物转盘等。当中水水质要求高于杂用水时，应根据需要增加深度处理，即中水再经过后处理设施处理，如过滤、消毒等。

（3）中水管道系统

中水管道系统包括中水集水和中水供水两大部分。中水集水管道系统是指建筑内部排水管道和将原水送至中水处理设施的管道系统。中水供水管道系统应单独设置，是将中水处理站处理后的水输送至各杂用水点的管网。中水系统应单独设立，由配水管网、中水储水池、中水高位水箱、中水泵组成，管道敷设及水力计算与给水系统基本相同，只是在供水范围、水质、使用等方面有些限定和特殊要求。

3.5.2 建筑中水系统的分类及形式

1. 建筑中水系统的分类

根据排水收集和中水供应的范围大小，建筑中水系统可分为建筑物中水系统和建筑小区中水系统。

建筑物中水系统是指在一栋或几栋建筑物内建立的中水系统。建筑物中水系统具有投资少，见效快的特点。

建筑小区中水系统是指在新（改、扩）建的校园、机关办公区、商住区、居住小区等集中建筑区内建立的中水系统。因供水范围大，生活用水量和环境用水量都很大，可以设计成不同形式的中水系统，易于形成规模效益，实现污废水资源化和小区生态环境的建设。建筑中水系统是建筑物或建筑小区的功能配套设施之一。

2. 建筑中水系统的形式

建筑中水系统可分为全集流全回用系统、部分集流部分回用系统和全集流部分回用系统三种。

1）全集流全回用系统：将建筑物排放的污水全部用一套管道系统集流，经处理后全部回用。虽然可以节省管材，但原水水质较差、工艺流程复杂、水处理费用高。

2）部分集流部分回用系统：一般将粪便污水与厨房污水分流排出，仅集流优质污水，经处理后回用。虽然需增加一套管道系统和基建费用，但原水水质较好、工艺流程简单、管理方便、水处理费用低。

3）全集流部分回用系统：将建筑污水全部集流，分批分期修建回用。全集流部分回用系统常用于采用合流制排水系统，且需增建或扩建的建筑。

3.6 高层建筑排水系统

3.6.1 高层建筑排水系统的特点

高层建筑的特点有建筑高度高、层数多、面积大、设备完善、功能复杂、卫生器具数量多、使用人员多、排水量大、管网系统复杂等。对高层建筑排水系统的基本要求是排水通畅和良好的排气。

排水通畅即要求设计合理、安装正确、管径要求能排出所接纳的污（废）水量，配件选择恰当及不产生阻塞现象。为了加强高层建筑排水系统的排水能力，首先必须解决好排气问题，为了防止水塞产生，造成卫生器具水封的破坏，应设置专用通气立管。

3.6.2 高层建筑的排水方式

我国目前当建筑层数在10层及10层以上且承担设计排水流量超过排水立管的允许负荷时，多采用设置专用通气管的排水系统。这种系统由于通气立管和排水立管共同安装在一个竖井内，相互联通，通气管专用通气，排水管专用排水，所以又称为双立管排水系统。

排水立管与专用通气立管每隔两层用连接短管相连接。当洗涤污水立管和粪便污水立管共用一根专用通气管时，专用通气立管管径应与排水立管的管径相同。对于使用条件要求较高的建筑和高层公共建筑也可以设置环形通气管、主通气立管。对于卫生、安静程度要求较高的建筑物，生活污水管道宜设置器具通气管。双立管排水系统虽然排水性能好，但占地面积大、造价高、管道安装复杂。设置专用通气立管和器具通气管排水系统如图 3-17 所示。

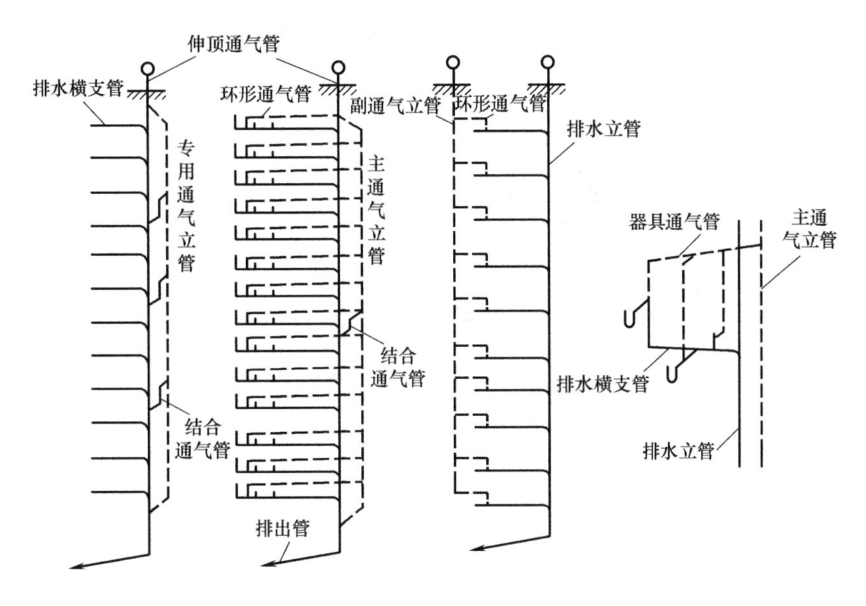

图 3-17 设置专用通气立管和器具通气管排水系统

国外一些国家的高层建筑采用具有特制配件的单立管排水系统，这种系统可以省去主通气立管、安装施工方便、节省室内面积、管材用量少，但特殊配件用量多、价格高、排水效果不如双立管排水效果好。常用排水形式有苏维托单立管排水系统、旋流式排水系统、高奇马排水系统等。

1. 苏维托单立管排水系统

苏维托单立管排水系统是在各层排水横支管与立管的连接处采用气水混合接头配件，在排水立管基部设置气体分离接头配件，从而可以取消通气立管。苏维托单立管排水系统由上流入口、乙字管、分离装置、立管水流区、横管、横管水流区、混合区和排出口等组成，如图 3-18 所示。

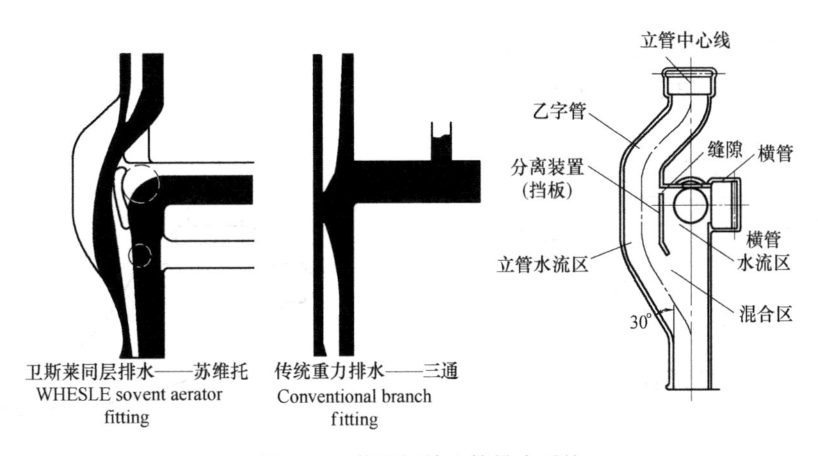

图 3-18 苏维托单立管排水系统

2. 旋流式排水系统

旋流式排水系统又称为塞克斯蒂阿系统，它是在各层横管和立管的连接处采用旋流式接头配件和在立管底部设置旋流式 45° 弯头，如图 3-19 所示。

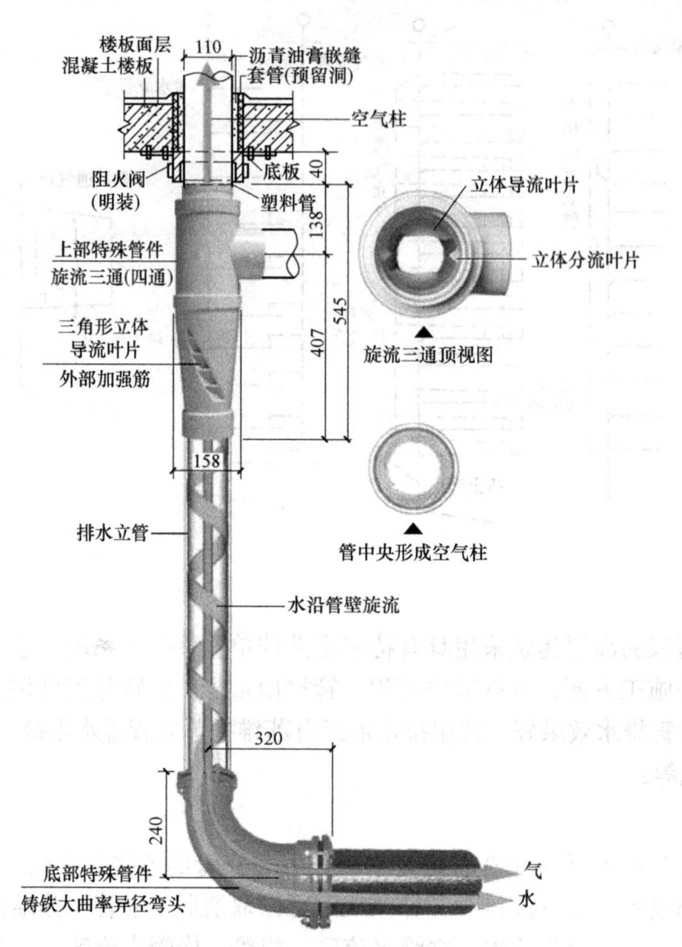

图 3-19 旋流式排水系统

3. 高奇马排水系统

高奇马排水系统又称为芯形排水系统，在各层排水横管与排水立管底基部设置高奇马接头配件（环流器）(图 3-20)，在排水立管的基部设置角笛形弯头（图 3-21）。

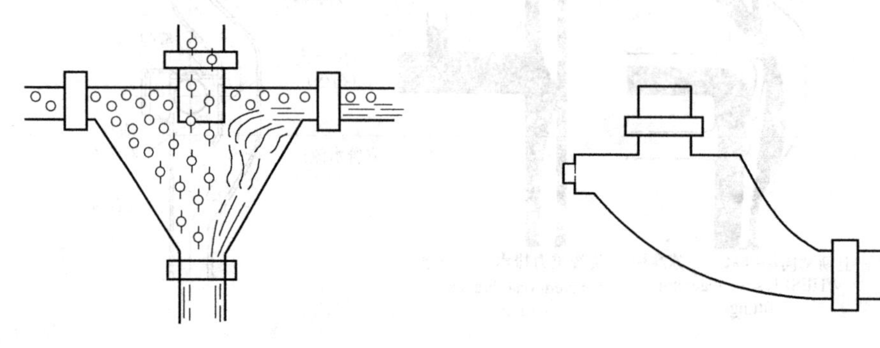

图 3-20 高奇马接头配件（环流器）

图 3-21 角笛形弯头

3.6.3　高层建筑排水管道的安装

高层建筑排水管道一般常敷设在管道竖井内，每层分出横支管供卫生器具用水和排水。横干管一般敷设在技术转换层或吊顶内。管道竖井内的各种立管应合理布置，一般先布置安装排水管、雨水管和管径较大的给水管，再安装其他管道。立管安装应按自下而上的顺序安装，每次必须安装管道支架将管道固定牢，管道竖井内必须搭设临时操作平台。

高层建筑技术层内安装有各种管道和水箱、水泵、风机和水加热器等设备。在布置安装时应综合考虑、合理布置。

高层建筑排水系统应首选柔性抗震排水铸铁管，承插法兰压盖柔性连接或不锈钢卡箍柔性连接；排水塑料管有 UPVC 螺旋管、UPVC 双壁中空螺旋静音管、UPVC 芯层发泡管等新型排水塑料管，排水塑料管的连接可选用承插粘接连接。

思考题

1. 简述室内排水系统的分类与组成。
2. 排水系统为什么要设置存水弯？存水弯有哪几种？
3. 室内排水系统可选用哪些管材？如何连接？
4. 排水系统伸顶通气管的作用是什么？
5. 简述室内排水管道布置和敷设的要求。
6. 屋面雨水排水有哪几种方式？每种排水方式由哪几部分组成？各有什么特点？
7. 雨水排水系统管道安装有什么要求？
8. 建筑中水系统由哪几部分组成？分为哪几类？有几种形式？
9. 什么是建筑中水？
10. 高层建筑排水有哪几种方式？各有什么特点？
11. 高层建筑排水系统常选用哪些管材？各种管材如何连接？

单元4　建筑消防给水系统

学习目标

掌握建筑消防给水系统的内容，包括：消火栓给水系统、自动喷水灭火系统；了解其他固定灭火设施和高层建筑消防给水系统。

学习内容

1. 多层消火栓给水系统的组成及给水方式。
2. 自动喷水灭火系统的组成及给水方式。
3. 其他固定灭火设施。

能力要点

1. 能够正确理解建筑消防给水系统的分类、组成和使用条件。
2. 能够根据实际情况选择正确的自动喷水灭火系统。
3. 能够根据实际情况正确选择固定灭火设施。
4. 掌握土建与消防系统的配合。

4.1　消火栓给水系统

1. 室内消火栓给水系统设置

室内消火栓给水系统是把室外消防给水系统提供的水量输送到建筑内部，用于扑灭建筑物内的火灾而设定的固定灭火设备，是建筑物中最基本的灭火设施。

《建筑设计防火规范》(GB 50016—2014）规定，下列建筑或场所应设置室内消火栓系统：

1）建筑占地面积大于 300 m^2 的厂房和仓库。

2）高层公共建筑和建筑高度大于 21m 的住宅建筑。

注：建筑高度不大于 27m 的住宅建筑，设置室内消火栓系统确有困难时，可只设置干式消防竖管和不带消火栓箱的 *DN*65 的室内消火栓。

3）体积大于 5000m^3 的车站、码头、机场的候车（船、机）建筑、展览建筑、商店建筑、旅馆建筑、医疗建筑和图书馆建筑等单、多层建筑。

4）特等、甲等剧场，超过 800 个座位的其他等级的剧场和电影院等以及超过 1200 个座位的礼堂、体育馆等单、多层建筑。

5）建筑高度大于 15m 或体积大于 10000m^3 的办公建筑、教学建筑和其他单、多层民用建筑。

国家级文物保护单位的重点砖木或木结构的古建筑，宜设置室内消火栓系统。

2. 室内消火栓给水系统的组成

建筑内部消火栓给水系统一般由水枪、水带、消火栓、消防管道、消防水池、高位水箱、水泵接合器及增压水泵等组成。

（1）消火栓设备

消火栓设备是由水枪、水带和消火栓组成的，均安装在消火栓箱内，如图 4-1 所示。

水枪一般为直流式，喷嘴口径有 13mm、16mm 和 19mm 三种。口径为 13mm 的水枪配备直径 50mm 水带，16mm 的水枪配备 50mm 或 65mm 水带，19mm 的水枪配备 65mm 水带。低层建筑的消火栓可选用口径为 13mm 或 16mm 的水枪，高层建筑消火栓用口径为 19mm 的水枪。

水带口径有 50mm 和 65mm 两种，长度一般为 15m、20m、25m 和 30m 四种；水带材质有麻织和化纤两种，有衬胶与不衬胶之分，衬胶水带阻力较小。

消火栓均为内扣式接口的球形阀式龙头，有单出口和双出口之分。双出口消火栓直径为 65mm，单出口消火栓直径有 50mm 和 65mm 两种。当每支水枪最小流量小于 5L/s 时，选用直径 50mm 消火栓；最小流量大于 5L/s 时，选用 65mm 消火栓。

（2）水泵接合器

水泵接合器是连接消防车向室内消防给水系统加压供水的装置，一端由消防给水管网水平干管引出，另一端设于消防车易于接近的地方。图 4-2 为其中的一种——地上式水泵接合器，还有地下式、墙壁式。

图 4-1　消火栓箱

图 4-2　地上式水泵接合器

3．室内消火栓的布置要求

1）除无可燃物的设备层外，设置室内消火栓的建筑物，其各层均应设置消火栓。

2）室内消火栓的布置，应保证每一个防火分区同层有两支水枪的充实水柱同时到达室内任何部位。建筑高度≤ 24m，且体积≤ 5000m^3 的多层仓库，可采用一支水枪的充实水柱同时到达室内任何部位。

3）消防电梯前室应设室内消火栓。

4）室内消火栓应设在明显易于取用的地点。栓口离地面高度为 1.1m，其出水方向宜向下或与设置消火栓的墙面成 90° 角。

5）冷库的室内消火栓应设在常温穿堂内或楼梯间内。

6）设有室内消火栓的建筑，如为平屋顶时宜在平屋顶上设置试验和检查用的消火栓。在寒冷地区，屋顶消火栓可设在顶层出口处、水箱间或采取防冻技术措施。

7）同一建筑物内应采用统一规格的消火栓、水枪和水带，以方便使用。每条水带的长度不应大于 25 m。

8）高层厂房（仓库）和高位消防水箱静压不能满足最不利点消火栓水压要求的其他建筑，应在每个室内消火栓处设置直接启动消防水泵的按钮或报警信号装置，并应有保护设施。

9）建筑的室内消火栓、阀门等设置地点应设置永久性固定标识。

4. 水枪充实水柱长度

根据防火要求，从水枪射出的水流应具有射到着火点和足够冲击扑灭火焰的能力。充实水柱是指靠近水枪口的一段密集不分散的射流，充实水柱长度是直流水枪灭火时的有效射程，是水枪射流中在 26 ～ 38mm 直径圆断面内、包含全部水量 75 %～ 90 %的密实水柱长度。

水枪的充实水柱应经计算确定，甲、乙类厂房，层数超过 6 层的公共建筑和层数超过 4 层的厂房（仓库），不应小于 10m；高层厂房（仓库）、高架仓库和体积大于 2500m^3 的商店、体育馆、影剧院、会堂、展览建筑，车站、码头、机场建筑等，不应小于 13 m；其他建筑，不宜小于 10m。

5. 消防给水管道的布置

1）当室外消防用水量大于 15L/s，消火栓个数多于 10 个时，室内消防给水管道应布置成环状，进水管应布置两条。

2）室内消防给水管道应该用阀门分成若干独立段，若某段损坏时，对于单层厂房（仓库）和公共建筑，检修时停止使用的消火栓不应超过 5 个。对于多层民用建筑和其他厂房（仓库），室内消防给水管道上阀门的设置应保证检修管道时关闭竖管不超过 1 根，但设置的竖管超过三条时，可关闭不相邻的两条。

3）高层厂房（库房）、设置室内消火栓且层数超过 4 层的厂房（库房）、设置室内消火栓且层数超过 5 层的公共建筑，其室内消火栓给水系统应设消防水泵接合器。

消防水泵接合器应设在消防车易于到达的地点，与室外消火栓或消防贮水池取水口的距离为 15 ～ 40m。每个水泵接合器进水流量可达到 10 ～ 15L/s，水泵接合器的数量应按室内消防用水量计算确定。

4）消防用水与其他用水合并的室内管道，当其他用水达到最大小时流量时，应仍能供应全部消防用水量。

5）高层建筑消火栓系统考虑分区给水。

4.2 自动喷水灭火系统

在发生火灾时，能自动打开喷头喷水并同时发出火警信号的消防灭火设施称为自动喷水灭火系统。

目前我国使用的该种系统的类型有：湿式喷水灭火系统、干式喷水灭火系统、预作用喷水灭火系统、雨淋喷水灭火系统、水幕系统和水喷雾灭火系统六种类型。前三种称为闭式自动喷水灭火系统。

4.2.1　自动喷水灭火系统的组成、工作原理和适用情况

1. 湿式喷水灭火系统

湿式喷水灭火系统的工作原理为：火灾发生的初期，建筑物的温度随之不断上升，当温度上升到以闭式喷头温感元件爆破或熔化脱落时，喷头即自动喷水灭火。此时，管网中的水由静止变为流动，水流指示器被感应送出电信号，在报警控制器上指示某一区域已在喷水。持续喷水造成报警阀的上部水压低于下部水压，其压力差值达到一定值时，原来处于闭合的报警阀就会自动开启。此时，消防水通过湿式报警阀，流向干管和配水管供水灭火。同时一部分水流沿着报警阀的环形槽进入延迟器、压力开关及水力警铃等设施并发出火警信号。此外，根据水流指示器和压力开关的信号或消防水箱的水位信号，控制箱内控制器能自动启动消防泵向管网加压供水，达到持续自动供水的目的。

该系统由闭式喷头、湿式报警阀、报警装置、管网及供水设施等组成，如图4-3所示。该系统具有结构简单，使用方便、可靠，便于施工、管理，灭火速度快，比较经济，适用范围广的优点，但由于管网中充有有压水，当渗漏时会损坏建筑装饰和影响建筑的使用。该系统适合安装在常年室温不低于4℃且不高于70℃能用水灭火的建筑物、构筑物内。

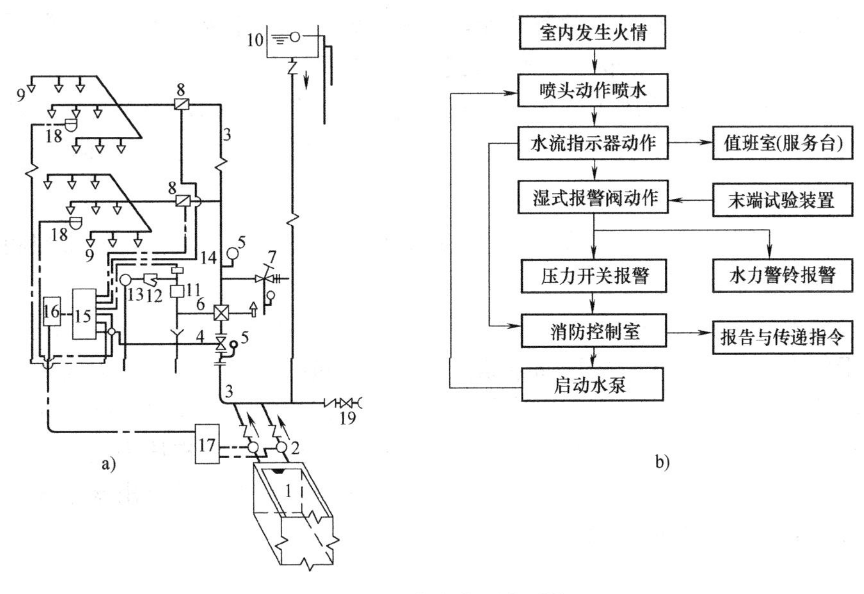

图4-3　湿式喷水灭火系统

a）组成示意图　b）工作原理图

1—消防水池　2—消防水泵　3—管网　4—控制蝶阀　5—压力表　6—湿式报警阀　7—泄放试验阀　8—水流指示器　9—喷头　10—高位水箱、稳压泵或气压给水设备　11—延时器　12—过滤器　13—水力警铃　14—压力开关　15—报警控制器　16—非标控制箱　17—水泵启动箱　18—探测器　19—水泵接合器

2. 干式喷水灭火系统

干式喷水灭火系统由闭式喷头、管道系统、干式报警阀、干式报警控制装置、充气设备、排气设备和供水设施等组成。

该系统与湿式喷水灭火系统类似，只是控制信号阀的结构和作用原理不同，配水管网与供水管间设置干式控制信号阀将它们隔开，而在配水管网中平时充满有压气体。火灾时，

喷头首先喷出气体，致使管网中压力降低，供水管道中的压力水打开控制信号阀而进入配水管网，接着从喷头喷出灭火。

其特点是：报警阀后的管道无水，不怕冻、不怕环境温度高。与湿式喷水灭火系统相比较，干式喷水灭火系统多增设一套充气设备，一次性投资高、平时管理较复杂、灭火速度较慢。干式喷水灭火系统适用于温度低于4℃或温度高于70℃的场所。

3. 预作用喷水灭火系统

预作用喷水灭火系统由预作用阀门、闭式喷头、管网、报警装置、供水设施以及探测和控制系统组成。

在雨淋阀（属干式报警阀）之后的管道系统，平时充以有压或无压气体（空气或氮气），当火灾发生时，与喷头一起安装在现场的火灾探测器，首先探测出火灾的存在，发出声响（报警信号），控制器在将报警信号作声光显示的同时，开启雨淋阀，使消防水进入管网，并在很短时间内完成充水（不宜大于3min），即原为干式系统迅速转变为湿式系统，完成预作用程序，该过程喷头温感尚未形成动作，迟后闭式喷头才会喷水灭火。

该种系统综合运用了火灾自动探测控制技术和自动喷水灭火技术，兼容了湿式和干式系统的特点。系统平时为干式，火灾发生时立刻变成湿式，同时进行火灾初期报警。系统由干式转为湿式的过程含有灭火预备功能，故称为预作用喷水灭火系统。这种系统由于有独到的功能和特点，因此，有取代干式灭火系统的趋势。

预作用喷水灭火系统适用于冬季结冰和不能采暖的建筑物内，以及凡不允许有误喷而造成水渍损失的建筑物（如高级旅馆、医院、重要办公楼、大型商场等）和构筑物等。

4. 雨淋喷水灭火系统

雨淋喷水灭火系统由开式喷头、管道系统、雨淋阀、火灾探测器、报警控制装置、控制组件和供水设备等组成。

平时，雨淋阀后的管网充满水或压缩空气，其中的压力与进水管中水压相同，此时，雨淋阀由于传动系统中的水压作用而紧紧关闭。当建筑物发生火灾时，火灾探测器感受到火灾因素，便立即向控制器送出火灾信号，控制器将此信号作声光显示并相应输出控制信号，由自动控制装置打开集中控制阀门，自动释放掉传动管网中有压力的水，使传动系统中的水压骤然降低，使整个保护区域所有喷头喷水灭火。该系统具有出水量大、灭火及时的优点，适用于火灾蔓延快、危险性大的建筑或部位。

5. 水幕系统

水幕系统由水幕喷头、控制阀（雨淋阀或干式报警阀等）、探测系统、报警系统和管道等组成。

水幕系统中用开式水幕喷头将水喷洒成水帘幕状，用来保护建筑物的门窗、洞口或在大空间形成防火水帘起防火分隔作用，不能直接用来扑灭火灾，要与防火卷帘、防火幕配合使用，对它们进行冷却和提高它们的耐火性能，阻止火势扩大和蔓延。该系统具有出水量大、灭火及时的优点，适用于火灾蔓延快、危险性大的建筑或部位。

6. 水喷雾灭火系统

水喷雾灭火系统由水源、供水设备、管道、雨淋阀组、过滤器和水雾喷头等组成，是向保护对象喷射水雾灭火或防护冷却的灭火系统。水喷雾灭火系统与雨淋喷水灭火系统、水幕系统的区别主要在于喷头的结构和性能不同。它是利用水雾喷头在较高的水压力作用下，将水流分离成细小水雾滴，喷向保护对象实现灭火和防护冷却作用的。水喷雾灭火系统用水量少，冷却和灭火效果好，使用范围广泛，实现了用水扑救油类和电气设备火灾，克服了气体灭火系统不适合在露天的环境和大空间场所使用的缺点。

4.2.2　自动喷水灭火系统的组件

1. 喷头

闭式喷头是一种直接喷水灭火的组件，是带热敏元件及其密封组件的自动喷头。该喷头可在预定温度范围下动作，使热敏元件及其密封组件脱离喷头主体，并按规定的形状和水量在规定的保护面积内喷水灭火。此种喷头按热敏元件划分，可分为玻璃球喷头和易熔元件喷头两种类型；按安装形式、布水形状又分为直立型、下垂型、边墙型、吊顶型、普通型和干式下垂型等，如图 4-4 所示。其中，普通型喷头可直接安装，又可下垂安装于喷水管网上，将总水量的 40% ～ 60% 向下喷洒，较大部分喷向吊顶，应用较少。

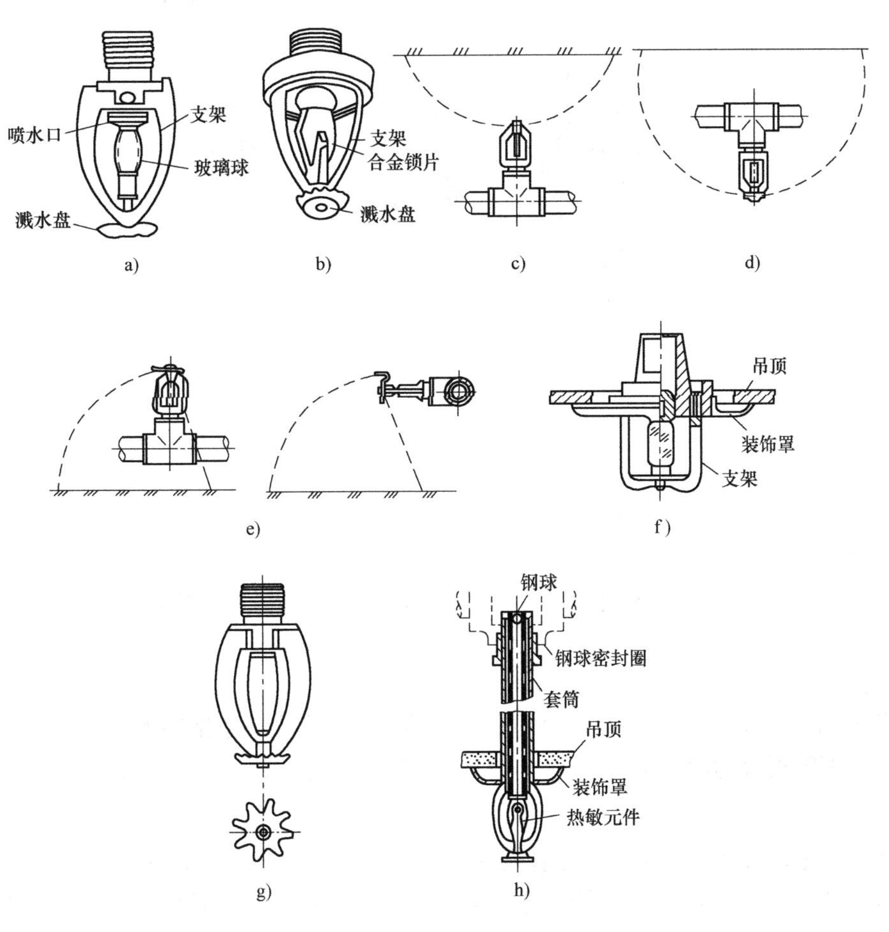

图 4-4　闭式喷头

a）玻璃球喷头　b）易熔元件喷头　c）直立型　d）下垂型　e）边墙型（立式、水平式）　f）吊顶型　g）普通型　h）干式下垂型开式喷头根据用途分为开启式洒水喷头、水幕喷头和喷雾喷头三种类型，如图 4-5 所示。

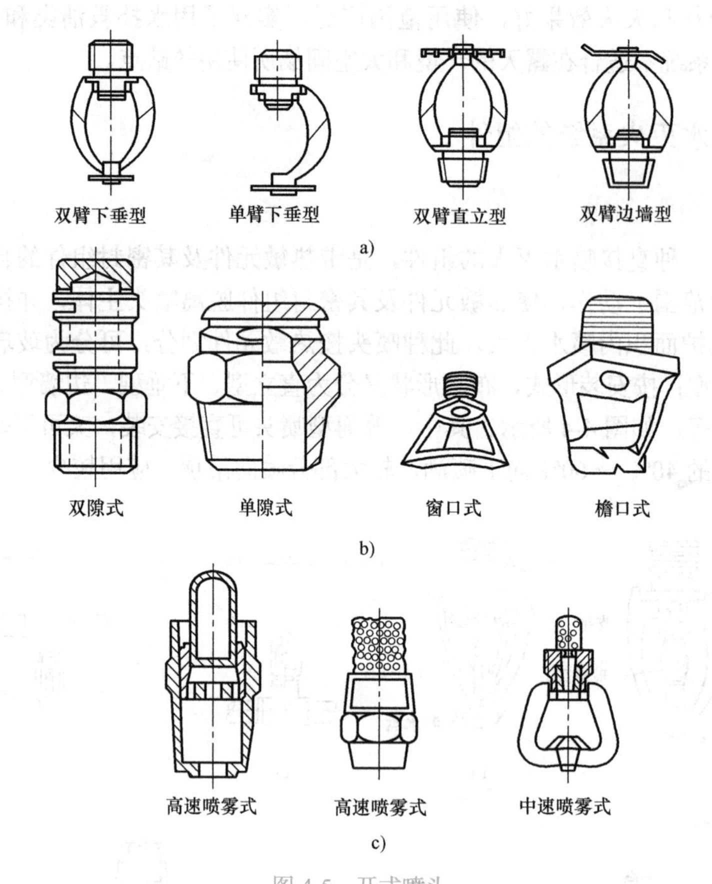

图 4-5 开式喷头

a) 开启式洒水喷头 b) 水幕喷头 c) 喷雾喷头

2. 控制装置

控制装置包括控制阀和报警阀。

(1) 控制阀

控制阀一般选用闸阀，平时全开，应用环形软锁将手轮锁死在开启位置，并标有开关方向标记，其安装位置在报警阀前。

(2) 报警阀

报警阀的作用是开启和关闭管网的水流，传递控制信号至控制系统并启动水力警铃直接报警。报警阀可分为湿式报警阀、干式报警阀和雨淋阀。如图 4-6 所示。

3. 检验装置

在系统的末端接出一个 *DN*15 的管线并加上 1 个截止阀，阀前安装一压力表可组成检验装置。检验时打开截止阀就可以了解报警阀的启动情况，同时它还起到防止管网堵塞的作用。

4. 报警装置

报警装置主要有水力警铃、水流指示器、压力开关和延迟器。

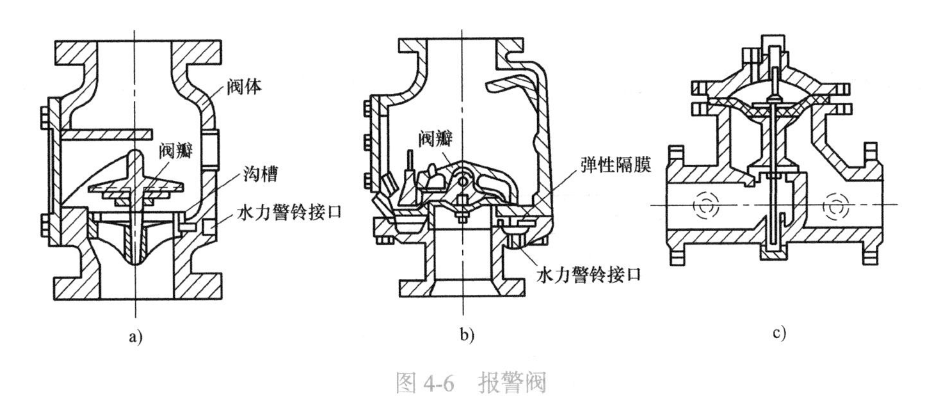

图 4-6 报警阀

a) 座圈型湿式报警阀 b) 差动式干式报警阀 c) 雨淋阀

5. 监测装置

监测装置主要有电动的感烟、感温、感光火灾探测器系统，由电气和自控专业人员设计，给排水专业人员配合。

4.2.3 自动喷水灭火系统的布置

1. 喷头的布置间距要求

喷头的布置间距要求在所保护的区域内任何部位发生火灾都能得到一定强度的水量。喷头布置形式应根据顶棚、吊顶的装修要求布置成正方形、长方形和菱形三种形式，图 4-7 为喷头布置的基本形式。

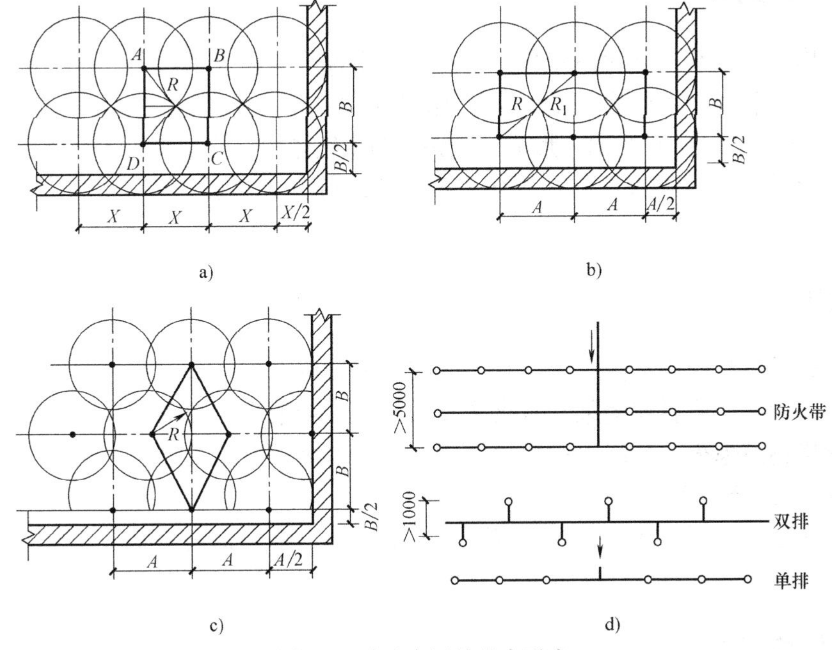

图 4-7 喷头布置的基本形式

a) 喷头正方形布置 b) 喷头长方形布置 c) 喷头菱形布置 d) 双排及水幕防火带平面布置

X—喷头间距 *R*—喷头计算喷水半径 *A*—长边喷头间距 *B*—短边喷头间距

2. 管道的布置

管道的布置应根据建筑平面的具体情况布置成侧边式和中央式两种形式，如图 4-8 所示。

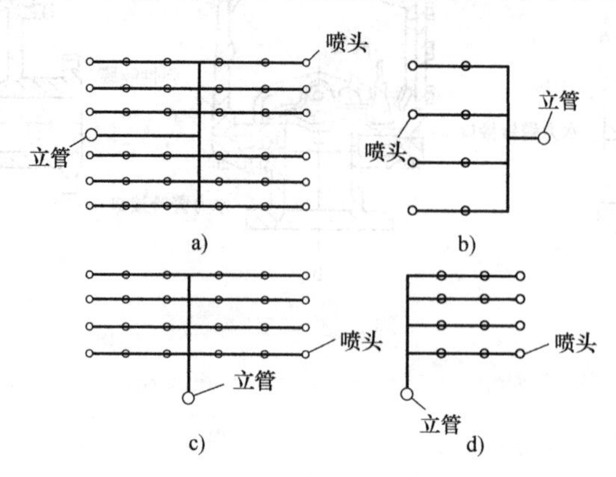

图 4-8　管道的布置形式

a）中央中心型　b）侧边中心型　c）中央末端型　d）侧边末端型

4.3　其他固定灭火设施

因建筑物使用功能不同，建筑物内的可燃物性质各异，因此，仅用水作为消防手段是不能完全达到扑救火灾的目的的，甚至还可能会带来更大的损失。只有根据可燃物的物理、化学性质，采用不同的灭火方法和手段，才能达到预期的目的。现简单介绍以下几种固定灭火系统。

4.3.1　干粉灭火系统

以干粉作为灭火剂的灭火系统称为干粉灭火系统。干粉灭火剂是一种干燥的、易于流动的细微粉末，平时贮存于干粉灭火器或干粉灭火设备中，灭火时靠加压气体（二氧化碳或氮气）的压力将干粉从喷嘴射出，形成一股夹着加压气体的雾状粉流射向燃烧物。

干粉灭火系统具有灭火历时短、效率高、绝缘好、灭火后损失小、不怕冻、不用水、可长期贮存等优点。

4.3.2　泡沫灭火系统

泡沫灭火系统是应用泡沫灭火剂，使其与水混合后产生一种可漂浮、黏附在可燃、易燃液体、固体表面，或者充满某一着火物质的空间的凝聚泡沫漂浮层，达到隔绝、冷却的目的，使燃烧物质熄灭。泡沫灭火剂按其成分可分为化学泡沫灭火剂、蛋白质泡沫灭火剂和合成型泡沫灭火剂三种。

泡沫灭火系统广泛应用于油田、炼油厂、油库、发电厂、汽车库、飞机库、矿井坑道等场所。

4.3.3　卤代烷灭火系统

卤代烷灭火系统是把具有灭火功能的卤代烷碳氢化合物作为灭火剂的消防系统。目前卤代烷灭火剂主要有一氯一溴甲烷（简称 1011）、二氟二溴甲烷（简称 1202）、二氟一氯一溴甲烷（简称 1211）、三氟一溴甲烷（简称 1301）和四氟二溴乙烷（简称 2402）。

4.3.4　二氧化碳灭火系统

二氧化碳灭火系统是一种纯物理的气体灭火系统。二氧化碳灭火剂是液化气体型，以液相贮存于高压容器内。当二氧化碳以气体喷向某些燃烧物时能产生对燃烧物窒息和冷却的作用。

该灭火系统具有不污损保护物、灭火快、空间淹没效果好等优点。二氧化碳灭火系统可用于扑灭某些气体、固体表面、液体和电器火灾，但这种系统造价高，灭火时对人体有害。

4.3.5　水喷雾灭火系统

水喷雾灭火系统由水源、供水设备、管道、雨淋阀组、过滤器和水雾喷头等组成。

其灭火机理是当水以细小的雾状水滴喷射到正在燃烧的物质表面时，产生表面冷却、窒息、乳化和稀释的综合效应，实现灭火。水喷雾灭火系统具有适用范围广的优点，不仅可以提高扑灭固体火灾的灭火效率，同时由于水雾具有不会造成液体火飞溅、电气绝缘性好的特点，在扑灭可燃液体火灾、电气火灾中均得到广泛的应用。

思考题

1. 哪些情况须布置室内消火栓？
2. 室内消火栓给水系统由哪几部分组成？
3. 什么是充实水柱？如何确定充实水柱长度？
4. 消防水泵接合器的作用是什么？
5. 自动喷水灭火系统有哪几种类型？各适用什么场所？
6. 常用的固体灭火装置有哪些？

单元5 热水供应系统与饮水供应系统

学习目标

了解热水的水质、水温及用水量的标准；熟悉室内热水供应系统的分类、组成及方式；熟悉水的加热、贮水设备和主要附件；掌握热水管网的布置及敷设形式和要求；掌握热水供应系统安装及施工质量验收规范；了解饮水的水质、水温；掌握饮水的制备方法和供水方式。

学习内容

1. 室内热水供应系统的分类、组成及方式。
2. 水的加热、贮水设备和主要附件。
3. 热水管网的布置及敷设形式和要求。
4. 饮水的水质、水温；饮水的制备方法和供水方式。

能力要点

1. 要求学生能够根据建筑工程的实际情况选择合适的热水循环方式，选择适当的水加热器。
2. 熟悉热水系统管道施工方法。
3. 施工时能做好给水系统与建筑设备的配合。

5.1 热水供应系统

5.1.1 室内热水供应系统的分类和组成

1. 热水供应系统的分类

（1）按热水系统供应范围分类

建筑内部的热水供应是为了满足建筑内人们在生活和生产中对热水的需要。热水供应系统按热水供应范围可分为局部热水供应系统、集中热水供应系统和区域热水供应系统。

（2）按热水管网循环动力分类

热水供应系统根据热水管网循环动力的不同可分为自然循环热水供应系统和机械循环热水供应系统。

（3）按热水管网循环方式分类

为保证热水管网中的水随时保持一定温度，热水管网除配水管道外，还应根据具体情况和使用要求设置不同形式的回水管道，以便当配水管道停止配水时，管网中仍维持一定的循环流量，以补偿管网热损失，防止温度降低太多，影响用户随时用热水的需要。常用的热水管网循环方式有全循环热水供应方式、半循环热水供应方式和非循环热水供应方式。

2. 热水供应系统的组成

热水供应系统一般由热水制备系统、热水供应系统和附件三部分组成，如图 5-1 所示。

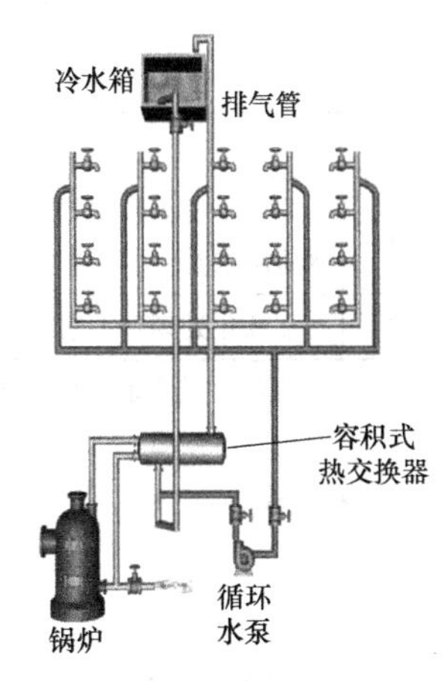

图 5-1　循环热水供应

（1）热水制备系统

热水制备系统又称为第一循环系统，是由热源（蒸汽锅炉或热水锅炉）、水加热器（汽－水或水－水热交换器）和热媒管网组成的。当使用蒸汽为热媒时，蒸汽锅炉产生的蒸汽通过热媒管网输送到热交换器中，经过表面换热或混合换热将冷水加热成热水。

（2）热水供应系统

热水供应系统又称为第二循环系统，它由热水配水管网和回水管网组成。被加热到设计要求温度的热水，从水加热器出口经配水管网送至各个热水配水点，而水加热器所需冷水则由高位水箱或给水管网补给。在各立管和水平干管甚至配水支管上设置回水管，目的是使一定量的热水流回加热器重新加热，补偿配水管网的热损失，保证各配水点的水温。

（3）附件

热媒系统和热水供应系统中由于控制、连接和安全的需要，常使用一些附件，有安全阀、减压阀、闸板阀、自动排气阀、疏水器、自动温度调节装置、膨胀罐、管道自动补偿器、水嘴等附件。

5.1.2　热水水质和水温的要求

1. 热水水质的要求

水在加热后，水中的钙、镁离子受热会析出，在设备和管道内结垢，降低热效率、浪费能源；水中的氧也会因受热逸出，加速金属管材和金属容器的腐蚀，降低系统承压能力，易产生隐患。因此，集中热水供应系统中被加热的水，应根据水量、水质、水温、使用要求、工程投资、管理制度及设备维修等因素，来确定是否需要进行水质处理，即水质软化处理和除氧处理。日用水量小于 $10m^3$，水温不超过 65℃时，水质可不进行软化。

2. 热水水温的要求

（1）热水使用温度

生活用热水的水温应满足生活使用的各种需要，一般水温为 25 ～ 60℃。为保证配水点水温达到要求，集中热水供应系统配水点的最低水温，当加热的冷水进行软化处理时不得低于 60℃，无软化处理时不得低于 50℃，且不得低于用水设备要求的使用水温；局部热水供应系统和以热力管网热水作热媒的热水供应系统，配水点的最低温度为 50℃。

（2）热水供应温度

热水锅炉或水加热器出口的水温应根据表 5-1 确定。水温偏低，满足不了用户的要求；水温过高，会使热水系统的设备、管道结垢加剧，且易发生烫伤、积尘、热损失增加等问题。热水锅炉或水加热器出口水温与系统最不利配水点的水温差称为降温值，一般不大于

10℃，用作热水供应系统配水管网的热损失。降温值的选择应根据系统的大小、保温材料的不同，进行技术比较后确定。

表 5-1　出口的最高水温和配水点的最低水温

序号	水处理情况	热水锅炉、热水机组或水加热器出口的最高水温 /℃	配水点的最低水温 /℃
1	原水水质无须软化处理或原水水质需水质处理且有水质处理	75	50
2	需软化处理且无软化处理	60	50

注：当热水供应系统只供淋浴和盥洗用水，不供洗涤池（盆）洗涤用水时，配水点最低水温可不低于 40℃。

5.1.3　水的加热方式和加热设备

1．水的加热方式

水的加热方法有直接加热方法和间接加热方法两种。

（1）直接加热方法

直接加热是利用燃料（煤、天然气、重油）燃烧直接加热锅炉内的水，或利用电能或太阳能加热水来生产热水。这些都是一次换热直接加热方式。其优点是设备简单、热效率较高、加热方法直接简便；其缺点是加热器容易结垢、噪声大、加热设备占用建筑面积较大、造价较高。该方式适用于有高质量的热媒、对噪声要求不严格的公共浴室、洗衣房、工矿企业等用户。

（2）间接加热方法

热媒可采用蒸汽或高温热水间接加热，即热媒与被加热的水不直接接触，而是通过热交换器将水间接加热。热交换器按热媒可分为汽 - 水热交换器和水 - 水热交换器两种；按热交换的方式可分为表面换热和混合换热两种。其特点是供水稳定可靠、安全卫生、环境条件较好、加热设备占用建筑面积较小、造价较低。该方式适用于要求供水安全、稳定，噪声低的旅馆、住宅、医院、办公楼等建筑。

2．水的加热设备

在热水供应系统中，将冷水加热成设计温度的热水，通常依靠加热设备来完成。

（1）锅炉设备

建筑集中热水供应系统常用的锅炉设备有燃煤锅炉、燃气锅炉、燃油锅炉和电锅炉等。

锅炉有立式和卧式两大类。卧式锅炉有外燃式水管锅炉、内燃式火管锅炉；立式锅炉有横水管锅炉、立式直水管锅炉、立式弯水管锅炉和立式火管锅炉等。

锅炉按安装方式有快装锅炉、组装锅炉和散装锅炉。

燃煤锅炉的燃料价格低、成本低、热损失较大、容易冒黑烟污染环境。燃油、燃气锅炉是通过燃烧器向炉膛内喷射雾状的油或燃气，燃烧迅速完全。该类锅炉结构简单、体积小、占用建筑面积小，热效率高达 92%，排污总量少、环保，便于运行管理。

（2）电加热器

常用的电加热器可分为快速式电加热器和容积式电加热器。快速式电加热器无储水容积或储水容积较小，不需预热，可随时生产一定温度的热水，使用方便，体积小。容积式电加热器具有一定的储水容积，使用前必须预热，当储备水达到一定温度后才能使用。其热损失较大。

（3）容积式水加热器

容积式水加热器是一种间接式加热设备，有卧式和立式两种，其内部设有换热管束并具有一定的储热容积，具有加热冷水和储备热水两种作用，如图 5-2 所示。容积式水加热器常以饱和蒸汽和高温热水为热媒。

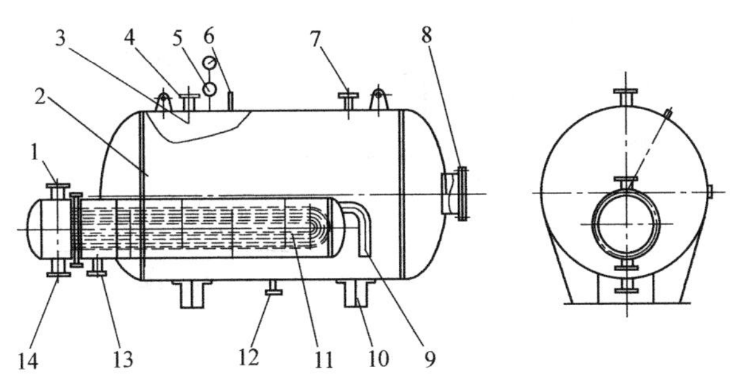

图 5-2 容积式水加热器

1—热媒出口管口 2—罐体 3—温包管管口 4—热水出水管管口 5—压力表 6—温度计
7—安全阀接管口 8—人孔 9—热水下降管 10—支座 11—U 形换热管
12—排污管口 13—冷水进水管口 14—热媒入口管口

容积式水加热器的优点是具有储水和调节水量的能力、被加热水流速低、压力损失小、出水压力稳定、出水温度均衡、供水较安全；其缺点是传热系数小、热交换效率较低、体积大。

（4）快速式水加热器

在快速式水加热器中，热媒与冷水均以较高流速流动进行紊流加热，提高热媒对管壁、管壁对被加热水的传热系数来改善传热效果。根据采用的热媒不同，快速式水加热器有汽－水（蒸汽和冷水）和水－水（高温热水和冷水）两类；根据加热导管的构造不同，又有单管式、多管式、板式、管壳式、波纹板式、螺旋板式六种形式。

快速式水加热器具有热效率高、体积小、安装方便，但不能储存热水，水头损失大，在热媒或被加热水压力不稳定时，出水温度波动较大，仅适用于用水量大，且比较均匀的热水供应系统。

（5）半即热式热水加热器

半即热式热水加热器属于有限量储水的加热器，其储水量小、加热面积大、体积极小。其特点是热效率高、体积紧凑、占地面积小。这种热水加热器是一种较好的加热设备。

（6）家用热水器

在无集中热水供应系统的居住建筑中，可以设置家用热水器来供应洗浴热水和厨房涮洗用热水。家用热水器有燃气热水器、电热水器和太阳能热水器。

燃气热水器不宜安装在浴室和卫生间内，防止燃气泄漏，发生人员中毒或窒息事故。

电热水器可以安装在浴室和卫生间内，但电线必须接地，水加热到使用温度时，切断电源再使用，避免触电事故发生。

太阳能热水器是将太阳能转换成热能并将冷水加热的一种装置。太阳能热水器主要由集热器、储热水箱、支架、通气管、上下循环管冷热水管和信号管等组成。

太阳能热水器常布置在平屋顶上；在坡屋顶的方位和倾角合适时，也可设置在坡屋顶上；对于小型家用集热器也可利用阳台栏杆和墙面设置。家用太阳能热水系统如图 5-3 所示。

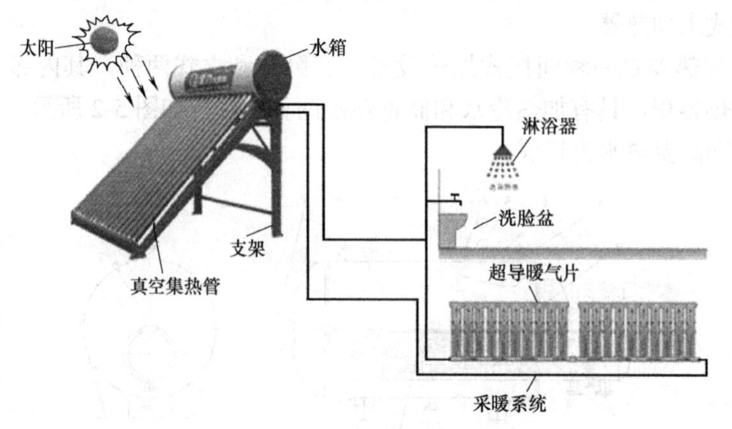

图 5-3　家用太阳能热水系统

太阳能热水器的设置应避开其他建筑物的阴影；避免设置在烟囱和其他产生烟尘设施的下风向，以防止烟尘污染透明罩影响透光；避开风口，以减少集热器的热损失；除考虑设备负荷外，还应考虑风压影响，并应留有 0.5m 的通道供检修和操作。

太阳能热水器具有结构简单、维修方便、安全、节省燃料、运行费用低、不污染环境等优点，但受天气、季节、地理位置的影响不能稳定连续运行。

5.2　饮水供应系统

饮水供应系统是现代建筑给水系统的重要组成部分。目前，饮水供应系统主要有开水供应系统和冷饮水供应系统两类。采用何种类型应根据人们日常生活习惯和建筑的使用要求确定。如办公楼、旅馆、大学生宿舍和军营等建筑多采用开水供应系统；大型娱乐场所、公园、城市广场和企业热车间等多采用冷饮水供应系统。

5.2.1　开水集中制备集中供应

在开水间集中制备，通过供水管道和热水龙头供人们取水饮用，如图 5-4 所示。

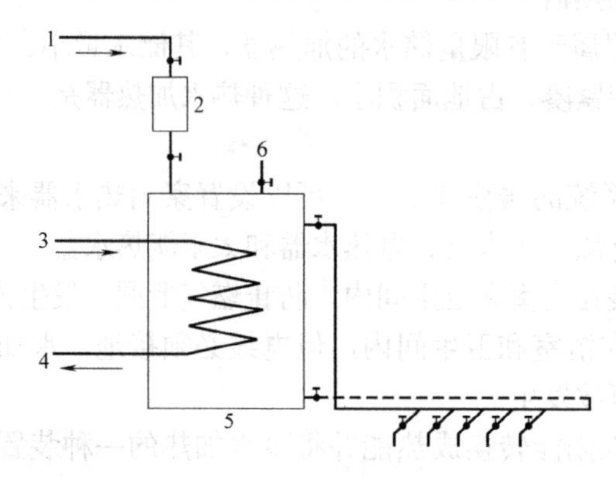

图 5-4　开水集中制备集中供应

1—给水入口 2—过滤器 3—蒸汽入口 4—冷凝水出口 5—开水器 6—安全阀

5.2.2 开水集中制备分散供应

在开水间统一制备开水，通过管道输送至开水取水点，这种系统对管道材质要求较高，确保水质不受污染，如图 5-5 所示。

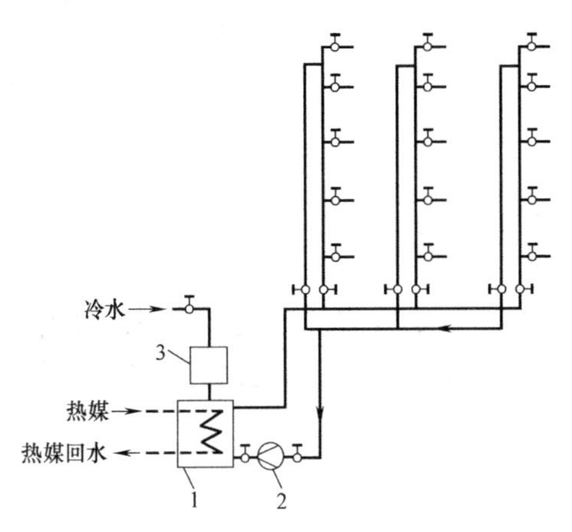

图 5-5 开水集中制备分散供应

1—水加热器 2—循环水泵 3—过滤器

5.2.3 冷饮水集中制备分散供应

冷直饮水的制备方法较多，常用的方法有以下几种：

1）自来水烧开后，再冷却至饮水温度。

2）自来水经净化处理后再经水加热器加热至饮水温度。

3）自来水经净化处理后直接供给用户或饮水点。

4）纯水是通过对水的深度预处理、主处理、后处理等工序制备的。

5）离子水是将自来水通过过滤、吸附离子交换、电离和灭菌等处理，分离出碱性离子水供饮用，而酸性离子水可供美容使用。新型优质净水设备工艺流程如图 5-6 所示。

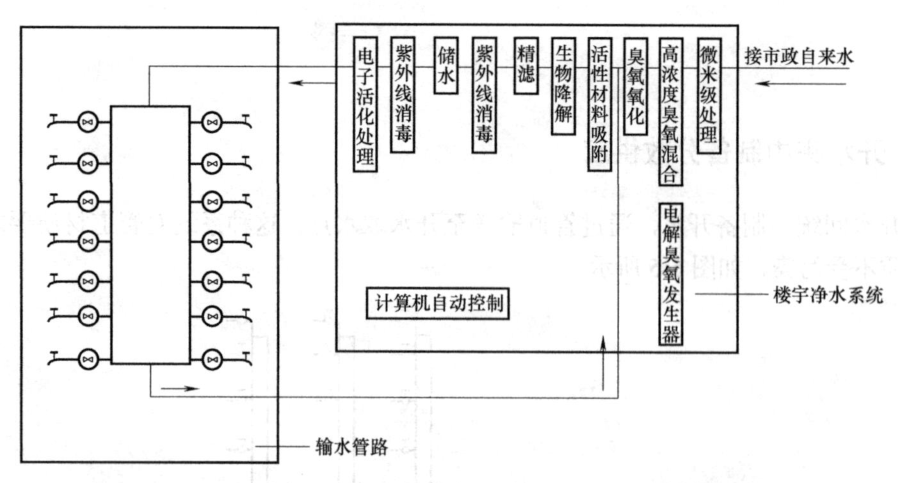

图 5-6 新型优质净水设备工艺流程

对于中、小学校，体育场（馆），车站，码头，公园，绿化广场等人员流动较集中的公共场所，可采用冷直饮水集中制备，再通过管道输送至各饮水点的饮水器供人们饮用。

思考题

1. 什么是热水供应的第一循环和第二循环系统？
2. 室内热水供应系统分为哪几类？由哪几部分组成？
3. 以集中式热水供应系统为例，说说热水供应系统的基本组成。
4. 热水管道敷设应注意哪些方面？
5. 冷直饮水有哪几种制备的方法？饮水供应的方式有几种？

单元6　建筑给水排水识图

学习目标

能够准确识读建筑给水排水施工图。

学习内容

1. 给水排水识图常用方法。
2. 常见给水排水图例。
3. 给水排水平面图。
4. 建筑给水排水系统图。

能力要点

1. 熟悉建筑给水排水系统常用图例。
2. 掌握建筑给水排水施工图的识图方法。
3. 识读建筑给水排水施工图的基本内容。

6.1　建筑给水排水系统常用图例

建筑给水排水系统常用图例参考《建筑给水排水制图标准》(GB/T 50106—2010)，管道的图例见表6-1，管道附件的图例见表6-2，管道连接的图例见表6-3，管件的图例见表6-4。

表6-1　管道

序　号	名　称	图　例	备　注
1	生活给水管	—— J ——	—
2	热水给水管	—— RJ ——	—
3	热水回水管	—— RH ——	—
4	中水给水管	—— ZJ ——	—
5	循环冷却给水管	—— XJ ——	—
6	循环冷却回水管	—— XH ——	—
7	热媒给水管	—— RM ——	—
8	热媒回水管	—— RMH ——	—
9	蒸汽管	—— Z ——	—
10	凝结水管	—— N ——	—
11	废水管	—— F ——	可与中水原水管合用

（续）

序号	名称	图例	备注
12	压力废水管	YF	—
13	通气管	T	—
14	污水管	W	—
15	压力污水管	YW	—
16	雨水管	Y	—
17	压力雨水管	YY	—
18	虹吸雨水管	HY	—
19	膨胀管	PZ	—
20	保温管		也可用文字说明保温范围
21	伴热管		也可用文字说明保温范围
22	多孔管		—
23	地沟管		—
24	防护套管		—
25	管道立管	XL-1 平面 XL-1 系统	X为管道类别 L为立管 1为编号
26	空调凝结水管	KN	—
27	排水明沟	坡向	—
28	排水暗沟	坡向	—

注：1. 分区管道用加注角标方式表示。

2. 原有管线可用比同类型的新设管线细一级的线型表示，并加斜线，拆除管线则加叉线。

表6-2 管道附件

序号	名称	图例	备注
1	管道伸缩器		—
2	方形伸缩器		—
3	刚性防水套管		—

（续）

序 号	名 称	图 例	备 注
4	柔性防水套管		—
5	波纹管		—
6	可曲挠橡胶接头	单球 双球	—
7	管道固定支架		—
8	立管检查口		—
9	清扫口	平面 系统	—
10	通气帽	成品 蘑菇形	—
11	雨水斗	YD- YD- 平面 系统	—
12	排水漏斗	平面 系统	—
13	圆形地漏	平面 系统	通用。如无水封，地漏应加存水弯
14	方形地漏	平面 系统	—
15	自动冲洗水箱		—
16	挡墩		—
17	减压孔板		—
18	Y 形除污器		—

（续）

序号	名称	图例	备注
19	毛发聚集器	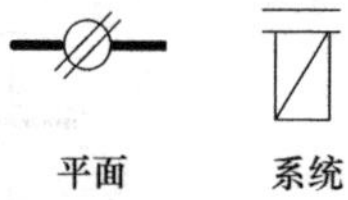 平面　系统	—
20	倒流防止器		—
21	吸气阀		—
22	真空破坏器		—
23	防虫网罩		—
24	金属软管		—

表 6-3　管道连接

序号	名称	图例	备注
1	法兰连接	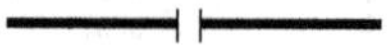	—
2	承插连接		—
3	活接头		—
4	管堵		—
5	法兰堵盖		—
6	盲板		—
7	弯折管	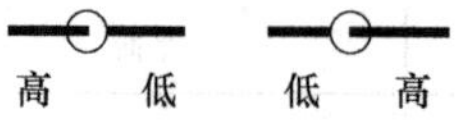 高　低　低　高	—
8	管道丁字上接	 高　低	—
9	管道丁字下接	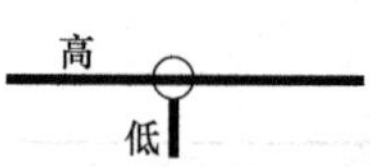 高　低	—
10	管道交叉	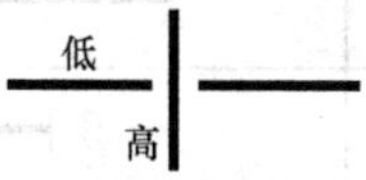 低　高	在下面和后面的管道应断开

表 6-4 管件

序 号	名 称	图 例
1	偏心异径管	
2	同心异径管	
3	乙字管	
4	喇叭口	
5	转动接头	
6	S 形存水弯	
7	P 形存水弯	
8	90° 弯头	
9	正三通	
10	TY 三通	
11	斜三通	
12	正四通	
13	斜四通	
14	浴盆排水管	

6.2 建筑给水排水施工图的基本内容及识图方法

建筑给水排水施工图一般由图样目录、主要设备材料表、设计说明、图例、平面图、系统图（轴测图）、施工详图等组成。

室外小区给水排水工程，根据工程内容还应包括管道断面图、给水排水节点图等。

阅读主要图样之前，应当先看说明和设备材料表，然后以系统图为线索深入阅读平面图、系统图及详图。

阅读时，应三种图相互对照来看。先看系统图，对各系统做到大致了解。看给水系统图时，可由建筑的给水引入管开始，沿水流方向经干管、立管、支管到用水设备；看排水系统图时，可由排水设备开始，沿排水方向经支管、横管、立管、干管到排出管。

1. 平面图的识读

室内给水排水管道平面图是施工图中最基本和最重要的图样，常用的比例是1∶100和1∶50两种。它主要表明建筑物内给水排水管道及卫生器具和用水设备的平面布置。图上的线条都是示意性的，同时管材配件如活接头、补心、管箍等也不画出来，因此在识读图样时还必须熟悉给水排水管道的施工工艺。

在识读管道平面图时，应该掌握的主要内容和注意事项如下：

1）查明卫生器具、用水设备和升压设备的类型、数量、安装位置、定位尺寸。

2）弄清给水引入管和污水排出管的平面位置、走向、定位尺寸、与室外给水排水管网的连接形式、管径及坡度等。

3）查明给水排水干管、立管、支管的平面位置与走向、管径尺寸及立管编号。从平面图上可清楚地查明是明装还是暗装，以确定施工方法。

4）消防给水管道要查明消火栓的布置、口径大小及消防箱的形式与位置。

5）在给水管道上设置水表时，必须查明水表的型号、安装位置以及水表前后阀门的设置情况。

6）对于室内排水管道，还要查明清通设备的布置情况，清扫口和检查口的型号和位置。

2. 系统图的识读

给水排水管道系统图主要表明管道系统的立体走向。

在给水系统图上，卫生器具不画出来，只需画出水龙头、淋浴器莲蓬头、冲洗水箱等符号；用水设备如锅炉、热交换器、水箱等则画出示意性的立体图，并在旁边注以文字说明。

在排水系统图上也只画出相应的卫生器具的存水弯或器具排水管。

在识读系统图时，应掌握的主要内容和注意事项如下：

1）查明给水管道系统的具体走向，干管的布置方式，管径尺寸及其变化情况，阀门的设置，引入管、干管及各支管的标高。

2）查明排水管道的具体走向，管路分支情况，管径尺寸与横管坡度，管道各部分标高，存水弯的形式，清通设备的设置情况，弯头及三通的选用等。识读排水管道系统图时，一般按卫生器具或排水设备的存水弯、器具排水管、横支管、立管、排出管的顺序进行。

3）系统图上对各楼层标高都有注明，识读时可据此分清管路属于哪一层。

3. 详图的识读

室内给水排水工程的详图包括节点图、大样图、标准图，主要是管道节点、水表、消火栓、水加热器、开水炉、卫生器具、套管、排水设备、管道支架等的安装图及卫生间大样图等。

这些图都是根据实物用正投影法画出来的，图上都有详细尺寸，可供安装时直接使用。

思考题

结合熟悉的现场，准确识读建筑给水排水图样。

模块二　暖通与空调工程

单元7　建筑供暖系统

学习目标

掌握建筑室内热水供暖系统的分类与组成，了解散热器及管网附件、材料与设备的性质特点，了解蒸汽供暖的原理和回水特点；了解辐射供暖的分类，掌握低温热水地板辐射供暖系统组成、形式及典型的加热管布置方式。

学习内容

1. 室内供暖系统供暖热负荷。
2. 供暖系统管材、管件、阀门及散热设备。
3. 供暖系统的管路布置、加工与连接。
4. 供暖系统的主要设备与安装。
5. 高层建筑供暖系统的特点。

能力要点

1. 熟悉常见供热系统的分类、工作原理、形式、组成构造、适用条件和优缺点。
2. 掌握供暖的基本概念及其要素；熟悉计算过程和步骤。
3. 掌握供暖系统管材、管件、阀门及散热设备的构造、用途、安装方法及技术要求；能进行常见供暖管路的合理布置，能进行各种供暖管路的加工连接。
4. 了解高层建筑供暖系统的组成和系统形式；了解高层建筑供暖系统降低耗热量的基本措施和方法。

7.1　室内供暖系统

冬季室外气温较低，室内的热量会通过围护结构和冷风渗透不断地传到室外。为了保持室内所要求的供暖温度就需要用人工方法向室内供给热量，保持一定的室内温度，以保证室内适宜的生活条件或工作条件。供暖系统主要由热源、供暖管路和散热设备三部分组成。

7.1.1　供暖系统的分类

1. 按供暖的作用范围分类

（1）局部供暖系统

当热源、管道与散热器连成整体而不能分离时，称为局部供暖系统。如火炉供暖、电热供暖、煤气红外线辐射器等。

（2）单户供暖系统

单户供暖系统是指仅为单户或几户小住宅而设置的一种供暖方式。

（3）集中供暖系统

采用锅炉或水加热器对水集中加热，通过管道同时向多个房间供暖的系统，称为集中供暖系统。其特点是供热量和范围大、距离长、热效率高、节省燃料、减少污染、机械化程度高。

（4）区域供暖系统

以集中供暖的热网作为热源，用以满足一个建筑群或一个区域供暖用热需要的系统，称为区域供暖系统。它的供暖规模比集中供暖要大得多，实质上它是集中供暖的一种形式。

目前，集中供暖已成为现代化城镇的重要基础设施之一，是城镇公共事业的主要组成部分，已在全国许多城市实施。

2. 按热媒的不同分类

在供暖系统中，把热量从热源输送到散热设备的物质称为热媒，可把热水、蒸汽、热空气、烟气等作为热媒。

（1）热水供暖系统

热水供暖系统是以热水作为热媒的供暖系统。一般认为，温度低于 100℃的水称为低温水，高于 100℃的水称为高温水。低温水供暖系统供回水的设计温度通常为 70 ～ 95℃，由于低温水供暖系统卫生条件较好，目前被广泛用于民用建筑中。

（2）蒸汽供暖系统

蒸汽供暖系统是以饱和蒸汽作为热媒的供暖系统。按蒸汽的压力不同，蒸汽供暖系统可分为低压蒸汽供暖系统（蒸汽压力≤ 70kPa）、高压蒸汽供暖系统（蒸汽压力＞ 70 kPa）和真空蒸汽供暖系统（蒸汽压力低于大气压力）。

（3）热风供暖系统

热风供暖系统是以热空气作为热媒的供暖系统，即把空气加热到适当的温度（一般为 35 ～ 50℃）直接送入房间，用以满足供暖要求。

（4）烟气供暖系统

烟气供暖系统是直接利用燃料在燃烧时所产生的高温烟气在流动过程中向房间散出热量，以满足供暖要求的供暖系统。

3. 按散热方式的不同分类

（1）对流供暖系统

对流供暖是指利用空气受热所形成的自然对流，使房间温度上升。主要设备有散热器、暖风机等。

空气受散热器加热上升，上升过程中热空气与周围冷空气进行热交换至房间上部，空气冷却；冷空气下沉至房间下部，被散热器加热上升。

（2）辐射供暖系统

辐射供暖是指利用受热面释放热射线，将室内空气加热。主要设备有辐射散热器、辐射地板、燃气辐射采暖器等。

辐射板被热水或蒸汽加热后，表面温度上升；热表面产生热射线，向四周辐射热能；在热辐射作用下，房间内的物体、周围结构表面、室内空气等被加热。

7.1.2 热水供暖系统

1. 自然循环热水供暖系统

图 7-1 是自然循环热水供暖系统，系统有散热器和一个加热锅炉，用供水管和回水管把锅炉与散热器相连接，在系统的最高处连接一个膨胀水箱，用于容纳水在受热后膨胀而增加的体积。运行前整个系统要注入冷水至最高处，系统工作时水在锅炉内加热，水受热体积膨胀，密度减小，热水沿供水管进入散热器；在散热器内的水放热冷却，密度增大，密度较大的回水再返回锅炉重新加热。这种密度差形成了推动整个系统中的水沿管道流动的动力。

实际工程中，设备的安装位置和供、回水的温度均有一定限度，自然循环的作用压力很小，这种供暖方式只适用于作用半径不大的小型低层建筑。

2. 机械循环热水供暖系统

（1）机械循环热水供暖系统的工作原理

机械循环热水供暖系统主要由热水锅炉、供暖管道、散热设备、膨胀水箱、放气装置和循环水泵等组成，如图 7-2 所示。

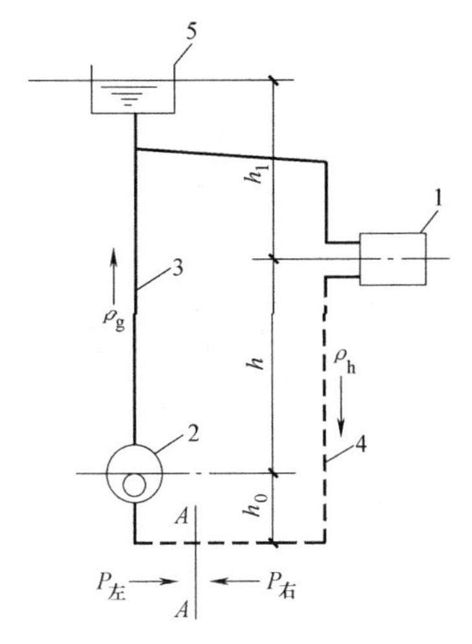

图 7-1 自然循环热水供暖系统

1—散热器 2—锅炉 3—供水管
4—回水管 5—膨胀水箱

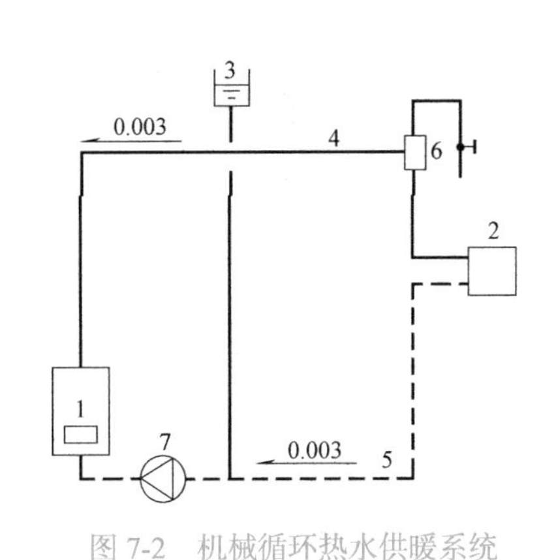

图 7-2 机械循环热水供暖系统

1—锅炉 2—散热器 3—膨胀水箱 4—供水管
5—回水管 6—排气装置 7—循环水泵

机械循环热水供暖系统与自然循环热水供暖系统的主要区别是在管路上安装了循环水泵，系统中水的流动依靠水泵来提供动力。在系统运行前，同样先充满水（同时排气），启动循环水泵，水在锅炉中被加热，沿供水管流入散热器，散热后的回水沿回水管重新回到锅炉，并不断循环。

水泵一般设置在靠近锅炉进口前的回水干管上，可以使水泵处于水温较低的状态下工作，同时也便于锅炉房设备的集中管理。

在机械循环热水供暖系统中，膨胀水箱通常连接在循环水泵吸水口的回水干管上，不论系统是否运行，连接点的压力总是处于静水压力作用之下保持不变，该点称为恒压点，控制系统（恒压点）的压力恒定。

供水水平干管一般应有0.003的沿水流方向上升的坡度，使气、水同向流动，在末端最高点设放气装置，以便集中排除系统中的空气。

与自然循环热水供暖系统相比，机械循环热水供暖系统的主要优点是作用半径大，管径较小，锅炉的安装位置不受限制，系统布置灵活。但因设置循环水泵增加了投资，耗电量大，而且运行管理复杂。

（2）机械循环热水供暖系统的主要形式

1）双管上供下回式。双管上供下回式机械循环热水供暖系统的组成如图7-3所示。该系统的特点是各层散热器并联在立管上，可用支管上的阀门对散热器进行单独调节。但自然循环作用压力的影响仍存在，上层散热器环路作用压力大，底层环路作用压力小，上、下层环路的阻力往往难以平衡，以致上热下冷的热力失调现象较严重。

2）双管下供下回式。双管下供下回式机械循环热水供暖系统的组成如图7-4所示。该系统一般将供、回水干管敷设在底层地沟内，或都敷设在底层散热器下面，系统内空气的排除较为困难。排气方法主要有两种：一种是通过顶层散热器的冷风阀，手动分散排气；另一种是通过专设的空气管，手动或集中自动排气。

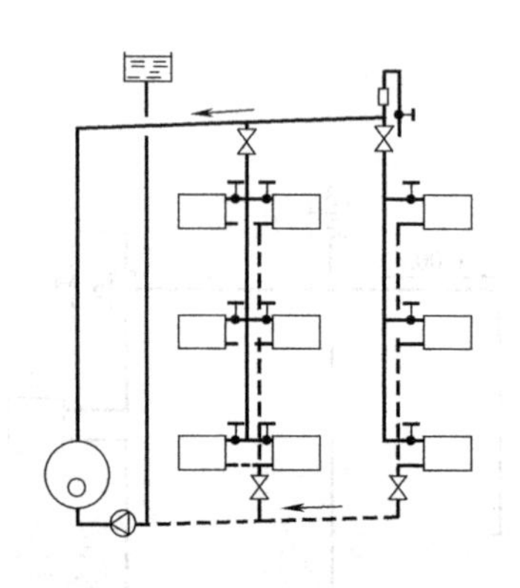
图7-3　双管上供下回式机械循环热水供暖系统

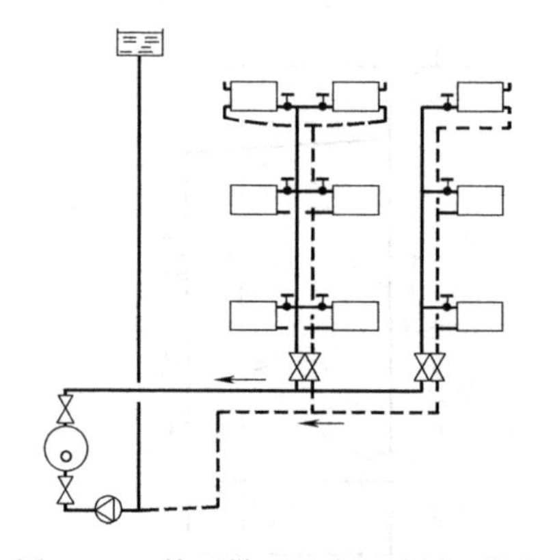
图7-4　双管下供下回式机械循环热水供暖系统

3）单管上供下回式。单管上供下回式机械循环热水供暖系统的组成如图7-5所示。单管式系统节省管材，安装方便，造价较低，在多层建筑热水供暖中应用较普遍。

4）双管下供上回式。双管下供上回式机械循环热水供暖系统的组成如图7-6所示。双管下供上回式系统的供水干管设在下部，回水干管设在上部，水自下而上流动，因此也称为倒流式。左侧为双管系统，右侧为单管系统。

5）单管水平式。单管水平式包括水平顺流式和水平跨越式两种。水平顺流式机械循环热水供暖系统是由一条水平管道将同一层的几种散热器串联在一起的敷设方式，也称为水平串联式，可分为上串联式和下串联式，如图7-7所示。水平顺流式系统与其他几种形式相比，最节省管材、造价低、弯道穿越楼板少、便于施工和维护。

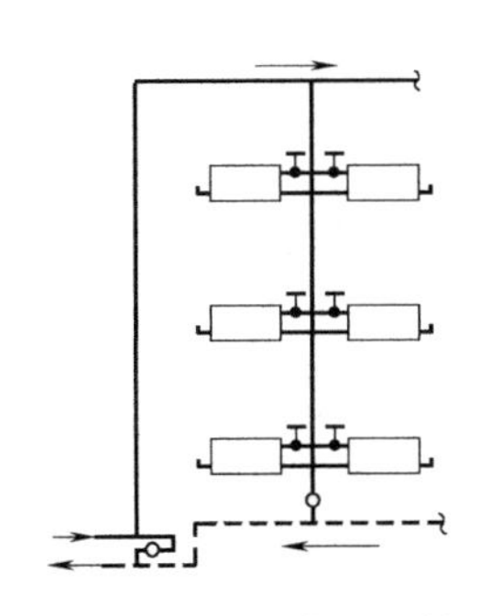

图 7-5 单管上供下回式机械循环热水供暖系统

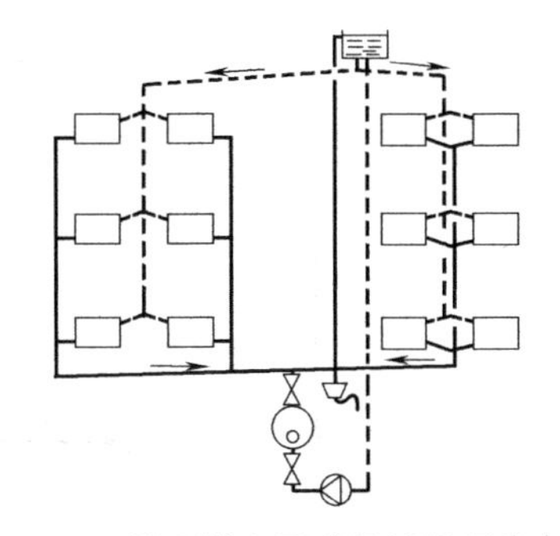

图 7-6 双管下供上回式机械循环热水供暖系统

水平跨越式机械循环热水供暖系统是在同一层的几组散热器下部敷设一条水平管道，用支管分别与每组散热器连接，也称为水平并联式，如图 7-8 所示。水平跨越式系统的每组散热器可以通过进水支管上的阀门来调节热媒流量。

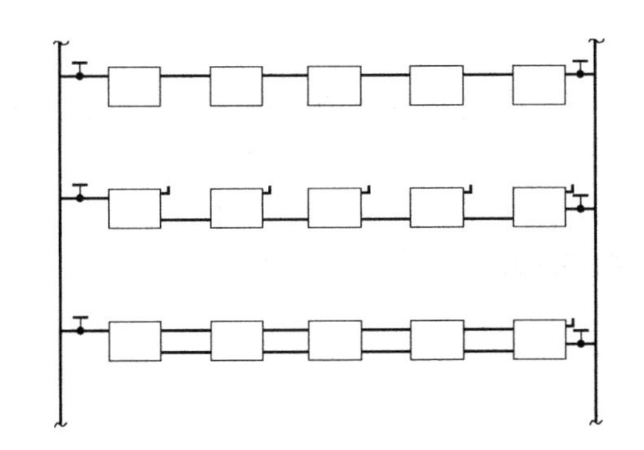

图 7-7 单管水平顺流式机械循环热水供暖系统

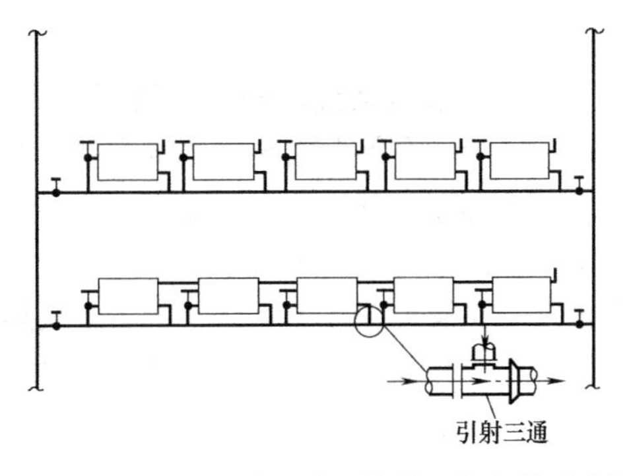

图 7-8 单管水平跨越式机械循环热水供暖系统

7.1.3 蒸汽供暖系统

1. 蒸汽供暖原理

根据蒸汽压力不同，蒸汽供暖系统分为低压蒸汽供暖系统（蒸汽压力≤ 70kPa）、高压蒸汽供暖系统（蒸汽压力＞ 70kPa）和真空蒸汽供暖系统。

水在蒸汽锅炉里被加热而形成具有一定压力和温度的蒸汽，蒸汽靠自身压力通过管道流入散热器，在散热器内放出热量，并经过散热器壁面传给房间；蒸汽则由于放出热量而凝结成水，经疏水器（起隔水阻汽作用）然后沿凝结水管道返回热源的凝结水箱内，经凝结水泵注入锅炉再次被加热变为蒸汽，如此连续不断地工作。

2. 低压蒸汽供暖系统

低压蒸汽供暖系统根据回水方式不同，分为重力回水系统和机械回水系统两类。机械回水低压蒸汽供暖系统如图 7-9 所示。机械回水锅炉可不安装在底层散热器以下，只需将凝结水箱安装在低于底层散热器和凝结水管的位置，系统中的空气通过凝结水箱顶部的空气管排出。凝结水管内汽、水呈逆向流动，尤其是在初期运行时凝结水很多，容易产生水击，噪声也大。为了减轻水击现象，需要减小流速，增大立管管径，但又浪费了管材。

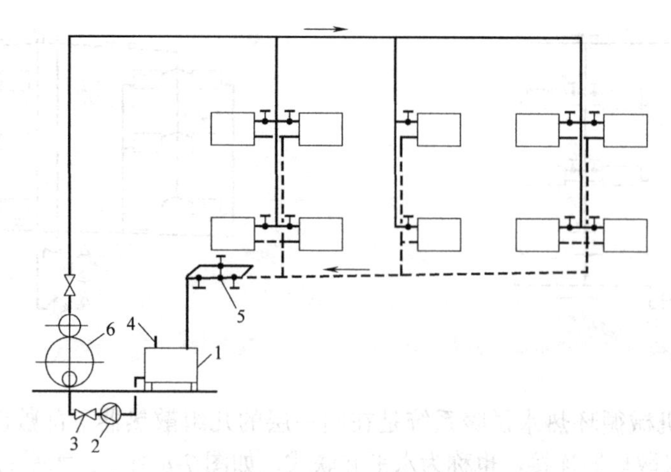

图 7-9　机械回水低压蒸汽供暖系统

1—凝结水箱　2—凝结水泵　3—止回阀　4—空气管　5—疏水器　6—锅炉

3. 高压蒸汽供暖系统

高压蒸汽供暖系统由于散热器可能漏气，加上二次蒸发汽的存在，造成凝水管路会有蒸汽存在，所以在每个散热器的蒸汽和凝结水支管上都应设阀门，以调节供汽并保证关断。

因疏水器单个排水能力远超过每组散热器的凝水量，故系统仅在每一支凝水干管的末端设疏水器。由于凝结水温度较高，通过疏水器减压后，会产生二次蒸汽。所以在进入凝结水箱之前要设置二次蒸发器及水－水换热器。

高压蒸汽供暖系统的管径和散热器片数都小于低压蒸汽供暖系统，因此具有较好的经济性。但是由于安全、卫生条件很差，因此仅能用于工业厂房。

4. 真空蒸汽供暖系统

真空蒸汽供暖系统是在回水总管上装设真空回水泵的蒸汽采暖系统，也称为真空回水采暖系统。

7.1.4　热风供暖系统

以空气作为热媒的供暖称为热风供暖。

1. 暖风机

暖风机是热风供暖的主要设备，它是由风机、电动机、空气加热器、吸风口和送风口等组成的通风供暖联合机组。按风机的种类不同，可分为轴流式暖风机（图 7-10）和离心式暖风机（图 7-11）。

2. 热风供暖与热风幕

热风供暖与热风幕的热媒系统一般应独立设置。如果必须与供暖系统合用时，应有可靠的水力平衡措施。

（1）热风供暖

热风供暖系统是用于供暖的全空气系统，送入室内的空气只经加热和加湿（也可以不加湿）处理，而无冷却处理。这种系统只在寒冷地区只有供暖要求的大空间建筑中应用，如机加车间、纺织厂、化工厂等各种工业厂房，游泳馆、体育馆、大型市场公共设施，蔬菜、花卉大棚、畜禽养殖场等。热风供暖系统如图 7-12 所示。

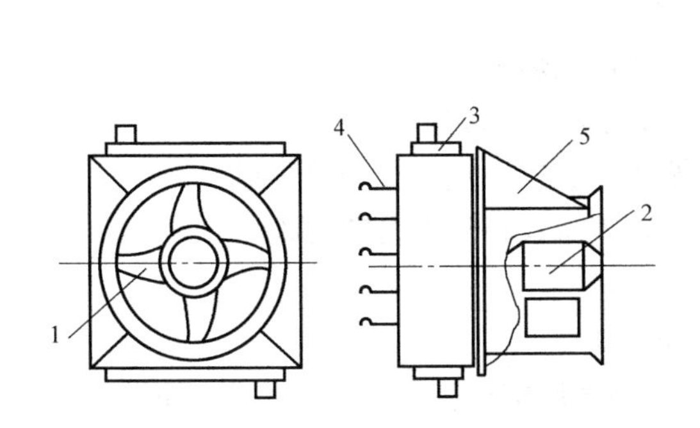

图 7-10　轴流式暖风机

1—风机　2—电动机　3—换热器
4—百叶窗　5—支架

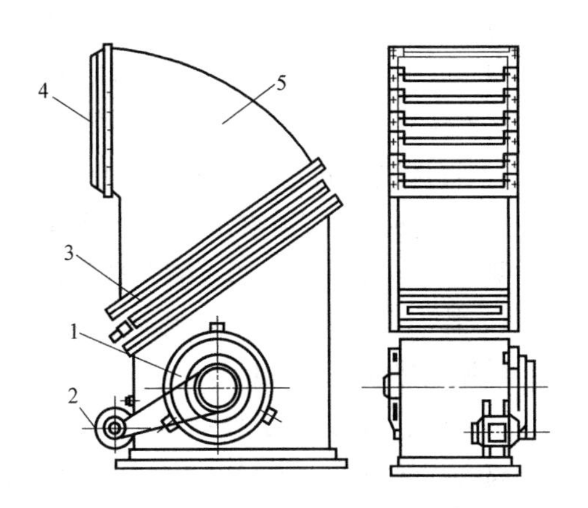

图 7-11　离心式暖风机

1—离心风机　2—电动机　3—加热器
4—导流叶片　5—外壳

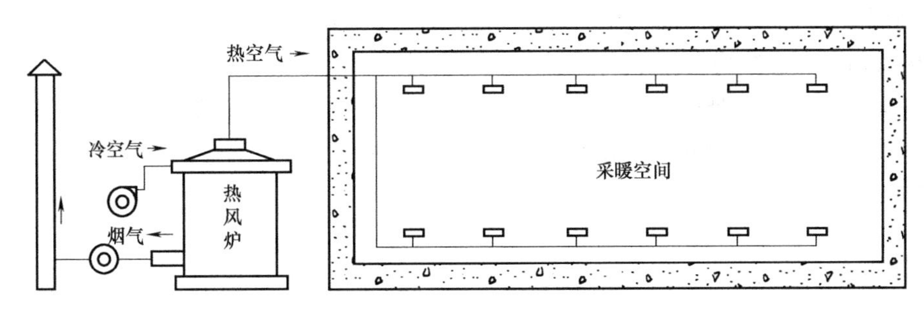

图 7-12　热风供暖系统

热风供暖系统由热源、空气换热器、风机和送风管道组成，由热源提供的热量加热空气换热器，用风机强迫温室内的部分空气流过换热器，当空气被加热后进入温室内进行流动，如此不断循环，加热整个温室内的空气。同蒸汽热水供暖相比，热风供暖系统的供暖效率可提高 60% 以上，节约能源可达 70% 以上，投资维修率可降低 60% 左右，具有明显的经济效益。

节能热风供暖不需要水、送水管道、暖气片及循环泵等，而是将热风直接送入供暖点及空间，热损失极小，附属设备投资不大，热风供暖升温快。只要达到温度，设备可随时压火。设备为常压型热风炉，温度可自由调节，无须承压运行，不需专职锅炉工，可调性强，停开均可，可灵活机动掌握；燃料种类可用煤炭、木材下脚料（刨花、锯末等）、轻重油、液化气、天然气。

（2）热风幕

热风幕又称为热空气幕，是指能喷送出热气流的空气幕。热风幕是通过高速电动机带动贯流或离心风轮产生的强大气流，形成一面无形的门帘，有阻挡冷热风交替、阻挡灰尘的作用。

1）按外型分类，热风幕可分为大型和小型热风幕两类。

大型热风幕：主要适用于大型商场及工矿企业，热风幕的能耗较大，封门的效果较好。

小型热风幕：安装高度不超过 3m，热风幕的能耗较小。

2）按适用热媒分类，热风幕可分为电热风幕、热水热风幕和蒸汽热风幕。

电热风幕：使用方便，无污染，安装费用低，经济适用，效果好。

热水热风幕：对系统管路水温等要求较高，效果一般。

蒸汽热风幕：耗汽量较大，受锅炉的蒸汽量限制，效果最好。

3）按送风方向分类，热风幕可分为上送风和侧送风热风幕。

上送风热风幕（顶吹）：风向由上至下，大多数的热风幕都是这种形式。

侧送风热风幕（侧吹）：横向送风，当安装高度超过 5.5m 时应采取这种形式。

4）按使用电动机分类，热风幕可分为贯流式、轴流式和离心式热风幕。

贯流式热风幕：风量较小，安装高度 2.8m 以下。

轴流式热风幕：风量较小，安装高度 3m 以下。

离心式热风幕：风量较大，可根据电动机的功率来调整安装高度，不超过 5.5m。

民用建筑的热风幕可采用电加热或温度低于或等于 90℃的热水。

① 下列场所宜用热风幕：

a．建筑物出入频繁的无门斗的出入口内侧。

b．两侧温度、湿度或洁净度相差较大，且有人员频繁出入的通道。

② 热风幕送风参数应符合下列要求：

a．送风温度：一般外门不宜高于 50℃，高大外门不得高于 70℃。

b．送风速度：公共建筑外门不宜大于 6m/s，工业建筑外门不宜大于 8m/s，高大外门不得大于 25m/s。

7.1.5 辐射供暖系统

辐射供暖系统是一种利用建筑内部的顶面、墙面、地面进行供暖的系统，是一种卫生条件好、舒适、标准较高的供暖方式。

与散热器供暖相比，其优点有：舒适感佳，人和物体直接受到热辐射，室内地面、墙面和物体表面温度高，减少了人对外界的热辐射，所以会感觉舒适；无散热器，不占用建筑面积，便于家具布置；温度分布均匀，温度梯度小，无效热损失少；在同等舒适条件下，辐射供暖房间的设计温度可比散热器供暖降低 2 ～ 3℃，高温辐射时可以降低 5 ～ 10℃，故节约供暖能耗。

1．辐射供暖的分类

按板面温度分为低温辐射、中温辐射和高温辐射三种。低温辐射板面温度低于 80℃；中温辐射板面温度为 80 ～ 120℃；高温辐射板面温度为 300 ～ 500℃。

按辐射板构造分为埋管式和组合式两种。埋管式是以直径 15 ～ 32mm 的塑料管或发热电缆埋置于建筑地面构成辐射表面；组合式是利用金属板焊接以金属管组成辐射板。

按辐射板位置不同分为顶面式和地面式。顶面式是以顶棚作为辐射供暖面，辐射热可达 70%左右；地面式是以地面作为辐射供暖面，辐射热约占 55%。

2．辐射供暖的形式

辐射供暖的形式主要有五种，其应用范围和特点见表 7-1。

表 7-1 辐射供暖的形式

序 号	形 式	应用范围与特点
1	低温热水地板辐射供暖	技术成熟，适用于民用建筑、公共建筑，如住宅应用较多
2	发热电缆地面辐射供暖	应用不多
3	顶棚电热膜辐射供暖	民用建筑、公共建筑
4	热水吊顶辐射供暖	工业建筑
5	燃气红外线供暖	高大空间的厂房和室外局部供暖

3. 低温热水地板辐射供暖

（1）系统组成

在住宅建筑中，地板辐射供暖的加热管一般应按户划分独立的系统，并设置集配装置，如分水器和集水器，再按房间配置加热盘管，一般不同房间或住宅各主要房间宜分别设置加热盘管与集配装置相连。地板辐射供暖平面布置如图 7-13 所示。对于其他建筑，可根据具体情况划分系统。

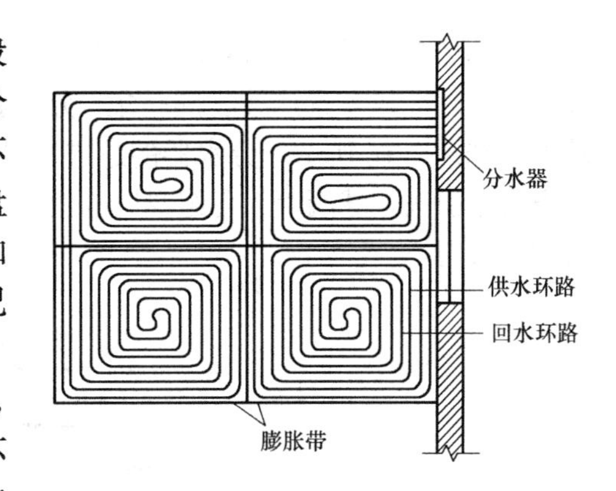

图 7-13 地板辐射供暖平面布置

一般每组加热盘管的总长度不宜大于 120m，盘管阻力不宜超过 30kPa，住宅加热盘管间距不宜大于 300mm。加热盘管在布置时应保证地板表面温度均匀。一般宜将加热盘管设在外窗或外墙侧，使室内温度分布尽可能均匀，常见的布置形式如图 7-14 所示。

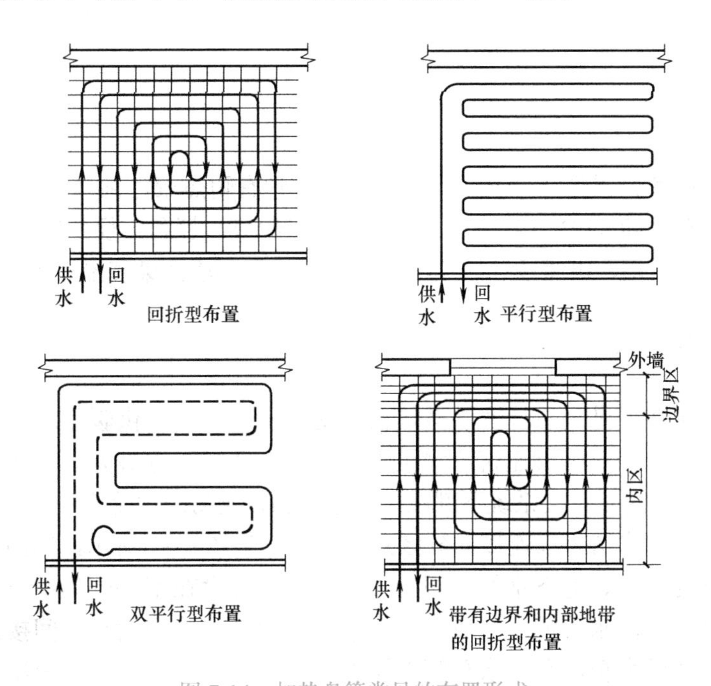

图 7-14 加热盘管常见的布置形式

加热盘管安装如图 7-15 所示，图中基础层为地板，保温层控制传热方向，豆石混凝土层为结构层，用于固定加热盘管和均衡表面温度。

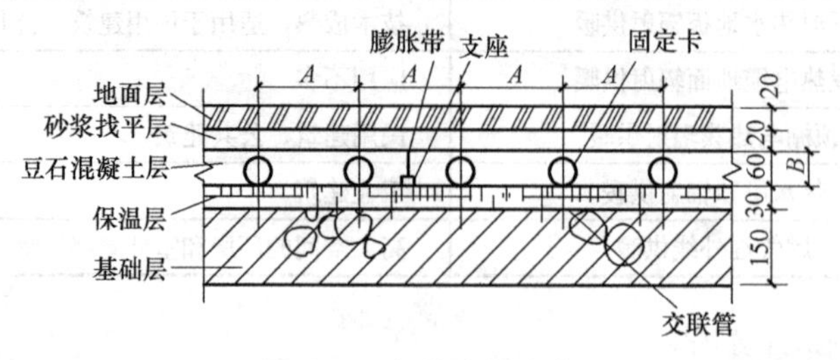

图 7-15　加热盘管安装

各加热盘管供、回水管应分别与集水器和分水器连接，每套集（分）水器连接的加热盘管不宜超过 8 组，且连接在同一集（分）水器上的长度、管径等应基本相等。集（分）水器的安装如图 7-16 所示。分水器的总进水管上应安装球阀、过滤器等；在集水器总出水管上应设有平衡阀、球阀等；各组盘管与集（分）水器连接处应设球阀，分水器顶部应设手动或自动排气阀。

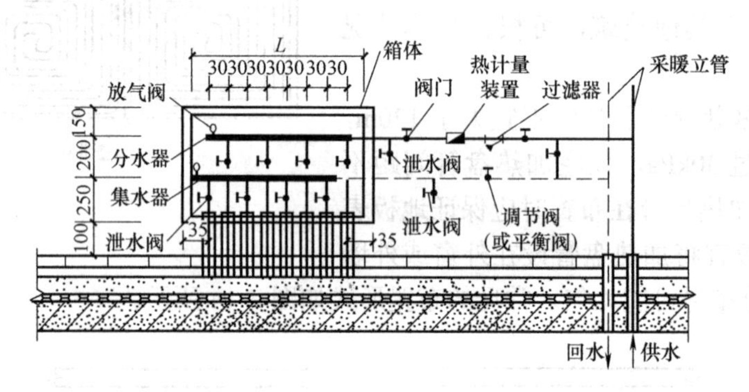

图 7-16　集（分）水器的安装

（2）管材

加热盘管有钢管、铜管和塑料管。常用的塑料管有耐热聚乙烯（PE-RT）管、交联聚乙烯（PE-X）管、聚丁烯（PB）管、交联铝塑复合（XPAP）管和无规共聚聚丙烯（PP-R）管，其共同的优点是耐老化、耐腐蚀、不结垢、承压高、无环境污染和沿程阻力小等。

7.1.6　高层建筑供暖

高层建筑楼层多，供暖系统底层散热器承受的压力加大，供暖系统的高度增加，更容易产生垂直失调。分区式高层建筑热水供暖系统是将系统沿垂直方向分成两个或两个以上独立系统的形式，可同时解决系统下部散热器超压和系统易产生垂直失调的问题。

高区供暖系统与热网间接连接的分区式供暖系统如图 7-17 所示，向高区供热的换热器可设在该建筑物的底层、地下室及中间技术层内，还可设在室外的集中热力站内。室外热网在用户处提供的供回水管的压差较大、供水温度较高时可采用高区间接连接的系统。此外，还有不在高区设水箱，在供水总管上设加压泵，回水总管上安装减压阀的分区式系统和高区采用下供上回式系统，回水总管上设排气断流装置代替水箱的分区式系统。

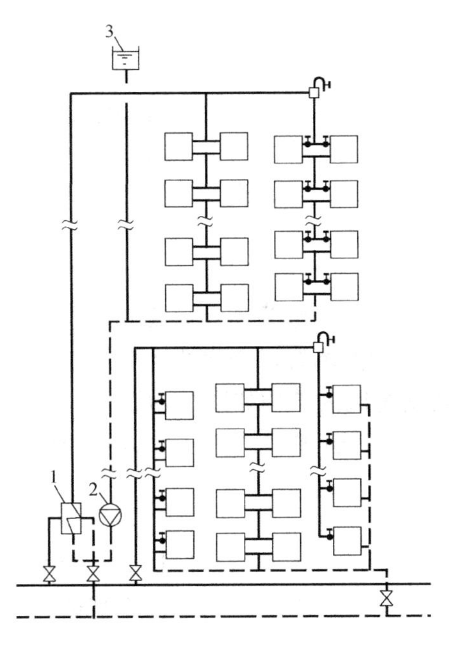

图 7-17 高层建筑分区式供暖系统

1—换热器 2—循环水泵 3—膨胀水箱

7.2 供暖系统管材、管件、阀门及散热设备

7.2.1 供暖系统管材、管件与阀门

1. 供暖系统常用管材、管件

供暖系统常用管材有：焊接钢管、无缝钢管、PP-R 管、PE-X 管、铝塑管等，要求具有良好的承压能力和耐热性。不同管道应采用与该类管材相应的专用管件。常用管件有：管箍、活结、三通、变径三通、四通、变径四通、弯头、变径弯头、法兰、伸缩器、乙字弯等。

2. 阀门

（1）减压阀组

减压阀组的作用是降低设备和管道内的介质压力，满足生产需要的压力值，并能依靠介质本身压力值，使出口压力自动保持稳定。常用的减压阀组有活塞式、薄膜式和波纹管式。

减压阀组由减压阀、前后控制阀、压力表、安全阀、冲洗管及冲洗阀、旁通管、旁通阀等组成。组装形式有立装和平装两种形式，如图 7-18 所示。

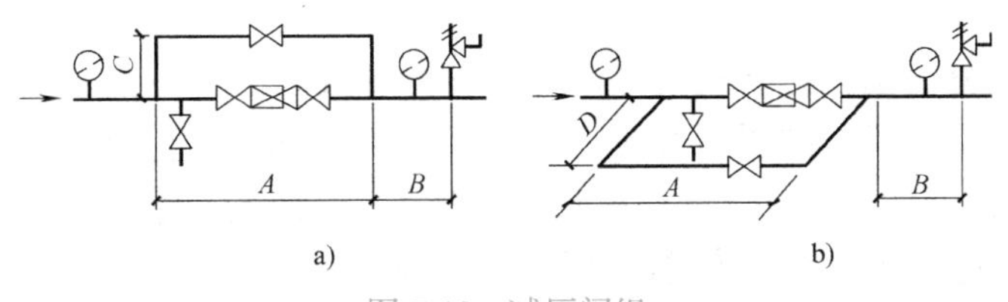

图 7-18 减压阀组

a）立装 b）平装

（2）安全阀

安全阀是指用于防止因介质超过规定压力而引起设备和管路破坏的阀门。当设备或管路中的工作压力超过规定数值时，安全阀便自动打开，自动排出超过的压力，防止事故的发生；当压力复原后安全阀又自动关闭。安全阀按其结构形式可分为杠杆式、弹簧式和脉冲式三类。广泛使用的是弹簧式安全阀。

弹簧式安全阀按开启高度的不同可分为微启式和全启式两种。微启式主要用于液体介质的场合，全启式主要用于蒸汽介质的场合。弹簧微启式安全阀的结构如图 7-19 所示，它利用弹簧的压力来平衡内压，根据工作压力的大小来调节弹簧的压力。

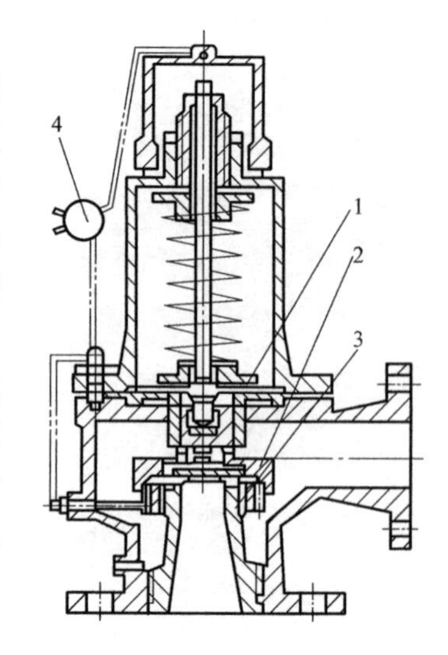

图 7-19　弹簧微启式安全阀

1—反冲盘　2—阀瓣式阀盘
3—阀座　4—铅封

（3）疏水器

疏水器能自动地、间歇地排出蒸汽管道、加热器、散热器等设备系统中的凝结水，防止蒸汽泄出，同时防止管道中水锤现象发生，故又称为阻汽排水器或回水盒。根据疏水器的动作原理，疏水器主要有热力型、热膨胀型（恒温型）和机械型三种。

7.2.2　常用散热器类型

散热器的功能是将供暖系统的热媒所携带的热量通过散热器壁面以对流、辐射方式传递给室内，补偿房间的热损失，达到供暖的目的。

对散热器的要求是：传热能力强、单位体积内散热面积大、耗用金属量小、成本低、具有一定的机械强度和承压能力、不漏水、不漏气、外表光滑、不积灰、易于清扫、体积小、外形美观、耐腐蚀、使用寿命长。散热器的种类繁多，根据材质的不同可分为铸铁、钢制、铝合金、不锈钢等材质的散热器。

1. 铸铁散热器

（1）柱形散热器

柱形散热器是呈单片的柱状连通体。每片各有几个中空的立柱，有二柱、四柱和五柱，如图 7-20 所示。有些散热器带柱脚，可以与不带柱脚的组对成一组落地安装，也可以全部选用不带柱脚的在墙上挂式安装。

柱形散热器传热性能较好、比较美观、耐腐蚀、表面光滑、易清除灰尘、每片散热面积小，易组合成所需要的散热面积；但它的相对接口多，安装较费力，承压能力不高。

（2）翼形散热器

翼形散热器可分为圆翼形和长翼形两种。长翼形散热器是外壳上带有许多竖向肋片的长方体，内部为偏盒空间，如图 7-21 所示。其高度为 60cm，每片长度为 280mm 的叫“大 60”，长度为 200mm 的叫“小 60”，可把几片组合在一起形成一组。

翼形散热器制造工艺简单、抗腐蚀性强、价格低。与柱形散热器相比，每片（根）散热面积大、接口少、组对快，但肋片间距小，易积灰难清扫，外形也不太美观。此外，单个散热器面积较大，不易组合成需要的散热面积。

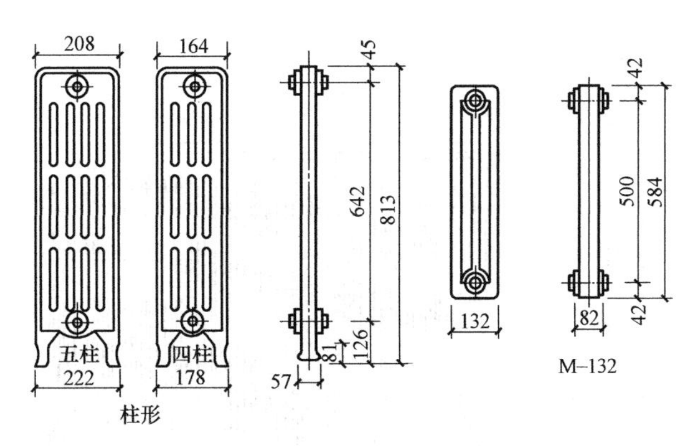

图 7-20 柱形散热器

2. 钢制散热器

1）钢制柱形散热器的构造和铸铁柱形散热器相似，每片也有几个中空立柱，如图 7-22 所示。

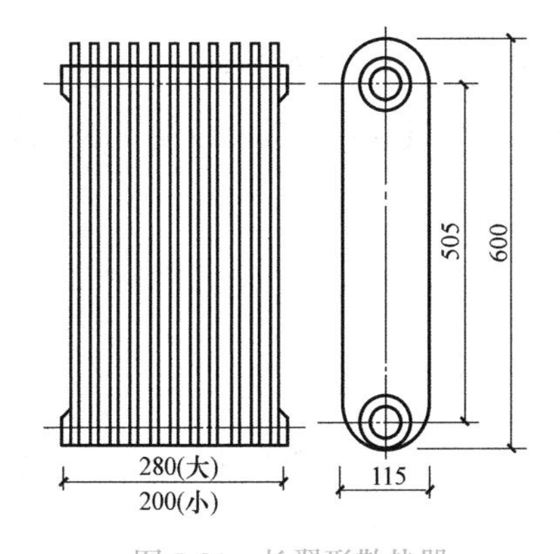

图 7-21 长翼形散热器

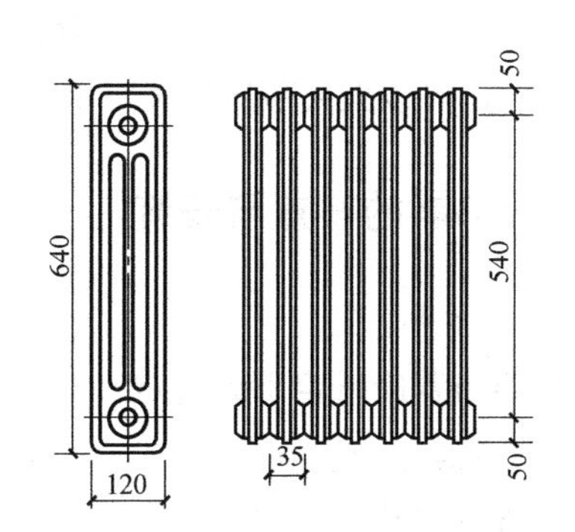

图 7-22 钢制柱形散热器

这种散热器是利用 1.5 ～ 2.0mm 厚的普通冷轧钢板经过冲压形成半片柱状，再经压力滚焊复合成单片，单片之间通过气体弧焊连成所需要的散热器段。每段片数根据设计需要而定，一般每组不宜超过 20 片。高度有 600mm、640mm 等。

钢制柱形散热器传热性能好、质量轻，但制造工艺复杂。

2）板形散热器也是由冷轧钢板冲压、焊制而成的。它主要由面板、背板、进出口接头等组成，对流片多采用 0.5mm 的冷轧钢板冲压成型，点焊在背板后面。

3）扁管形散热器是由数根规格为 52 mm×11mm×1.5mm（宽 × 高 × 厚）的矩形扁管叠加焊制成排管，两端连接断面为 35 mm×40 mm 的联箱，形成水流通路。

4）闭式钢串片形散热器由钢管、带折边的钢片和联箱等组成。闭式钢串片形散热器体积小、质量轻、承压能力强，但串片间易积尘、水容量小。

3. 铝合金散热器

铝合金散热器的主要优点是外形美观、质量轻、耐腐蚀、承压高、传热性能好；其缺点是材质软，运输、施工易碰损，价格昂贵。

铝合金散热器是由铝合金翼形管材加工成排管状的，如图 7-23 所示。

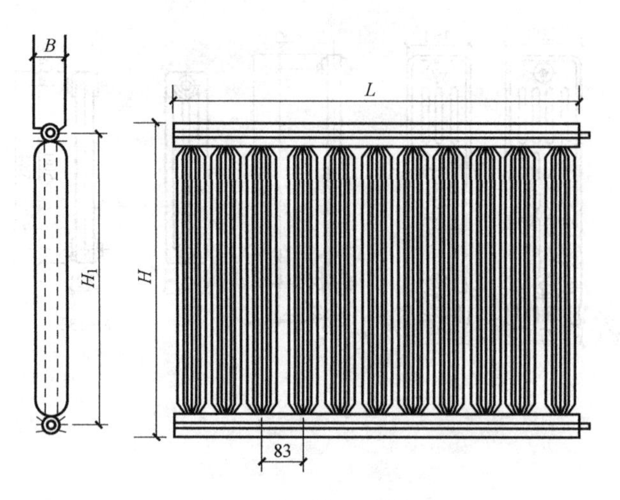

图 7-23　铝合金散热器

4. 不锈钢面板散热器

不锈钢面板散热器能以最小能耗高效供热，耗水量也降至最低，这样，当设备与温控阀配套使用时，可以大大节省供暖费用。入水口和出水口都设计在底部，以便于落地或安装。

7.2.3　散热器的布置与安装

1. 散热器布置

散热器布置应符合下列规定：

1）散热器宜布置在房间内靠外墙一侧，有外窗时应安装在窗台下。如遇玻璃幕墙、落地窗等，造成安装有困难时，也可安装在内墙上，不影响散热。

2）由于热空气上升的原因，楼梯间的散热器应尽量布置在底层。

3）门斗和双层外门之间不应布置散热器，以防冻裂。

4）公共建筑楼梯间或有回马廊的大厅，散热器应尽量布置在底层；若散热器数量过多，底层无法布置时，可按比例布置在其他层。住宅楼梯间一般不设置散热器。

2. 散热器安装

1）散热器安装前应按图样要求的数量进行组对，并按规定进行水压试验，试验压力应符合设计要求；若设计无要求时，应为工作压力的 1.5 倍，但不小于 0.6MPa。试压合格后再进行防腐处理，一般铸铁散热器刷防锈漆、银粉各一遍。

2）散热器与管道的连接处必须安装可拆装的连接件，如活接头、法兰等。

3）散热器支托架安装位置应正确，埋设平整、牢固。若安装带足散热器，在每组上部装设一个托架或钢卡件，所需带足片数：14 片以下为 2 片，15 ～ 24 片为 3 片。轻质墙结构，散热器底部可用特制金属托架支撑。

4）散热器挂式安装，底部距地面通常为 150 mm，顶部距窗台为 100 mm。房间同一侧墙上的散热器必须在同一条直线上，散热器中心与墙表面距离应符合表 7-2 的规定。

表 7-2　散热器中心与墙表面距离

散热器型号	60 型	M132 型 M150 型	圆柱形	圆翼形	扁管式 板式	串片式	
						平放	竖放
与墙表面距离 /mm	115	115	130	115	30	95	60

5）散热器一般采用明装；对房间装修和卫生要求较高时才加挡板或网罩等暗装，暗装时装饰罩应有合理的气流通道、足够的通道面积，以提高散热器的散热效果，并方便维修。

6）幼儿园的散热器必须暗装或加防护罩。

7.2.4　供暖系统辅助设备

1. 膨胀水箱

膨胀水箱是热水供暖系统的重要附属设备之一，用于收贮受热后的膨胀水量，并解决系统定压和补水问题。在多个供暖建筑的同一供热系统中只能设一个膨胀水箱。膨胀水箱分为开式和闭式。开式膨胀水箱构造简单、管理方便，多用于低温水供暖系统。

（1）开式高位膨胀水箱

开式高位膨胀水箱一般用钢板焊制而成，有方形和圆形（图 7-24）两种。

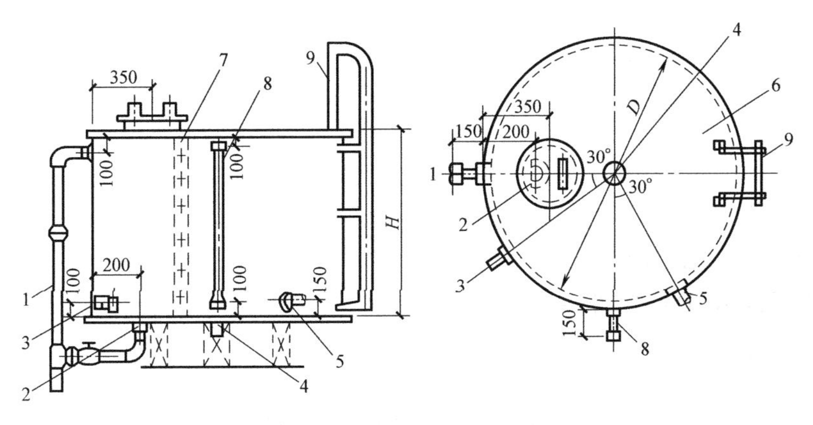

图 7-24　圆形膨胀水箱

1—溢流管　2—泄水管　3—循环管　4—膨胀管　5—信号管　6—箱体　7—内人梯　8—水位计　9—外人梯

开式膨胀水箱一般设置在建筑物最高处的水箱间内，水箱间应保证良好的通风和采光。为了方便安装和维修管理，水箱与墙面应有一定的距离。水箱可用型钢或钢筋混凝土等材料支承。有可能冻结时，水箱与配管应保温。 通过水箱底部的膨胀管与系统连接，膨胀管上不得设阀门。上部设置的溢流管是为了控制水箱内的最高水位，溢流管上也不得设阀门，就近引至排水系统。泄水管设在水箱底部，清洗和检修排空时使用，上面装设阀门，通常与溢流管连接在一起。当水箱放在不供暖房间时，为了防止水箱冻结，须设置循环管，循环管也与系统相连，与膨胀管的连接点保持 1.5 ～ 3m 的距离，以保证水箱中的水能缓缓流动。膨胀水箱的安装高度应至少高出系统最高点 0.5m。

（2）闭式低位膨胀水箱

当建筑物顶部安装开式高位膨胀水箱有困难时，可采用闭式低位膨胀水箱（气压罐方式）。气压罐的选用应以系统补水量为主要参数，一般系统的补水量可按总容水量的 4%计算，与锅炉的容量配套选用。气压罐的工作原理与建筑给水系统的自动给水装置类似。

2. 排气装置

自然循环热水供暖系统主要利用开式膨胀水箱排气，机械循环热水供暖系统还需要在局部最高点设置排气装置。常用的排气装置有手动集气罐、自动排气罐、手动放气阀等。自动排气罐如图 7-25 所示。

3. 除污器

除污器的作用是截留过滤，并定期清除系统中的杂质和污物，以保证水质清洁，减少阻力，防止管路系统和设备堵塞。除污器有立式直通、卧式直通和角通除污器，按国标制作，根据现场情况选用。立式直通除污器如图 7-26 所示。

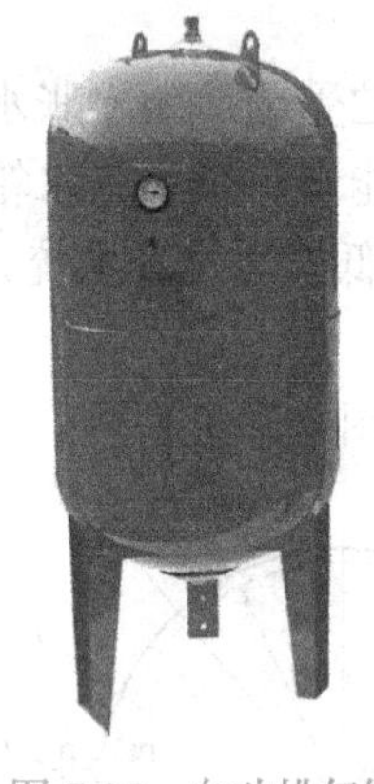

图 7-25　自动排气罐

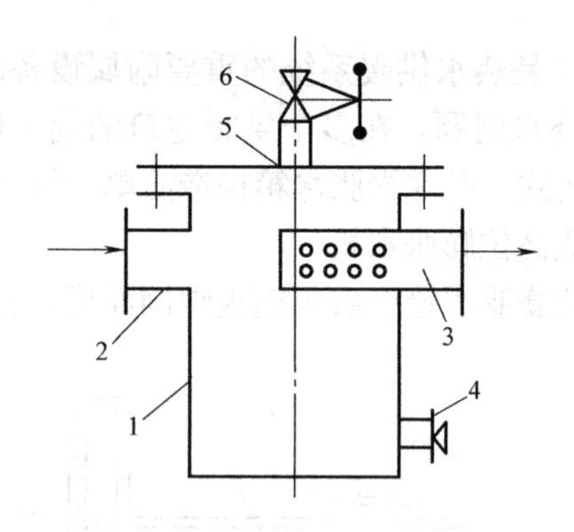

图 7-26　立式直通除污器

1—外壳　2—进水管　3—出水管　4—排污管　5—放气管　6—截止阀

下列部位应安装除污器：

1）供暖系统入口的供水管上。

2）循环水泵的吸水口处。

3）各种换热设备之前。

4）各种小口径调压装置，以及避免造成可能堵塞的某些装置前。

除污器后应装阀门，并设置旁通管，在排污或检修时临时使用。

4. 散热器温控阀

散热器温控阀是一种自动控制散热器散热量的设备，可根据室温与给定温度之差自动调节热媒流量的大小，安装在散热器入口管上。它主要应用于双管系统，在单管跨越式系统中也可应用。这种设备具有恒定室温、节约热能的特点，在欧洲国家中使用广泛，我国也已有定型产品，如图 7-27 所示。

5. 补偿器

各种热媒在管道中流动时，管道受热而膨胀，故在热力管网中应考虑对其进行补偿。供暖管道必须通过热膨胀计算确定管道的增长量。

补偿器有方形补偿器、套管补偿器和波纹管补偿器等。

当地方狭小，方形补偿器无法安装时，可采用套管补偿器或波纹管补偿器。但套管补偿器易漏水漏气，宜安装在地沟内，不宜安装在建筑物上部；波纹管补偿器材质为不锈钢，补偿能力大、耐腐蚀，但造价高。

6. 平衡阀

平衡阀可有效地保证管网静态水力及热力平衡，它安装于小区室外管网系统中，消除小区内个别住宅楼室温过低或过高的现象，同时，可达到节约煤和电的目的。

平衡阀的工作原理是通过改变阀芯与阀座的开度间隙来改变流体流经阀门的阻力，达到调节流量的目的，它相当于一个局部阻力可以调节的节流元件。图 7-28 所示为自动平衡阀。所有要求保证流量的管网系统中都应设置平衡阀，每个环路中只需要设一个平衡阀安装在供水或回水管上，且不必再设其他起关闭作用的阀门。

图 7-27 散热器温控阀

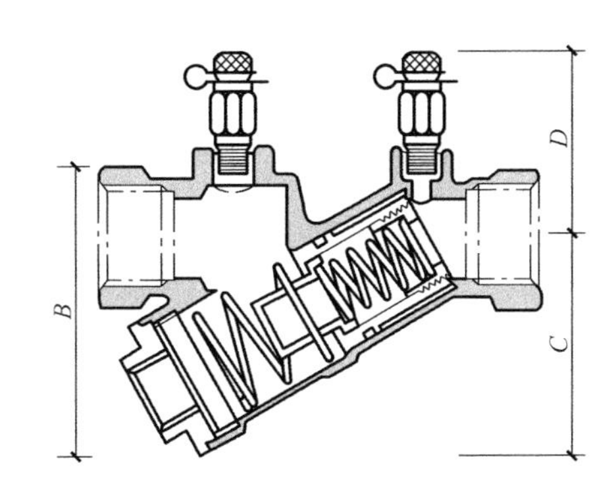

图 7-28 自动平衡阀

平衡阀适用的场合与作用：

1）锅炉或冷水机组水流量的平衡。

2）热力站的一、二次环路水流量的平衡。

3）小区供热管网中各幢楼之间水流量的平衡。

4）室内供暖或空调水力系统中水流量的平衡。

7. 分水器、分汽缸和集水器

当需要从总管接出 2 个以上分支环路时，考虑各环路之间的压力平衡和使用功能的要求，宜用分水器、分汽缸和集水器。

思考题

1. 供暖系统是如何进行分类的？
2. 供暖系统由哪几部分组成？
3. 自然循环热水供暖系统的工作原理是什么？
4. 机械循环热水供暖系统的主要形式有哪些？各有什么特点？
5. 低压蒸汽供暖系统有什么特点？
6. 散热器有哪些种类？各有什么特点？
7. 散热器布置与安装有什么要求？
8. 膨胀水箱有几种？有什么作用？

9. 排气装置有几种？有什么作用？
10. 除污器有几种？有什么作用？
11. 温控阀有什么作用？
12. 调压装置有几种？有什么作用？
13. 安全阀有几种？有什么作用？
14. 补偿器有几种？有什么作用？
15. 平衡阀有几种？有什么作用？
16. 分水器、集水器和分汽缸有什么作用？
17. 疏水器有几种？有什么作用？

单元8 建筑通风及空气调节系统

学习目标

掌握自然通风的概念，了解室内外空气主要计算参数和通风系统的主要设备和构件。掌握空调参数概念，了解空气调节方式、设备的组成、空气处理设备及空气调节系统与建筑的配合。

学习内容

1. 各种通风方式的分类、特点、系统的组成及适用范围。
2. 空气调节方式和设备的组成。
3. 通风及空气调节系统主要设备和构件。

能力要点

1. 能在土建工程中利用自然通风的原理，熟悉通风系统的主要设备和构件。
2. 能根据室内的建筑面积选择适当功率的室内空调器。

8.1 通风的任务及作用

通风就是把室内被污染的空气直接或经净化后排至室外，把新鲜的空气补充过来，从而保持室内的空气环境符合卫生标准和满足生产工艺的需要。前者称为排风，后者称为送风。为此而设置的设备及管道称为通风系统。

不同类型的建筑对室内空气环境的要求不尽相同，因而通风装置在不同的场合具体任务也不完全一样。

通风的任务主要是用以维持室内环境满足人们生活或生产过程的要求，具体说来，即要求做到以下几点：

1）向室内补充新鲜的空气，满足人体对氧气的需求。

2）通风可使建筑物内空气稀释流通，减少有害气体的浓度。

3）控制工业有害物，也就是控制生产车间产生的粉尘、有害气体或蒸汽、余热、余湿。

8.2 通风方式

8.2.1 按照通风动力不同划分

通风系统可分为自然通风和机械通风两类。

（1）自然通风

自然通风是依靠室外风力造成的风压和室内外温度差所造成的热压使空气流动的通风

方式。其特点是结构简单，不消耗机械动力，是一种经济的通风方式。

1）热压作用下的自然通风。热压作用下的自然通风如图 8-1 所示。由于房间内空气温度高，密度小，因此产生了一种上升力，使得房间内空气上升后从上部窗排出，室外冷空气从房间下边门窗孔洞或缝隙进入室内。这种通风方式称为热压作用下的自然通风。

2）风压作用下的自然通风。风压作用下的自然通风如图 8-2 所示。气流由建筑物迎风面的门窗进入房间内，同时把房间内的空气从背风面的门窗压出去。因此，在房间内形成了一种由风力引起的自然通风，这种通风方式称为风压作用下的自然通风。

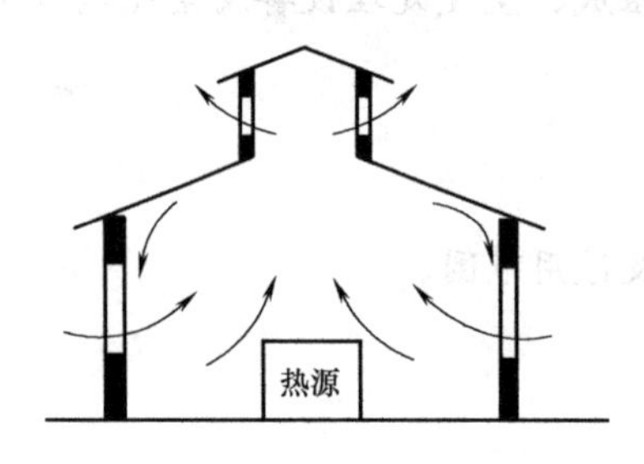

图 8-1 热压作用下的自然通风

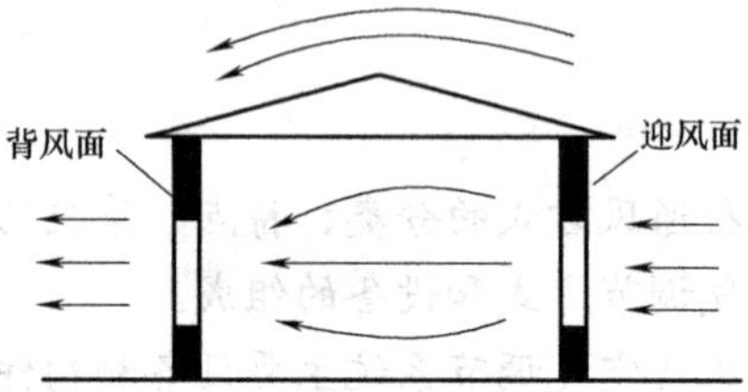

图 8-2 风压作用下的自然通风

此外，自然通风还可分为有组织自然通风和无组织自然通风。有组织自然通风是利用车间的侧窗和天窗进行的自然通风，通过控制其开启度，调节进、排气量；无组织自然通风是靠门窗缝隙进行的自然通风。

影响自然通风的因素很多，如室内外空气的温度、室外空气的流速和流向、车间门窗孔洞以及缝隙的大小以及位置等，所以其风量是变化的，要根据具体情况不断调节进、排风口的开启度，来满足需要。

自然通风的特点是投资小、经济性好，但是作用范围和适用范围小，主要用于工业热车间；由于自然界风向的不确定性，一般在设计时不考虑风力作用下的自然通风。

（2）机械通风

机械通风是依靠风机造成的压力使空气流动的通风方式。与自然通风相比，机械通风的优点是作用范围大，可采用风道把新鲜空气送到需要的地点或把指定地点被污染的空气排至室外。机械通风的通风量和通风效果可以人为地加以控制，不受自然条件的限制。但是，机械通风需要消耗能量，结构复杂，前期投资和运行费用较大。

8.2.2 按照通风作用范围的不同

通风系统可分为全面通风和局部通风两类。

（1）全面通风

全面通风分为全面送风和全面排风，可同时或单独使用。单独使用时需要与自然进、排风方式相结合。

全面通风是在房间内全面进行通风换气。全面通风的目的在于稀释房间空气中的污染物和提供房间需要的热量。其特点是作用范围广、风量大、投资和运行费用高。当采用局部通风方式难以保证卫生标准时采用全面通风。

（2）局部通风

通风的范围限制在有害物形成比较集中的地方，或是工作人员经常活动的局部地区的通风方式，称为局部通风。局部通风分为局部送风和局部排风两大类，它们都是利用局部气流使局部工作地点不受有害物的污染，形成良好的空气环境。局部排风是将有害物就地捕捉、净化后排放至室外；而局部送风则是将经过处理的、符合要求的空气送到局部工作地点，以保证局部区域的空气条件。

局部通风的特点是控制有害物效果好、风量小、投资小、运行费用低。

8.2.3　事故通风

当生产设备偶然发生故障或事故时，会突然散发大量有害气体或有爆炸性气体的车间，应设置事故排风，以备应急时使用。

事故通风所必需的风量应由事故通风系统和经常使用的通风系统共同保证，在发生事故时，必须能提供足够的送排风量。

事故排风量应根据工艺设计所提供的资料计算确定。当工艺设计不能提供有关计算资料时，换气次数不应小于 12 次 /h。但在生产中可能散发大量有害物或易造成急性中毒或易燃易爆的化学物质的车间，其换气次数不小于 12 次 /h 时，还要有自动报警装置。

事故排风的排风口应符合如下规定：

1）排风口不应布置在人员经常停留或经常通行的地点。

2）排风口与机械送风系统进风口的水平距离应不小于 20m；当水平距离小于 20m 时，排风口必须高于进风口 6m 以上。

3）排风口应高于 20m 范围内最高建筑物的屋面 3m 以上。

4）当排风中含有可燃气体时，事故排风的排风口距可能发火源 20m 以上。

5）排风口不得朝向室外空气动力阴影区或正压区。

6）风机开关应分别装在室内、外便于操作的位置。

8.2.4　气流组织

气流组织，就是合理地选择和布置送、排风口的形式、数量和位置，合理地分配各风口的风量，使送风和排风能以最短的流程进入工作区或排出，从而以最小的风量获得最佳的效果。

在进行气流组织设计时，应按照以下原则进行设计：

1）清洁空气必须先经过人的呼吸区。

2）车间内污染空气必须及时排出。

3）车间内气流分布均匀。

8.2.5　机械送风系统室外进风口的布置

1）选择空气洁净的地方。

2）进风口应低于排风口，并设置在排风口上风处。

3）进风口底部应高出地面 2m；在设有绿化带时，不宜低于 1m。

8.3 高层建筑的防火排烟

8.3.1 防火分区

在建筑设计中进行防火分区的目的是防止火灾的扩大，防火分区可根据房间的用途和性质的不同设置，分区内应设置防火墙、防火门、防火卷帘等设备。通常规定楼梯间、通风竖井、风道空间、电梯、自动扶梯升降通路等形成竖井的部分要作为防火分区。

《建筑设计防火规范》(GB 50016—2014）规定：高层民用建筑每个防火分区最大允许面积为 1500m^2，当建筑内设置自动灭火系统时，可按规定增加 1.0 倍，局部设置时，防火分区的增加面积可按该局部面积的 1.0 倍计算。裙房与高层建筑主体之间设置防火墙时，裙房的防火分区可按单、多层建筑的要求确定。

8.3.2 防烟分区

在建筑设计中进行防烟分区的目的是对防火分区的细分化。在有发生火灾危险的房间和用作疏散通道的走廊间要加设防烟隔断，楼梯间应设置前室，并设自动关闭门，作为防火、防烟的分界。此外还应注意竖井分区，如百货公司的中央自动扶梯处是一个大开口，应设置用烟感控制的隔烟防火卷帘。

《人民防空工程设计防火规范》(GB 50098—2009）规定，需要设置排烟设施的走道、净高不超过 6m 的房间，应采用挡烟垂壁、隔墙或从顶棚突出不小于 0.5m 的梁划分防烟分区。每个防烟分区的建筑面积不宜大于 500m^2，且防烟分区不得跨越防火分区。防烟楼梯间与前室或合用前室采用自然排烟方式与机械加压送风方式的组合有多种。它们之间的组合关系以及防烟设施的设置部位见表 8-1。

表 8-1 垂直疏散通道防烟部位的设置

组合关系	防烟部位
不具备自然排烟条件的防烟楼梯间	楼梯间
不具备自然排烟条件的防烟楼梯间与采用自然排烟的前室或合用前室	楼梯间
采用自然排烟的防烟楼梯间与不具备自然排烟条件的前室或合用前室	前室或合用前室
不具备自然排烟条件的防烟楼梯间与合用前室	楼梯间、合用前室
不具备自然排烟条件的消防电梯间前室	前室

8.4 空气调节系统

8.4.1 空气调节系统的组成

空气调节系统简称空调系统，是指需要采用空调技术来实现的具有一定温度、湿度等参数要求的室内空间及所使用的各种设备的总称，通常由以下几部分组成：

（1）工作区（又称为空调区）

工作区通常是指距地面2m，离墙0.5m的空间。在此空间内，应保持所要求的室内空气参数。空调房间的温度和湿度要求，通常用空调基数和空调精度两组指标来规定。空调基数是指室内空气所要求的基准温度和基准相对湿度；空调精度是指在空调区内温度、相对湿度允许波动的范围。

（2）空气的输送和分配设施

空气的输送和分配设施主要由输送和分配空气的送、回风机，送、回风管和送、回风口等设备组成。

（3）空气的处理设备

空气的处理设备由各种对空气进行加热、冷却、加湿、减湿和净化等处理的设备组成。

（4）处理空气所需要的冷热源

处理空气所需要的冷热源是指为空气处理提供冷量和热量的设备，如锅炉房、冷冻站、冷水机组等。

8.4.2　空气调节系统的分类

空气调节系统按空气处理设备的设置情况可分为集中式系统、半集中式系统、分散式系统；按负担室内空调负荷所用介质可分为全空气系统、全水系统、空气－水系统、制冷剂系统；按空调系统处理的空气来源可分为直流式系统和循环式系统。各类空气调节系统的特征、适用性、应用情况详见表8-2。

表8-2　各类空气调节系统的特征、适用性、应用情况

分类		系统特征	系统适用性	系统应用
按空气处理设备的设置情况分类	集中式系统	空气处理设备集中设置在空调机房内，集中进行空气的处理、输送和分配	（1）房间面积较大或多层、多室热湿负荷变化情况类似 （2）新风量变化大 （3）室内温度、湿度、洁净度、噪声、振动等要求严格的场合 （4）高大空间的场合	单风管系统 双风管系统 定风量系统 变风量系统
	半集中式系统	集中处理部分或全部风量，空调房间内还有空气处理设备对空气进行补充处理	（1）室内温度、湿度控制要求一般的场合 （2）各房间可单独进行调节的场所 （3）房间面积大且风管不易布置 （4）要求各室空气不串通	风机盘管＋新风系统、诱导器系统 冷辐射板＋新风系统
	分散式系统	空气处理、输送设备及冷热源都集中在一个箱体内对房间进行空气调节	（1）空调房间布置分散 （2）要求灵活控制空调使用时间 （3）无法设置集中式冷、热源	单元式空调机组 房间空调器
按负担室内空调负荷所用介质分类	全空气系统	室内空调负荷全部由处理过的空气负担	（1）建筑空间大，易于布置风道 （2）室内温度、湿度、洁净度控制要求严格 （3）负荷大或潜热负荷大的场合	单风道系统 双风道系统 定风量系统 变风量系统 全空气诱导器系统

（续）

分类		系统特征	系统适用性	系统应用
按负担室内空调负荷所用介质分类	全水系统	室内空调负荷全部由水负担	（1）建筑空间小，不易于布置风道的场合 （2）不需通风换气的场所	风机盘管系统（无新风） 辐射板系统（无新风）
	空气-水系统	室内空调负荷由空气和水负担	（1）室内温度、湿度控制要求一般的场合 （2）层高较低的场合 （3）冷负荷较小，湿负荷也较小的场合	风机盘管+新风系统 空气-水诱导器系统 冷、热辐射板+新风系统
	制冷剂系统	空调房间负荷由制冷剂直接承担	（1）空调房间布置分散 （2）要求灵活控制空调使用时间 （3）无法设置集中式冷、热源	单元式空调机组 房间空调器
按空调系统处理的空气来源分类	直流式系统	处理的空气全部为室外的新风，不使用回风	不允许采用回风的场合，如散发有害物的空调房间	全新风系统
	循环式系统	处理的空气部分为室外新风，另一部分为室内回风	既要求满足卫生要求，又要求系统经济上合理的场合	一次回风系统 二次回风系统

8.4.3 几种典型空调系统的特点

1. 全空气一次回风和二次回风系统的特点

全空气一次回风和二次回风系统属于普通集中式空调系统，是出现最早、最基本、最典型的空调系统。具体特点见表8-3。

表8-3 全空气一次回风和二次回风系统的特点

项目	一次回风系统	二次回风系统
特征	回风与新风在热湿处理设备前混合	新风与回风在热湿处理设备前混合并经过处理后再次与回风进行混合
适用性	（1）送风温差可取较大值时 （2）室内散湿量较大时	（1）送风温差受限制，而不允许利用热源再热时 （2）室内散湿量较小，室温允许波动范围较小宜采用固定比例的一、二次回风；对室内参数控制不严的场合可利用变动的一、二次回风以调节负荷 （3）高洁净级别的洁净车间需采用二次回风
优点	（1）设备简单，节省最初投资 （2）可以严格控制室内温度和相对湿度 （3）可以充分进行通风换气，室内卫生条件好 （4）空气处理设备集中设置在机房内，维修管理方便 （5）可以实现全年多工况节能运行调节，经济性好 （6）使用寿命长 （7）可以有效地采取消声和隔振措施	
缺点	（1）机房面积大，风道断面大，占用建筑空间多 （2）风管系统复杂，布置困难 （3）一个系统供给多个房间，当房间负荷变化不一致时，无法进行精确调节 （4）空调房间之间有风管连通，使各房间互相污染 （5）设备与风管的安装工作量大，周期长	
区别	二次回风系统利用回风节约一部分再热的热量	

2. 变风量空调系统的特点

变风量空调系统是一种节能的空调系统，该系统的末端装置可以随着空调房间负荷的变化而改变送风量的大小，送风参数保持不变，从而满足室温的要求。具体特点见表 8-4。

表 8-4 变风量空调系统的特点

优 点	由于风量随负荷变化而变化，因而节省风机功耗，运行经济
缺 点	（1）室内相对湿度控制质量较差 （2）变风量末端装置价格高，控制系统较复杂；因此，设备的初投资较高 （3）风量减少时，会影响室内气流分布，新风量减小时，还会影响室内空气质量
适用场所	（1）新建的智能化办公大楼 （2）大型建筑物的内区 （3）室温需要进行个别调节的场所

3. 风机盘管 + 新风系统的特点

风机盘管（FP）+ 新风系统属于半集中式空调系统。风机盘管直接设置在空调房间内，对室内回风进行处理，新风通常由新风机组集中处理后通过新风管道送入室内，系统的冷量或热量由空气和水共同承担，所以属于空气 - 水系统。具体特点见表 8-5。

表 8-5 风机盘管 + 新风系统的特点

优 点	（1）布置灵活，可以和集中处理的新风系统联合使用，也可单独使用 （2）各空调房间互不干扰，可以独立地调节室温，并可随时根据需要开、停机组，节省运行费用，灵活性大，节能效果好 （3）与集中式空调相比，不需回风管道，节省建筑空间 （4）机组部件多为装配式，定型化、规格化程度高，便于用户选择和安装 （5）只需新风空调机房，机房面积小 （6）各房间之间不会互相污染
缺 点	（1）对机组制作质量要求高，否则维修工作量大 （2）机组剩余压头小，室内气流分布受限制 （3）分散布置，敷设各种管线较麻烦，维修管理不便
适用场所	（1）适用于旅馆、公寓、医院、办公楼等高层多室的建筑物中 （2）需要增设空调的小面积、多房间的建筑 （3）室温需要进行个别调节的场所

4. 诱导器空调系统的特点

诱导器空调系统是采用诱导器作为末端装置的半集中式空调系统。经过处理的一次风首先进入诱导器的静压箱，然后通过喷嘴高速喷出，使喷嘴周围的箱内形成负压，从而将室内二次风诱导进来，与一次风混合后进入空调房间。诱导器空调系统根据诱导器内是否设置盘管可分为全空气诱导器空调系统和空气 - 水诱导器空调系统。具体特点见表 8-6。

表 8-6 诱导器空调系统的特点

优 点	（1）由于集中处理的仅仅是一次风，所以机房面积和风道尺寸较小，节省建筑空间 （2）当一次风为全新风时，回风不经过风机，因而在防爆与卫生方面都有优越性 （3）诱导器中无转动设备，使用寿命长

（续）

缺　点	（1）二次风过滤效率低，所以对空气净化要求高的地方不宜使用 （2）过渡季节无法增加新风量，不利于节能 （3）喷嘴处风速高时风机动力消耗大，室内噪声大 （4）系统的初投资高，管路复杂
适用场所	（1）适用于多层、多房间且是同时使用的公共建筑（如办公楼、旅馆、医院、商场等）及某些工业建筑 （2）适用于空间有限的改建工程、地下工程、船舱和客机以及各房间的空气不允许互相串通的地方 （3）当室内局部排风量大和房间同时使用情况少时，不宜采用诱导器系统

5. VRV 空调系统的特点

VRV 空调系统即可变制冷剂流量的空调系统，它由室内机、室外机、冷媒管道及自控系统组成。它是通过控制压缩机的冷冻剂循环量和进入室内换热器的冷冻剂流量，适时地满足室内冷、热要求的直接蒸发式空调系统。在 VRV 空调系统中，一台室外机可以和一台室内机相连，也可以和多台室内机相连。VRV 空调系统可多台室外机并排放置。具体特点见表 8-7。

表 8-7　VRV 空调系统的特点

优　点	（1）节省了建筑物内的制冷机房和换热站，机组模块化，室外占用空间小，布置简便 （2）管线简单，易于施工 （3）室内可以独立控制
缺　点	（1）造价比中央空调高 （2）室外机提供冷媒与室内机有高度限制，高差不能超过 50m，对于高层室外机布置不利 （3）冬季室外温度低时，室外机的制热能效比明显下降，制热效果明显变差
适用场所	（1）适用于没有地下室或地下室没有机房空间的改造项目 （2）不适用于冬季严寒的地区，特别是夜间还需供暖的严寒地区

6. 冷却吊顶空调系统的特点

冷却吊顶空调系统主要靠冷辐射面提供冷量，使室温下降，从而除去房间的湿热负荷，房间的通风换气和除湿任务由通风系统来承担。具体特点见表 8-8。

表 8-8　冷却吊顶空调系统的特点

优　点	（1）冷却吊顶的传热中辐射部分所占的比例较高，这样可降低室内垂直温度梯度，提高人体舒适感 （2）冷却吊顶的供水温度较高，一般在 16℃左右，采用合理的冷却吊顶水系统形式，可相应地提高制冷机组的蒸发温度，改善冷冻机的性能系数，进而降低其能耗 （3）冷却顶板采用较高的供水温度使得一年中能有更多的时间采用冷却塔自然供冷，节能效果更为明显 （4）冷却吊顶空调系统冷冻水温度较高，因而可以采用多种形式的冷源，有可能直接利用自然冷源，如地下水等 （5）冷却吊顶设备体积小，所以占用的建筑空间少
缺　点	（1）冷却吊顶的表面温度要高于室内空气的露点温度，否则吊顶表面就要结露 （2）为避免结露，冷却吊顶的供水温度较高，使其单位面积冷冻量受到限制 （3）冷却吊顶空调系统不适合用于室内湿负荷较大的场所
适用场所	（1）室内舒适度要求较高的场所 （2）层高较低的建筑物

8.5 空气处理方式与处理设备

8.5.1 空气加热与冷却

1. 空气加热

在空调工程中经常需要对送风进行加热处理。目前广泛使用的加热设备，有表面式空气加热器和电加热器两种类型，前者用于集中式空调系统的空气处理室和半集中式空调系统的末端装置中，后者主要用在各空调房间的送风支管上作为精调设备，以及用于空调机组中。

（1）表面式空气加热器

表面式空气加热器又称为表面式换热器，是以热水或蒸汽作为热媒通过金属表面传热的一种换热设备。图 8-3 是用于集中加热空气的一种表面式空气加热器的外形图。不同型号的加热器，其肋管（管道及肋片）的材料和构造形式多种多样。为了增强传热效果，表面式换热器通常采用肋片管制作。

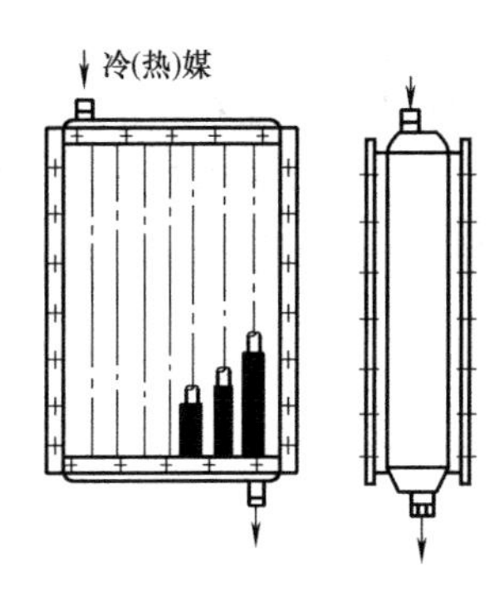

图 8-3 表面式空气加热器

用表面式换热器处理空气时，对空气进行热湿交换的工作介质不直接和被处理的空气接触，而是通过换热器的金属表面与空气进行热湿交换。在表面式换热器中通入热水或蒸汽可以实现空气的等湿加热过程；通入冷水或制冷剂，可以实现空气的等湿和减湿冷却过程。

（2）电加热器

电加热器是让电流通过电阻丝发热来加热空气的设备。它具有结构紧凑、加热均匀、热量稳定、控制方便等优点；但由于电费较贵，通常只在加热量较小的空调机组等设备采用。在恒温精度较高的空调系统里，电加热器常安装在空调房间的送风支管上，作为控制房间温度的调节加热器。

电加热器有裸线式和管式两种结构。裸线式电加热器的结构如图 8-4a 所示。它具有结构简单、热惰性小、加热迅速等优点；但由于电阻丝容易烧断，安全性差，因此使用时必须有可靠的接地装置。为方便检修，电加热器常做成抽屉式，结构如图 8-4b 所示。

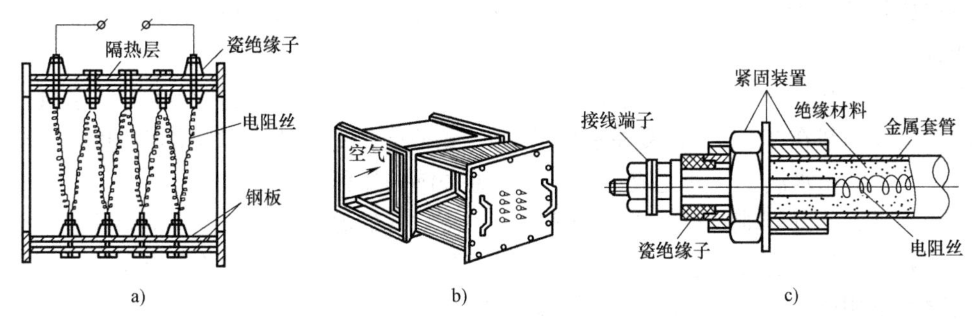

图 8-4 电加热器

a）裸线式电加热器 b）抽屉式电加热器 c）管式电加热器

管式电加热器是由若干根管状电热元件组成的电加热器，管状电热元件是将螺旋形的电阻丝装在细钢管里，并在空隙部分用导热而不导电的结晶氧化镁绝缘，外形做成各种不同的形状和尺寸（图 8-4c）。这种电加热器的优点是加热均匀、热量稳定、经久耐用、使用安全性好，但它的热惰性大，构造也比较复杂。

2. 空气冷却

使空气冷却特别是减湿冷却，是对夏季空调送风的基本处理过程。常用的方法如下：

（1）用喷水室处理空气

喷水室是用于空调系统中夏季对空气冷却除湿、冬季对空气加湿的设备，它是通过水直接与被处理的空气接触来进行热、湿交换。在喷水室中喷入不同温度的水，可以实现空气的加热、冷却、加湿和减湿等过程。喷水室分为卧式喷水室（图 8-5a）和立式喷水室（图 8-5b）两类。用喷水室处理空气能够实现多种空气处理，冬夏季工况可以共用一套空气处理设备，具有一定的净化空气的能力，金属耗量小，容易加工制作。缺点是对水质条件要求高、占地面积大、水系统复杂、耗电较多。这种方法在空调房间的温度、湿度要求较高的场合，得到了广泛的应用。

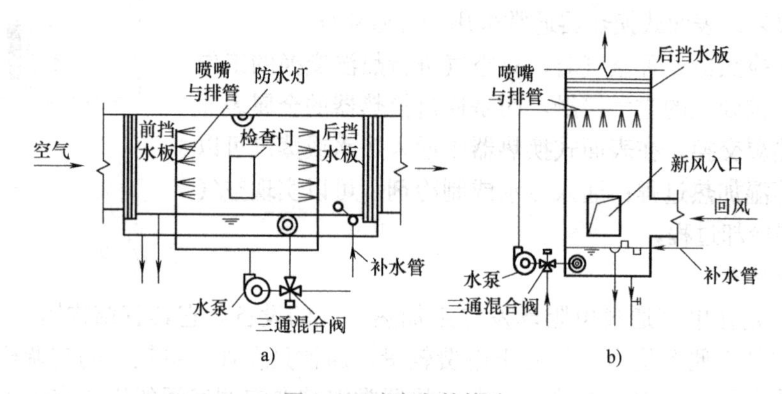

图 8-5　喷水室的构造

a）卧式喷水室　b）立式喷水室

（2）表面式冷却器处理空气

表面式冷却器简称表冷器，是由铜管上缠绕的金属翼片所组成的排管状或盘管状的冷却设备，分为水冷式和直接蒸发式两种类型。水冷式表面冷却器与空气加热器的原理相同，只是将热媒换成冷媒——冷水而已。直接蒸发式表面冷却器就是制冷系统中的蒸发器，这种冷却方式是靠制冷剂在其中蒸发吸热而使空气冷却的。

表冷器的管内通入冷冻水，而需处理的空气流过管道外壁进行热交换冷却空气，因为冷冻水的温度一般在 7 ～ 9℃，夏季有时管表面温度低于被处理空气的露点温度，这样就会在管表面产生凝结水滴，使其完成一个空气降温去湿的过程。

使用表面式冷却器能对空气进行干式冷却（使空气的温度降低，但含湿量不变）或减湿冷却两种处理过程，这决定于冷却器表面的温度是高于还是低于空气的露点温度。

与喷水室相比较，用表面式冷却器处理空气具有设备结构紧凑、机房占地面积小、水系统简单以及操作管理方便等优点，因此应用也很广泛。但它只能对空气实现上述两种处理过程，而不像喷水室尚能对空气进行加湿等处理，此外也不便于严格控制调节空气的相对湿度。

8.5.2 空气的加湿、减湿

1. 空气加湿

当冬季空气中含湿量降低时（一般指内陆气候干燥地区），对湿度有要求的建筑物进行加湿处理，对生产工艺需满足湿度要求的车间或房间也允许采用加湿设备。

空气加湿有两种方式，一种是在空气处理室或空调机组中进行，称为集中加湿；一种是在房间内集中加湿空气，称为局部补充加湿。具体的空气加湿方法有喷水室喷水加湿、喷蒸汽加湿和电加湿等。

（1）喷水室喷水加湿

用喷水室加湿空气，是一种常用的集中加湿法。对于全年运行的空调系统，如果夏季是用喷水室对空气进行减湿冷却处理的，在其他季节需要对空气进行加湿处理时，可仍使用该喷水室，只需相应地改变喷水温度或喷淋循环水，而不必变更喷水室的结构。

（2）喷蒸汽加湿

喷蒸汽加湿是常用的集中加湿法。喷蒸汽加湿是用普通喷管（多孔管）或专用的蒸汽加湿器将来自锅炉房的水蒸气直接喷射入风管和流动空气中去。例如，使用表面式冷却器处理空气的集中式空调系统，冬季就可以采用这种加湿的方式。这种加湿方法简单而经济，对工业空调可采用这种方法加湿。这种方法在加湿过程中会产生异味或凝结水滴，对风道有锈蚀作用，不适用于一般舒适性空调系统。

（3）电加湿

电加湿是用电加湿器加热水以产生蒸汽，使其在常压下蒸发到空气中去的加湿方法，这种方法主要用于空调机组中。电加湿器利用电能产生蒸汽来加湿空气，根据工作原理不同，有电热式和电极式两种。

电热式加湿器是在水槽中放入管状电热元件，元件通电后将水加热产生蒸汽。补水靠浮球阀自动控制，以免发生断水空烧现象。

电极式加湿器利用三根铜棒或不锈钢棒插入盛水的容器中作为电极，当电极与电源接通后，电流从水中流过，水的电阻转化的热量使水加热产生蒸汽。电极式加湿器结构紧凑，加湿量易于控制；但耗电量较大，电极上容易产生水垢和腐蚀。因此，电极式加湿器适用于小型的空调系统。

2. 空气减湿

在气候潮湿的地区、地下建筑以及某些生产工艺和产品贮存需要空气干燥的场合，往往需要对空气进行减湿处理。

制冷减湿是靠制冷除湿机来降低空气的含湿量。除湿机是一种对空气进行减湿处理的设备，常用于对湿度要求低的生产工艺、产品贮存以及产湿量大的地下建筑等场所的除湿。

除湿机实际上是一个小型的制冷系统，由制冷系统和风机等组成，其工作原理如图 8-6 所示。当待处理的潮湿空气流过蒸发器时，由于蒸发器表面的温度低于空气的露点温度，于是使空气温度降低，将空气在蒸发器外表面温度下所能容纳的饱和湿量以上的那部分水分凝结出来，达到除湿目的。已经减湿降温后的空气随后再流过冷凝器，又被加热升温，吸收高温气态制冷剂凝结放出的热量，使空气的温度升高、相对湿度减小，从而降低了空气的相对湿度，然后进入室内。

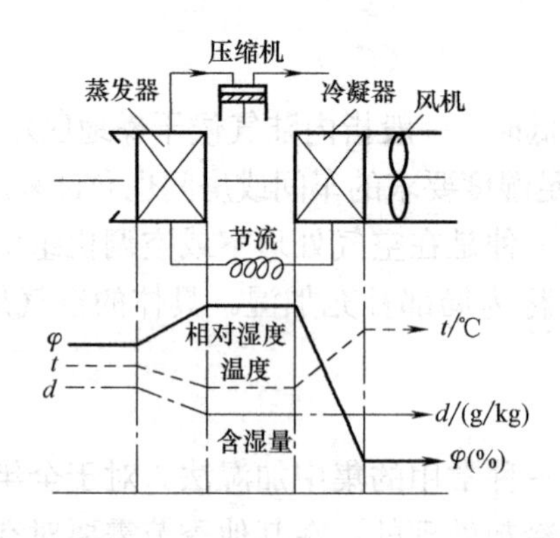

图 8-6　制冷除湿机流程

思考题

1．自然通风与机械通风有什么差别？
2．在建筑设计时，如何充分利用自然通风？
3．防治工业有害物的综合措施有哪些？
4．建筑通风方式有哪几种形式？说明各自的特点和适用场合。
5．什么是事故通风？
6．按空气处理设备的设置情况，空调分为哪几类？
7．风机盘管系统适用于哪些场合？
8．简述 VRV 空调系统的特点。

模块三　电气工程

单元9　电工基本知识和低压电气设备

学习目标

了解电路的组成和基本物理量；熟悉建筑工程中常用的低压控制设备、保护设备、变压器、导线和电缆等的基本概念、基本知识，能够正确选择电线、电缆和低压电气设备。

学习内容

1. 电路的组成及其基本物理量。
2. 建筑电气设备和建筑电气系统的分类及基本组成。
3. 建筑电气设备的构成及选择。
4. 建筑电气工程常用材料的性能和选用。

能力要点

1. 了解电路的组成，领会电路的基本物理量概念。
2. 了解建筑电气设备和建筑电气系统的作用、分类、组成和特点。
3. 了解低压电气设备的种类、特点，能够进行低压电气设备选择；了解三相电力变压器和三相异步电动机的基本知识。
4. 掌握导电材料的分类、特点和型号表示，能够识读常用导线及电缆型号、规格。

9.1　电路的组成及其基本物理量

9.1.1　电路的组成

电路就是电流流通的路径，不论电路的结构如何复杂，就其作用来说，可以归纳为三个基本组成部分：电源、负载和中间环节，如图 9-1 所示。

1. 电源

电源是一种将非电能转化为电能的装置，常用的电源有干电池、蓄电池和发电机等，它们分别将化学能和机械能转化为电能。

2. 负载

负载是指用电设备，它是消耗电能的装置，其作用是将电能转化为非电能（如机械能、热能、光能等）。负载的大小是以在单位时间内耗电量的多少来衡量的。

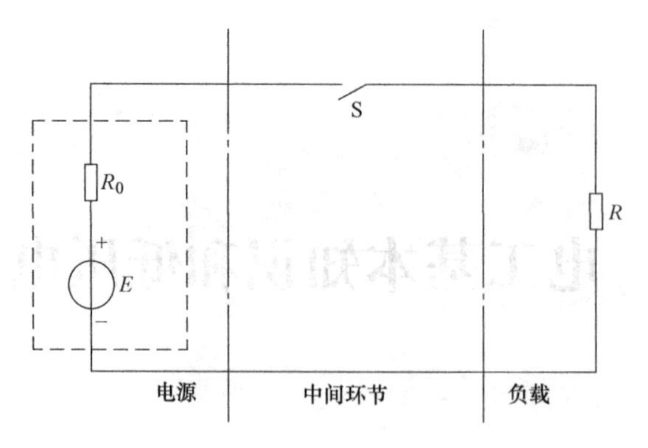

图 9-1　电路的组成

3. 中间环节

中间环节包括连接导线及其测量、控制、保护等装置，其作用是将电能从电源安全可靠地输送和分配到负载。

电路中由负载和连接导线等组成的部分称为外电路，而电源内部的通路则称为内电路。

9.1.2　电路的基本物理量

1. 电流

一个电路闭合之后，就会有电荷在电路里定向运动，称之为电流。电流的大小用单位时间内通过导体横截面上电量的大小来衡量，在物理学中称为电流强度，工程上简称电流，用 I 来表示，电流的单位为安培（A）。

2. 电压

电场中两电位的差值称为这两点间的电压。电压的大小等于电场力将电荷在两电位间移动时所做的功与被移电荷电量的比值，用 U 表示，电压单位为伏特（V）。

3. 直流电

直流电是指方向不随时间变化的电流，但是直流电路中电流的大小可能会随时间发生变化。恒定电流是直流电的一种，是指大小和方向都不随时间变化的电流。

4. 正弦交流电

交流电是指大小和方向随时间变化的电流。正弦交流电路是指电压和电流的大小和方向均按正弦规律变化的电路。生产和生活中所用的交流电，一般是指由电网供应的正弦交流电。正弦电压和电流等物理量，常统称为正弦量。正弦量的特征表现在变化的快慢、大小及初始值三个方面，而它们分别由频率（或周期）、幅值（或有效值）和初相位来确定。频率、幅值和初相位是确定正弦量的三要素。

（1）周期与频率

正弦量变化一次所需的时间称为周期，用 T 表示。每秒变化的次数称为频率，用 f 表示，它的单位是赫兹（Hz）。频率与周期之间是倒数关系。

（2）幅值与有效值

正弦量在任一瞬时的值称为瞬时值，用小写字母表示，如 i、u、e 分别表示电流、电压及电动势的瞬时值。瞬时值中的最大值称为幅值，用带下标 m 的字母来表示，如 I_m、U_m 及 E_m 分别表示电流、电压及电动势的幅值，如图 9-2 所示。

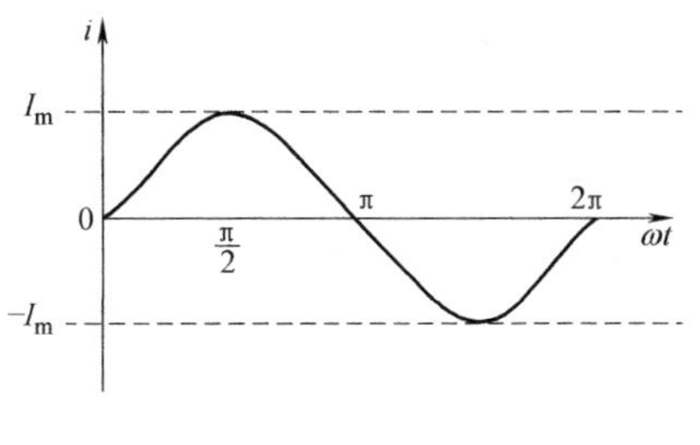

图 9-2　正弦波形

（3）初相位

正弦量是随时间而变化的，对于一个正弦量所取的计时起点不同，正弦量的初始值（当 t=0 时的值）也就不同，到达幅值或某一特征值的时间也就不同。

注：今后如无特殊说明，本书中交流电均指正弦波交流电。

9.1.3　单相交流电路

1. 交流电路中的元件

电阻元件、电感元件和电容元件在交流电路中表现出的特性和在直流电路中有所不同，在此讨论电阻元件、电感元件、电容元件在交流电路中的特性。电阻元件、电感元件、电容元件都是组成电路模型的理想元件。电阻元件具有消耗电能的电阻性，电感元件突出其电感性，电容元件突出其电容性。其中，电阻元件是耗能元件，后两者是储能元件。

1）电阻元件　电阻元件上的电压与通过的电流成线性的关系。

2）电感元件　通过电感元件的电流产生磁场，当电感元件中电流增大时，磁场能量增大；在此过程中，电感元件从电源取用能量，并转换为磁能。

3）电容元件　电容器极板上所储集的电量与加在其上的电压成正比。当电容元件上电压增高时，电场能量增大，这是电容元件的充电过程。当电压降低时，电场能量减小，即为电容元件的放电过程。

2. 电阻元件交流电路

分析各种交流电路时，首先从最简单的单一参数（电阻、电感、电容）元件的电路入手，分析其电压与电流之间的关系，因为各种电路都是由一些单一参数元件组合而成的。

图 9-3a 是一个线性电阻元件的交流电路。电压和电流的正方向如图所示，两者关系由欧姆定律确定，即

$$u=iR \tag{9-1}$$

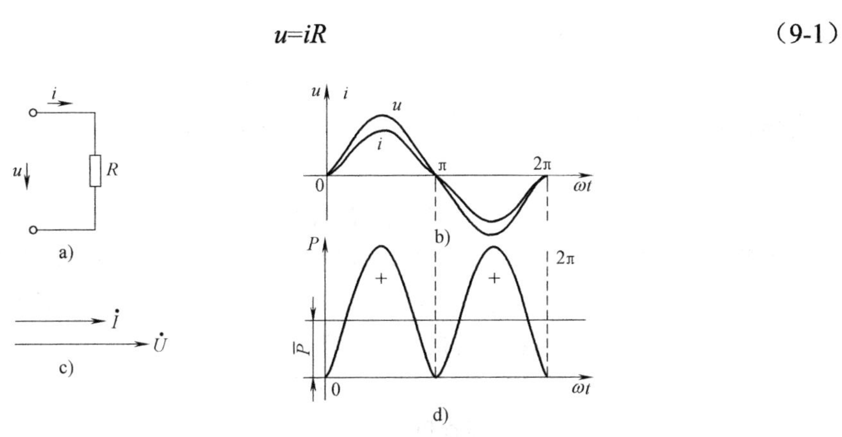

图 9-3　电阻元件交流电路

a）电路图　b）电压与电流正弦波形图　c）矢量图　d）功率图

在电阻元件电路中，电压与电流的幅值（或有效值）之比就是电阻 R。电阻元件从电源取用能量后转换成了热能，这是一种不可逆的能量转换过程。通常这样计算电能：$W=\overline{P}\ t$，$\overline{P}$是一个周期内电路消耗电能的平均功率，即瞬时功率的平均值，称为平均功率。在电阻元件电路中，平均功率为

$$\overline{P}=U^2/R \tag{9-2}$$

3．电感元件交流电路

图 9-4 所示为线性电感元件与正弦电源连接的电路，假设这个线圈只有电感 L，而电阻 R 可以忽略不计。

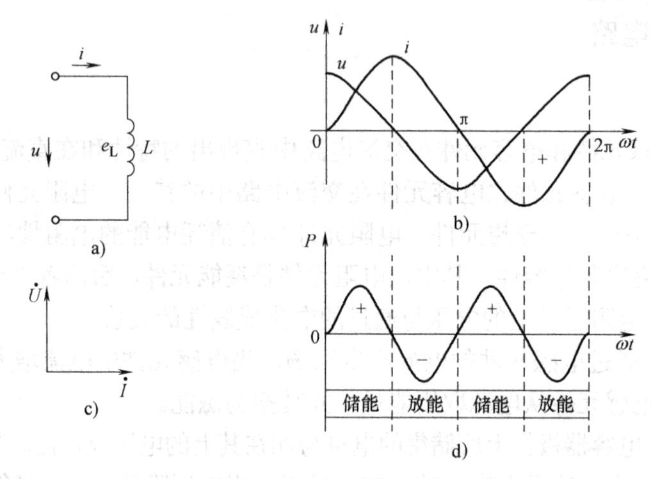

图 9-4　电感元件交流电路

a）电路图　b）电压与电流正弦波形图　c）矢量图　d）功率图

电感元件电路的平均功率为零，即电感元件的交流电路中没有能量消耗，只有电源与电感元件间的能量互换。这种能量互换的规模用无功功率 Q 来衡量，规定无功功率等于瞬时功率 P_L 的幅值，即

$$Q=UI=I^2X_L \tag{9-3}$$

式中　Q——无功功率（var 或 kvar）；

X_L——电感抗（Ω），简称感抗。

由以上分析及图 9-4b 可见，在正弦交流电路中电感的电压达到最大值时，电流则为 0，而电压为 0 时电流达到最大值，所以在正弦波交流电中，电感元件的电压超前电流 90°。

4．电容元件交流电路

图 9-5 所示为线性电容元件与正弦电源连接的电路。

电容元件电路的平均功率也为零，即电容元件的交流电路中没有能量消耗，只有电源与电容元件间的能量交换。这种能量互换的规模用无功功率 Q 来衡量，规定无功功率等于瞬时功率 P_C 的幅值。则电容元件的无功功率为

$$Q=UI=I^2X_C \tag{9-4}$$

式中　X_C——电容抗（Ω），简称容抗。

由以上分析及图 9-5b 可见，在正弦交流电路中电容的电流达到最大值时，电压则为 0，而电流为 0 时电压达到最大值，所以在正弦波交流电中，电容元件的电压滞后电流 90°。

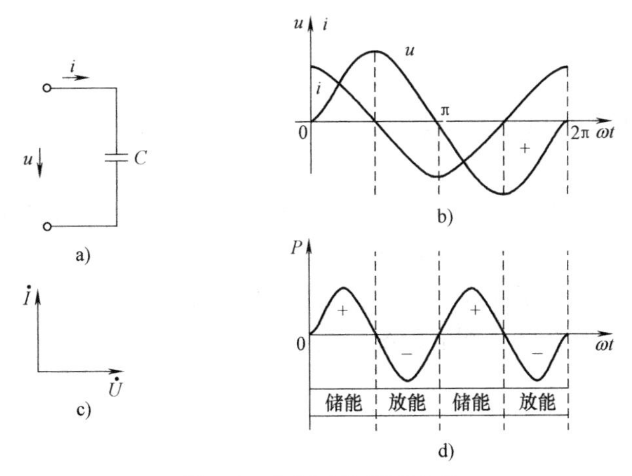

图 9-5 电容元件交流电路

a）电路图 b）电压与电流正弦波形图 c）矢量图 d）功率图

5. RLC 混合电路及功率因数

电阻、电感与电容元件串联的交流电路如图 9-6a 所示，电路中的各元件通过同一电流，电流与电压的正方向在图中已经标出。

这种电路中电压与电流的有效值（或幅值）之比为 $[R^2+(X_L-X_C)^2]^{½}$，它的单位也是欧姆，具有对电流起阻碍作用的性质，称之为电路的阻抗，用 $|Z|$ 表示。

可见 $|Z|$、R、（X_L-X_C）三者之间的关系也可用直角三角形（称为阻抗三角形）来表示，如图 9-7 所示。

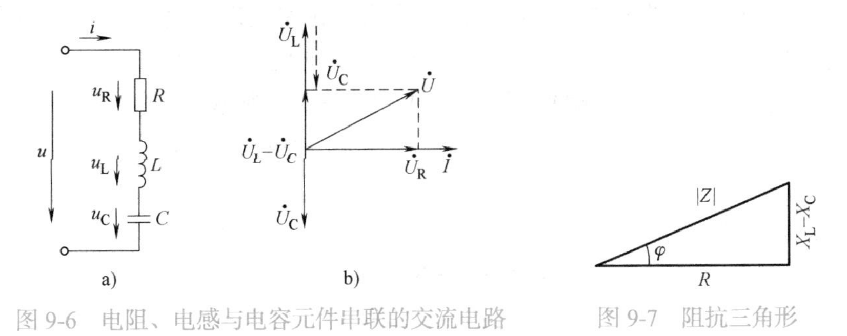

图 9-6 电阻、电感与电容元件串联的交流电路

a）电路图 b）向量图

图 9-7 阻抗三角形

由 R、L、C 混合电路中负载取用的功率与电路（负载）的参数有关。电路所具有的参数不同，电压与电流之间的相位差 φ 也就不同，在同样的电压 U 和电流 I 下，电路的有功功率和无功功率也就不同。电工学中将 $P=U_RI=I^2R=UI\cos\varphi$ 中的 $\cos\varphi$ 称为功率因数。电路中功率因数越大，表示电源提供的电能转换成热能、机械能越多，电源的利用率也越高，所以提高电路的功率因数是节约用电的有力措施。在感性负载两端并联适当的电容器，总电压 u 和线路电流 i 之间的相位差 φ 变小，$\cos\varphi$ 变大，即功率因数变大了，此时线路电流也减小了，功率损耗也就降低了。

9.1.4 三相交流电路

在生产生活中，三相电路应用广泛，发电机和输配电一般都采用三相电源。下面介绍三相交流发电机和负载在三相电路中的连接使用问题。

1. 三相电压

通常用到的发电机三相绕组的接法如图 9-8a 所示，即将三个末端联在一起，这一连接点称为中点或零点，用 N 表示。从中点引出的导线称为中线，从始端 A、B、C 引出的三根导线 L_1、L_2、L_3 称为相线或端线，俗称火线。这样就将三个互不相关的单相电源联合在一起了，这种连接方式称为发电机的星形（Y）联结。

在星形联结方式中，任意两根端线之间的电压称为线电压；任意一根端线和中线之间的电压称为相电压。通常在低压配电系统中线电压为 380V，相电压为 220V。

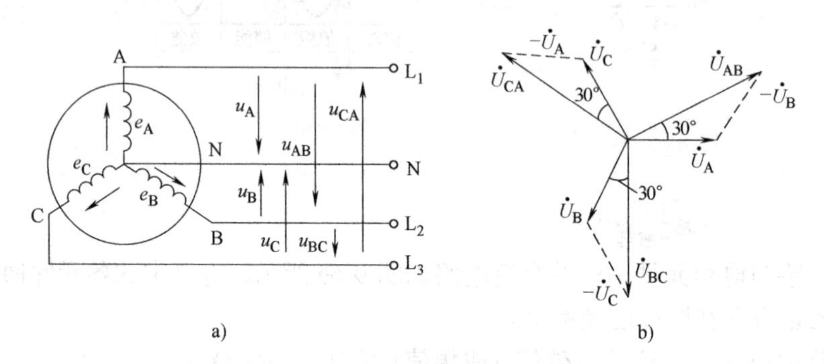

图 9-8　发电机的星形联结及其电压向量图

a）发电机三相绕组的接法　b）发电机三相绕组电压向量图

2. 三相负载的连接方法

生活中使用的各种电器根据其特点可分为单相负载和三相负载两大类。照明灯、电扇、电烙铁和单相电动机等都属于单相负载。三相交流电动机、三相电炉等三相用电器属于三相负载。三相负载的阻抗相同（幅值相等，阻抗角相等），则称为三相对称负载，否则称为不对称负载。三相负载有 Y 形和三角形两种连接方法，各有其特点，适用于不同的场合。

（1）三相对称负载的 Y 形联结

该电路的基本连接方法如图 9-9a 所示，三相交流电源（变压器输出或交流发电机输出）有三根火线接头 A、B、C，一根中性线接头 N。对于三相对称负载，只需接三根火线，中性线悬空得到图 9-9b。以国内日常生活为例，220V 电压是指火线和零线之间的电压，即图中 AN 之间的电压或 BN、CN 之间的电压；380V 是指火线与火线之间的电压，即图中的 AB、BC 或 AC 之间的电压。而此时任一负载两端的电压为 220V。

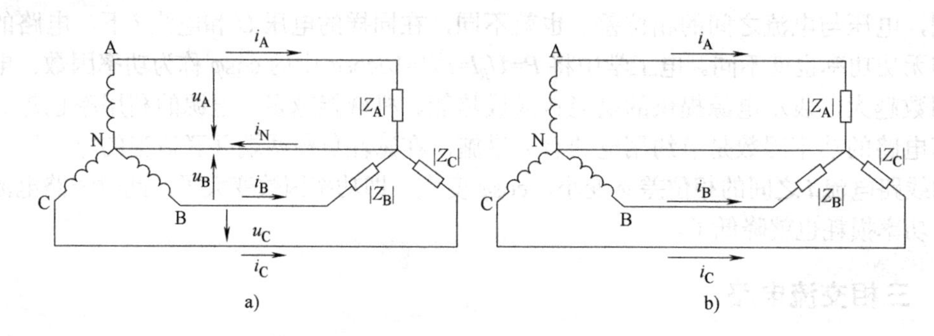

图 9-9　对称负载的 Y 形联结

（2）三相负载的三角形联结

当用电设备的额定电压为电源线电压时，负载电路应按三角形联结。该电路没有零线，连接的电路如图 9-10 所示。

只能配接三相三线制电源，各相负载承受的电压均为线电压；各相负载与电源之间独自构成回路，互不干扰。以国内工频电压为例，此时任一负载两端的电压为 380V。

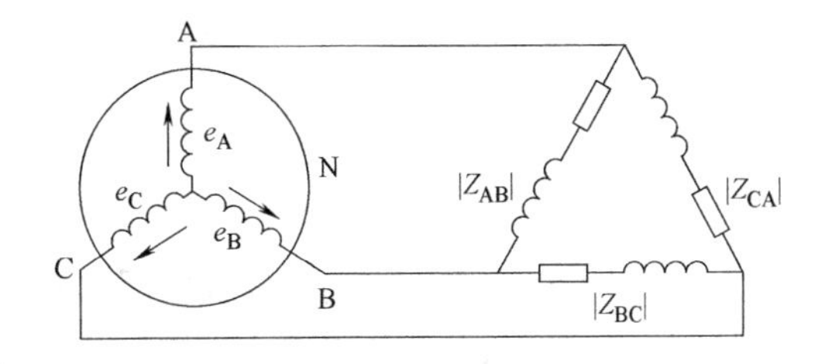

图 9-10 三相负载的三角形联结

9.1.5 无功功率补偿

无功补偿的基本原理：电网输出的功率包括两部分：一是有功功率，直接消耗电能，把电能转变为机械能、热能、化学能或声能，利用这些能做功，这部分功率称为有功功率；二是无功功率，不消耗电能，只是把电能转换为另一种形式的能，这种能作为电气设备能够做功的必备条件，并且，这种能在电网中与电能进行周期性转换，这部分功率称为无功功率（如电磁元件建立磁场占用的电能，电容器建立电场占用的电能）。有功功率和无功功率之间的关系如图 9-11 所示，其中 P 为有功功率，单位为 kW（千瓦）；Q 为无功功率，单位为 kvar（千乏）；S 为视在功率，即交流电源所能提供的总功率，又称为表现功率，在数值上是交流电路中电压与电流的有效值的乘积，单位为 VA（伏安）或 kVA（千伏安）；φ 为电压和电流之间的夹角即功率因数。

由上图可知 $P=S\cos\varphi$，只有在纯电阻电路中视在功率才等于有功功率（因为此时 $\cos\varphi=1$），否则视在功率总是大于有功功率。

一般说来，无功功率是用来产生用电设备所需要的磁场的，特别是电动机等电感性设备。无功功率是不消耗电能的，所以称为无功，但它在电路中要产生电流，这种电流称为电感电流。电感电流同样会增加电气线路和变压设备的负担，降低电气线路和变压设备的利用率，增加电气线路的发热量。但没有它，用电设备（特别是电动机等电感性设备）又不能正常工作。因此，要找一种在同一电源下所产生的电流与电感电流方向相反的电器接在线路上，用来抵消电感电流。这样，既不影响电动机产生磁场，又能消除或减少线路上的电感电流，这种电器就是电容器，电力上无功功率补偿所用的电容称为电力电容器。普通电容和电力电容如图 9-12 所示。

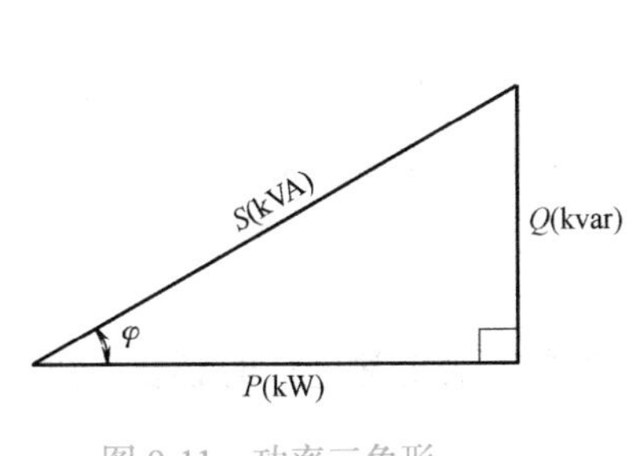

图 9-11 功率三角形

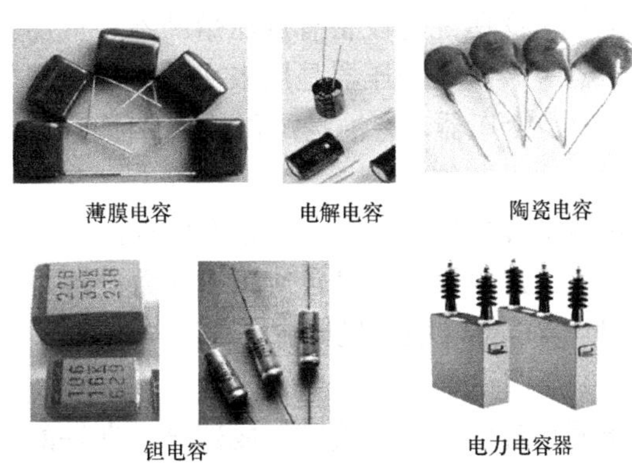

图 9-12 普通电容和电力电容

因此，无功功率补偿的方法之一就是把具有容性功率负荷的装置与感性功率负荷并联接在同一电路，能量在两种负荷之间相互交换。这样，感性负荷所需要的无功功率可由容性负荷输出的无功功率补偿。

无功补偿的意义：

1）补偿无功功率，可以增加电网中有功功率的比例常数，提高功率因数，减少电能损耗。

2）减少发、供电设备的设计容量，减少投资。例如当功率因数 $\cos\varphi=0.8$ 增加到 $\cos\varphi=0.95$ 时，装 1kvar 电容器可节省设备容量 0.52kW；反之，增加 0.52kW 对原有设备而言，相当于增大了发、供电设备容量。因此，对新建、改建工程，应充分考虑无功补偿，以减少设计容量，从而减少投资。

3）降低线损，由公式 $\Delta P\%=(1-\cos\theta/\cos\varphi)\times100\%$（$\cos\varphi$ 为补偿后的功率因数，$\cos\theta$ 为补偿前的功率因数）得出，$\cos\varphi>\cos\theta$，所以提高功率因数后，线损率也下降了，减少设计容量、减少投资，增加电网中有功功率的输送比例，以及降低线损都直接决定和影响着供电企业的经济效益。所以，功率因数是考核经济效益的重要指标，规划、实施无功补偿势在必行。

功率因数应满足当地供电部门的要求，当无明确要求时，应满足如下数值：高压用户的功率因数应为 0.9 以上；低压用户的功率因数应为 0.85 以上。

9.2 常用的建筑低压电气设备

9.2.1 建筑电气设备和建筑电气系统的分类

1. 建筑电气设备的分类

根据建筑电气设备在建筑中所起的作用不同，可将其分为以下几类。

（1）供配电设备

供配电设备的作用是对引入建筑物的电能进行分配和供应。按照工作任务的不同和工作电压的高低，供配电设备又可分为高压配电设备、低压配电设备和电力变压器。高压配电设备是指用于电力系统发电、输电、配电、电能转换和消耗中起通断、控制或保护等作用，电压等级在 3.6kV ～ 550kV 的电气产品，主要包括高压断路器、高压隔离开关与接地开关、高压负荷开关、高压自动重合与分段器、高压操作机构、高压防爆配电装置和高压开关柜等。低压配电设备有低压熔断器、低压刀开关、低压刀熔开关、低压负荷开关、低压断路器等。电力变压器是用来变换电压等级的设备。建筑供配电系统中的配电变压器均为三相电力变压器，有油浸式和干式两种。

（2）动力设备

建筑工程中应用的动力设备有四种：电动机、空气压缩机、内燃机（汽油机和柴油机）和蒸汽机。建筑设备中最常使用的动力设备是电动机，约占动力设备的 80%以上。电动机的作用是将电能转换为机械能。

（3）照明设备

照明是现代建筑的重要组成部分。良好的照明是生产和生活正常进行的必要条件，发挥和表现建筑物的美感也离不开照明。

（4）低压电器设备

交流电大于 1200V、直流电大于 1500V 为高压电，低于此值为低压电。电器按其工作电压等级可分为高压电器和低压电器。低压电器一般是指用于交流电压 1200V、直流电压 1500V 及以下的电路起通断、保护、控制或调节作用的电器产品。低压电器按其作用可分为控制电器、保护电器等。

常用的低压电器有刀开关、熔断器、按钮、行程开关、万能转换开关、主令控制器、接触器、继电器、低压断路器、插座、灯开关、电能表、低压配电柜等。

（5）导电材料

常用的导电材料有导线、电缆和母线。

导线又称为电线，一般可分为裸导线和绝缘导线。裸导线即无绝缘层的导线；绝缘导线是具有绝缘包层（单层或数层）的电线。电缆是在一个绝缘软套内裹有多根相互绝缘的线芯。母线也称为汇流排，是用来汇集和分配电流的导体，分为硬母线和软母线。软母线用在 35kV 及以上的高压配电装置中，硬母线用在工厂高、低压配电装置中。

（6）楼宇智能化设备

楼宇智能化设备是实现智能建筑的基础，主要包括通信自动化设备、办公自动化设备、楼宇自动控制设备、火灾自动报警设备和安防设备等。

2. 建筑电气系统的分类

（1）建筑供配电系统

建筑供配电系统是建筑电气的最基本系统，由供电电源和供配电设备组成。建筑供配电系统从电网引入电源，经过适当的电压变换，再合理地分配给各用电设备使用。根据建筑物内用电负荷的大小和用电设备额定电压的不同，供电电源一般有单相 220V 电源、三相 380/220V 电源和 10kV 高压供电电源三种类型。

（2）建筑照明电气系统

建筑照明电气系统是建筑物的重要组成部分。电气照明的优劣直接影响建筑物的功能和建筑艺术效果。建筑照明电气系统由照明装置及其电气部分组成。照明装置主要是指灯具，其电气部分包括照明配电、照明控制电器、照明线路等。

（3）动力及控制系统

建筑设备中最常使用的动力设备是电动机，动力及控制系统就是对电动机进行配电并进行控制的系统。不同容量、不同供电可靠性以及不同控制目的的动力设备，其配电或控制系统不同。

（4）智能建筑系统

智能建筑（Intelligent Building，IB）是利用系统集成的方法，将计算机技术、通信技术、控制技术与建筑技术有机结合的产物。智能建筑将建筑物中用于综合布线、楼宇控制、计算机系统的各种分离的设备及其功能信息，有机地组合成一个相互关联、统一协调的整体，各种硬件与软件资源被优化组合成一个能满足用户需要的完整体系，并朝着高速化、共性能的方向发展。与建筑工程技术专业紧密相关的主要包括以下内容：火灾自动报警及消防联动系统、通信网络系统、建筑设备监控系统、安全防范系统、信息网络系统、综合布线系统、智能化系统集成等。

9.2.2 变压器

变压器是一种静止的电器，它通过线圈间的电磁感应作用，可以把一种电压等级的交流电能转换成同频率的另一种电压等级的交流电能，还可以用来改变电流、阻抗和相位，在国民经济各部门及日常生活中应用十分广泛。

1．变压器的工作原理

变压器由两个互相绝缘的绕组套在一个共同的铁芯上，绕组之间彼此有磁的耦合，但没有电的联系。其中一个绕组接到交流电源，称为一次绕组；另一个绕组接到负载，称为二次绕组。变压器的基本工作原理如图 9-13 所示。

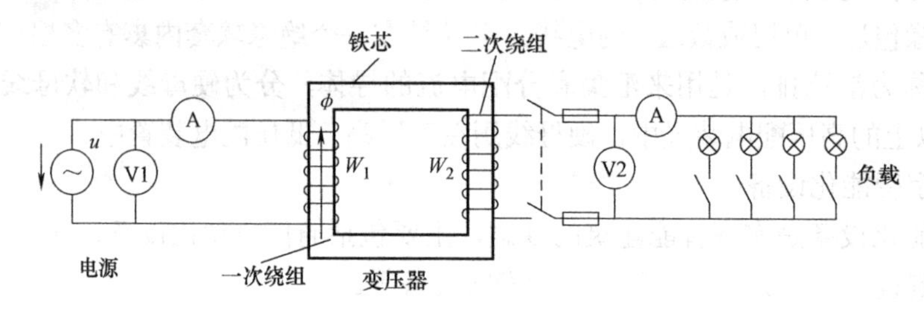

图 9-13 变压器的基本工作原理

变压器一次、二次绕组的电压比等于一次、二次绕组的匝数比。因此，要使一次、二次绕组有不同的电压，只要改变它们的匝数即可，即

$$\frac{U_1}{U_2}=\frac{E_1}{E_2}=\frac{W_1}{W_2}=K \tag{9-5}$$

2．变压器的结构

变压器是由铁芯、绕组、冷却装置、绝缘套管等组成的，铁芯和绕组是变压器的主体。铁芯是变压器的磁路部分，由硅钢片叠压而成。绕组是变压器的电路部分，用绝缘铜线或铝线绕制而成。变压器运行时自身损耗转化为热量使绕组和铁芯发热，温度过高会损伤或烧坏绝缘材料，因此变压器运行需要有冷却装置。此外，变压器还装有绝缘套管、气体继电器、防爆管、分接开关、放油阀等附件。

3．变压器的分类

变压器按用途分为：电力变压器、试验用变压器、仪器用变压器、特殊用途变压器。

变压器按相数分为：单相变压器和三相变压器两种。建筑用电一般采用三相电力变压器。

变压器按其冷却方式分为：油浸式变压器（油浸自冷式、油浸风冷式和强迫油循环等）、干式变压器、充气式变压器、蒸发冷却变压器。

变压器按其绕组材质分为：铜绕组变压器和铝绕组变压器两种。

变压器按绕组形式分为：自耦变压器、双绕组变压器、三绕组变压器。

4．变压器的铭牌

变压器外壳上都有一块黑底白字的金属牌，其上刻有变压器的型号和主要技术数据图 9-14。它相当于简单说明书，使用者只有正确理解铭牌中字母与数字的含义，才能正确使用这台变压器。

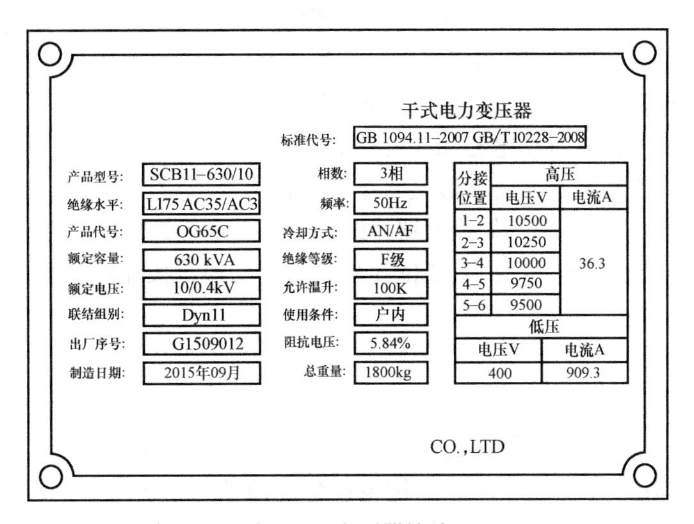

图 9-14　变压器铭牌

（1）变压器的型号

变压器的型号用来表示设备的特征和性能。变压器的型号一般由两部分组成：前一部分用汉语拼音字母表示变压器的类型和特点；后一部分用数字表示部分参数值。

型号中第一个字母表示相数（S 表示三相，D 表示单相）；第二个字母表示冷却方式（省略表示油浸自冷式，F 表示油浸风冷式，G 表示干式，C 表示环氧树脂浇注）；第三个字母表示导线类型（B 或省略表示铜导线，L 表示铝导线）；第四位为数字，是设计序号；型号后半部分斜线左方数字表示额定容量（kVA），斜线右方数字表示高压侧额定电压（kV）。

（2）额定电压

额定电压是变压器在其绝缘强度和温度的规定值下端子间线电压的保证值。一次额定电压是指变压器长时间运行时所能承受的工作电压。二次额定电压为一次加额定电压，二次绕组开路时的端电压。三相变压器的额定电压指线电压。

（3）额定电流

额定电流是指各绕组允许长期通过的最大工作电流，变压器在使用时不能超过这个限额。三相变压器的额定电流指线电流。

（4）额定容量

在额定工作状态下变压器的视在功率称为变压器的额定容量，单位为千伏安（kVA）。

（5）额定频率

额定频率是指变压器运行时允许的外加电源频率。我国电力变压器的额定频率为 50Hz。

（6）温升

温升是指变压器额定运行时，允许内部温度超过周围标准环境温度的数值。

9.2.3　低压电器的基本知识

低压电器是指用于交流 1200V、直流 1500V 及以下的电路中起通断、保护、控制或调节作用的电器产品。

1. 低压电器的分类

1）按照低压电器在电气线路中的用途可分为低压配电电器和低压控制电器两类。

① 低压配电电器：刀开关、低压断路器、熔断器等。

② 低压控制电器：接触器、继电器、控制器、按钮等。

2）按操作方式可分为自动电器和非自动电器两类。

① 自动电器：依靠电器本身参数变化或外来信号的作用自动完成接通、分断或使电动机启动、反向以及停止等动作，如接触器、继电器、低压断路器等。

② 非自动电器（手动电器）：只能依靠外力进行切换等操作，常见的有按钮、刀开关、转换开关等。

2. 常用低压电器元件

（1）低压熔断器

低压熔断器是常用的一种简单的保护电器，主要作为短路保护用，在一定条件下也可起过负荷保护的作用，广泛用于电路和用电设备的保护。当线路中出现故障时，通过的电流大于规定值，熔体产生过量的热而被熔断，电路由此被分断。低压熔断器常用的有瓷插式（RC1A）、密闭管式（RM10）、螺旋式（RL7）、填充料式（RT20）等多种类型，外形如图 9-15 所示。

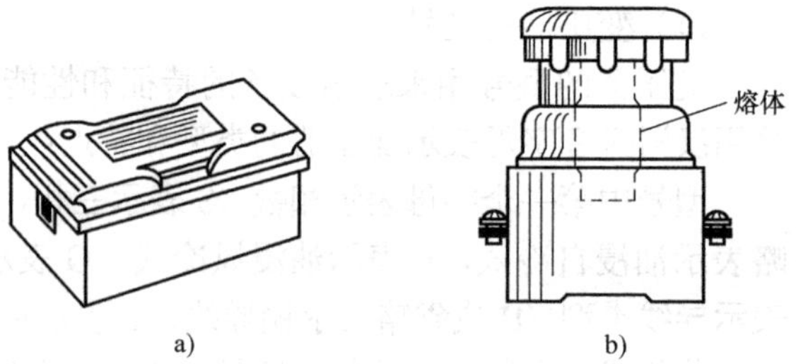

瓷插式熔断器灭弧能力差，只适用于故障电流较小的线路末端；其他几种类型的熔断器均有灭弧措施，分断电流能力比较强。密闭管式熔断器结构简单，螺旋式熔断器更换熔管时比较安全，填充料式熔断器的断流能力更强。

图 9-15 低压熔断器

a）瓷插式熔断器 b）螺旋式熔断器

常规熔体材料有两种：一种是铅锡等合金制成的低熔点材料；另一种是铜制的高熔点材料。

（2）刀开关和隔离器

刀开关和隔离器的主要功能是隔离电源。刀开关是配电电路中的分合电器，起着正常运行时开断电流、保护和控制作用。常用的有开启式刀开关、开启式 / 封闭式负荷开关、熔断器式组合电器、组合开关等。隔离器的作用是在对电气设备带电部分进行维修时，必须保持这些部分处于无电状态，即将电气设备从电网脱开并隔离。隔离器分断时能将电路中所有电流通路切断并保持规定的电气间隙。

1）开启式刀开关　开启式刀开关一般用于额定电压 AC380V、DC440V，额定电流至 1500A 的配电设备的电源隔离，也可用于不频繁的接通和分断电路。刀开关由刀形动触头和底座上的静触头（夹座）组成，带有杠杆操动机构及灭弧室。

2）开启式负荷开关　此种开关也称为瓷底胶盖刀开关，由刀开关和保护熔丝构成，可在额定电压至 500V、额定电流至 60A 的电路中作不频繁接通与分断电路及短路保护。其外形结构如图 9-16 所示。

胶盖刀开关价格便宜、使用方便，在建筑中广泛使用。三相胶盖刀开关在小电流配电系统中用来接通和切断电路，也可用于小容量三相异步电动机的全压启动操作，单相双极刀开关用在照明电路或其他单相电路上，其中熔丝提供短路保护。

3）封闭式负荷开关（铁壳开关） 铁壳开关主要由刀开关、熔断器和铁制外壳组成，又称为封闭式负荷开关。在刀闸断开处有灭弧罩，断开速度比胶盖刀开关快、灭弧能力强，并具有短路保护。它适用于各种配电设备，用于频繁手动接通和分断负荷电路，包括用作感应电动机的不频繁启动和分断。铁壳开关的型号主要有 HH3、HH4、HH12 等系列，铁壳开关外形如图 9-17 所示。

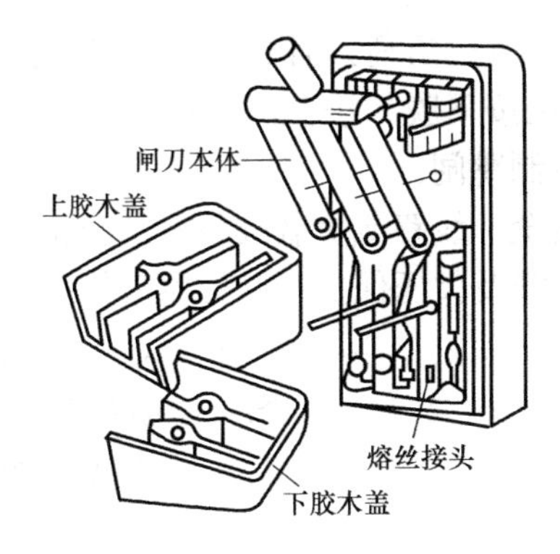

图 9-16 开启式负荷开关

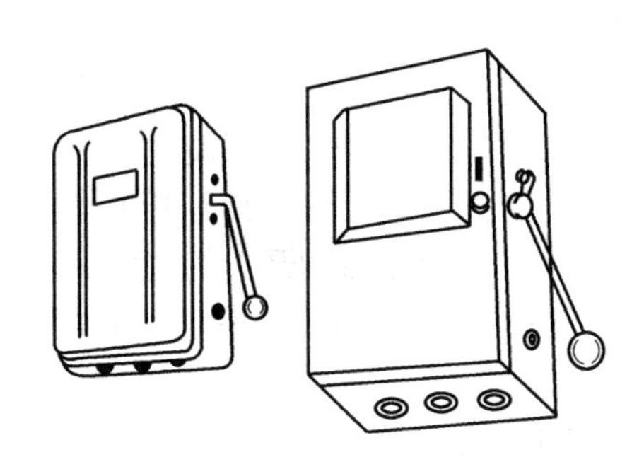

图 9-17 铁壳开关

（3）低压断路器

低压断路器俗称自动空气开关，是一种完善的低压控制开关。低压断路器能在正常工作时带负荷通断电路，也能在电路发生短路、严重过载以及电源电压太低或失压时自动切断电源，分为框架式和塑料外壳式两种。常用的类型有：塑料外壳式自动空气开关（DZ）、框架式自动空气开关（DW）、直流快速自动开关（DS）、漏电自动保护开关、限流式自动开关等。其结构原理如图 9-18 所示，代号含义如图 9-19 所示。

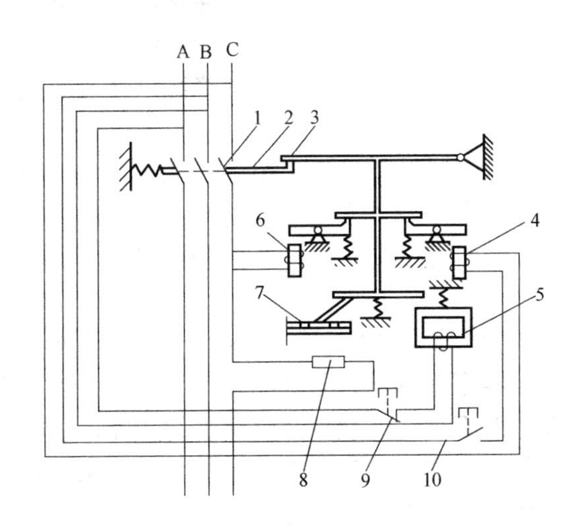

图 9-18 低压断路器的结构原理

1—触头 2—跳钩 3—锁扣 4—分励脱扣器 5—失压脱扣器
6—过电流脱扣器 7—双金属片 8—热元件 9—常闭按钮 10—常开按钮

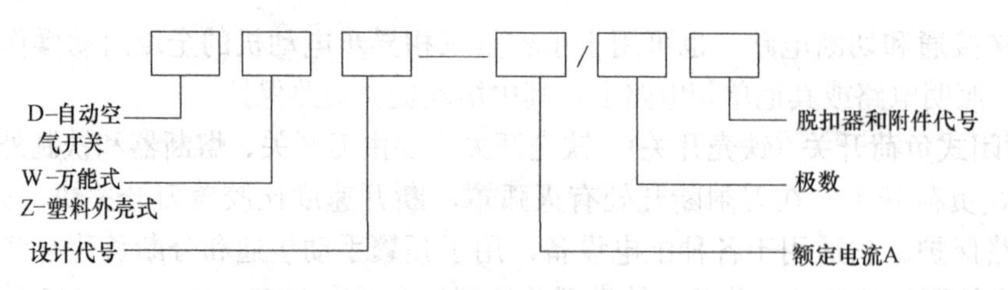

图 9-19　低压断路器的代号含义

断路器开关合闸只能手动，分闸既可手动也可自动。当电路发生短路故障时，其过电流脱扣器动作使开关自动跳闸，切断电路。电路发生严重过负荷，且过负荷达到一定时间时，过负荷脱扣器动作，使开关自动跳闸切断电源。在按下脱扣按钮时，也可使开关的失压脱扣器失压或者使分励脱扣器通电，实施开关远程控制跳闸。

低压断路器的特点是结构紧凑、安装方便、操作安全，线路或负载故障时，脱扣器自动动作，动作后不用更换元件；具有开关作用，短路和过载及欠压保护；脱扣器动作电流由实际情况整定。脱扣器是自动开关的主要保护装置，包括电磁脱扣器、热脱扣器、失压脱扣器等。其中，电磁脱扣器的线圈串联在主电路中，当电路或设备发生短路，主电路电流增大，线圈磁场增强，吸动衔铁，使得操作机构动作，断开主触点，分断主电路，起到短路保护作用。电磁脱扣器上有调节螺钉，可以随时调节脱扣器动作电流的大小。热脱扣器是一个双金属片热继电器。其发热元件串联在主电路中，当电路过载时，过载电流使发热元件温度升高，双金属片由于受热弯曲，顶动自动操作机构动作，这样便断开主触点，切断主电路，起到过载保护作用。热脱扣器同样有调节螺钉，可以根据需要随时调节脱扣器电流的大小。

低压断路器的额定电流和额定电压不小于电路的正常工作电流和电压；热脱扣器的额定电流应与所控制的负载的额定电流一致；电磁脱扣器的瞬时动作整定电流应大于负载电路正常工作时的尖峰电流，如电动机的启动电流。

（4）漏电保护器

漏电保护器是漏电电流动作保护器的简称，是在规定条件下，当漏电电流达到或超过给定值时能自动断开电路的开关电器或组合电器。漏电保护器主要用于对有致命危险的人身触电提供间接保护，以防由于电气设备或线路因绝缘损坏发生接地故障，由接地电流引起火灾事故。

漏电保护器主要为电流动作型。当电气设备正常运行时，各相线路上电流矢量和为零。当设备或线路发生接地故障或人触及外壳带电设备时，即由高灵敏度零序电流互感器检测到漏电电流，把漏电电流与基准值比较。当其超过基准值时，漏电保护器动作，切断电源，从而起到漏电保护作用。

按其结构特点漏电保护器可分为四类：漏电保护开关、漏电断路器、漏电继电器和漏电保护插座。漏电保护开关由零序互感器、漏电脱扣器、主开关和外壳等组成，具有漏电保护和手动通断电路的功能，但不具备过载和短路保护的功能，主要应用于住宅。漏电断路器是在断路器中加装漏电保护部件，具备漏电、过载、短路保护功能。漏电继电器由零序互感器和继电器组成，只具备检测和判断功能，由继电器发出信号控制其他低压控制电器。漏电保护插座由漏电断路器和插座组合而成，使插座回路连接设备，具备漏电保护功能。

（5）接触器

接触器是一种用来频繁接通和切断交直流主电路的自动切换电器。它主要用于控制电动机、电焊机等设备。由于具有低压释放保护功能，可频繁及远距离控制等优点，被广泛应用于自动控制线路中。接触器通常分为交流接触器和直流接触器。

交流接触器主要由电磁机构、触头系统、灭弧装置和其他部件四部分组成。接触器的结构原理如图 9-20 所示。

交流接触器主触头的动触头装在与动铁芯相连的绝缘杆上，静触头则固定在壳体上。当线圈通电后，线圈电流产生磁场，使静铁芯产生电磁吸力将动铁芯向右吸合，动铁芯带动相连的动触头动作，使常闭触头断开，常开触头闭合。接触器的主触头使主电路接通，辅助触头接通相应的控制电路。当线圈断电后，静铁芯的电磁吸力消失，动铁芯在反作用力弹簧的作用下复位，各触头也随之复位，关断主电路和控制电路。

交流接触器的主要特点：动作快、触头多、操作方便、便于远距离控制，但是噪声大、寿命短，只能通断负荷电流，不具备保护功能，应用时与熔断器、热继电器等保护电器配合使用。

目前常见的交流接触器型号有 CJ12、CJ20、LC1-D 等系列。

（6）继电器

继电器是一种根据电量（电压、电流）或非电量（速度、时间、温度、压力）等变化，接通或断开控制电路，实现自动控制和保护电力拖动装置的电器。

继电器一般不用来直接控制较大电流的主电路，主要用于反映控制信号，因此同接触器比较，继电器触点的分断能力很小，一般不设灭弧装置。

继电器按用途分为控制继电器、保护继电器和中间继电器；按照输入信号的性质分为电流继电器、电压继电器、速度继电器和压力继电器；按照工作原理分为电磁式继电器、感应式继电器、热继电器和晶体管式继电器等；按照动作时间分为瞬时继电器和延时继电器；按照输出形式分为有触点继电器和无触点继电器。

电磁式继电器是应用得最早、最多的一种形式，其结构及工作原理与接触器大体相同，由电磁系统、触点系统和释放弹簧等组成。电磁式继电器的典型结构如图 9-21 所示。当图中电磁线圈 9 通电后，铁芯 7 吸合使得触点系统 10 动作（常开触点闭合，常闭触点断开）；当电磁线圈断电时，电磁铁和触点均恢复到原状。

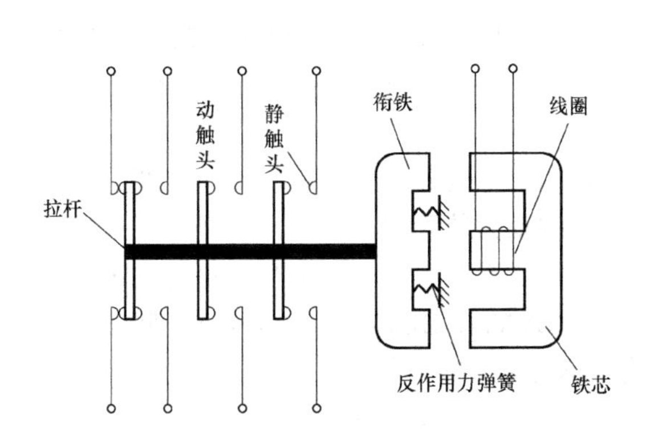

图 9-20 接触器的结构原理

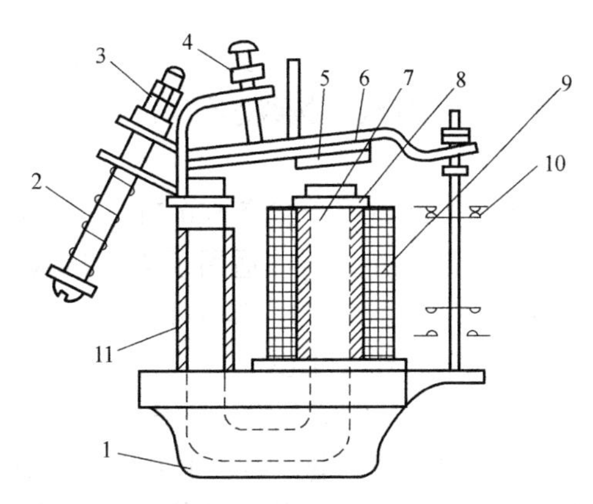

图 9-21 电磁式继电器的典型结构

1—底座 2—反力弹簧 3、4—调整螺钉 5—非磁性垫片 6—衔铁 7—铁芯 8—极靴 9—电磁线圈 10—触点系统 11—线圈电磁式继电器，按照线圈的电流种类可分为交流电磁继电器和直流电磁继电器；按照继电器反映的参数可分为中间继电器、电流继电器和电压继电器等。

由于继电器用于控制电路，流过触点的电流比较小（一般5A以下），故不需要灭弧装置。

（7）电能表

电能表是用来测量某一段时间内用电负载所消耗电能的仪表，它不仅能反映出功率的大小，而且能反映电能随时间增长的累计之和。

电能表的种类有很多，按功能分为有功电能表、无功电能表和特殊用功能电能表；按结构分为电解式电能表、电子数字式电能表和电器机械式电能表。常见的电能表有单相电能表、三相电能表，三相电能表又有两元件和三元件两种，分别应用在三相三线电路中和三相四线电路中。

目前应用较多的是感应式电能表，它是利用固定的交流磁场与由该磁场在可动部分的导体中所感应的电流之间的作用力而工作的，主要由驱动元件（电压线圈、电流线圈）、转动元件（铝盘）、制动元件（永久磁铁）和积算元件等组成。

电能表的接线方法是电流线圈与负载串联，电压线圈与负载并联，遵守电流端钮的接线规则。电流线圈的电源端钮必须与电源连接，另一端钮与负载连接；电压线圈的电源端钮可与电流线圈的任一端钮连接，另一端钮则跨接到被测电路的另一端。

9.3 建筑电气工程常用材料

9.3.1 导线

导线线芯要求导电性能好、机械强度大、质地均匀、无裂纹、耐腐蚀性能好；绝缘层要求绝缘性能好、质地柔韧并具有一定的机械强度，能耐酸、碱、油和臭氧的侵蚀。导线按其用途又可分为固定敷设导线、绝缘软导线、仪器设备用导线、屏蔽导线和户外绝缘导线等。

1．常用导线的种类

（1）固定敷设导线

常用固定敷设导线按绝缘材料分为橡胶绝缘导线和聚氯乙烯绝缘导线；按线芯材料分为铜导线和铝导线；按线芯结构分为单股导线和多股导线；按线芯硬度分为硬导线和软导线。

橡胶绝缘导线适用于交流500V以下的电气设备和照明装置，长期运行工作温度不应超过65℃。聚氯乙烯绝缘导线适用于450/750V及以下的动力装置固定敷设，长期运行工作温度BV-105型不超过105℃，其他不超过70℃，电线使用温度应不低于0℃。此类电线主要有以下几种型号：BV、BLV、BVR、BVV、BLVV、BVVB、BLVVB和BV-105。型号含义如下：第一个B——固定敷设；L——铝芯（铜芯无表示）；第一个V——聚氯乙烯绝缘；第二个V——聚氯乙烯护套；第二个B——平型（圆形无表示）；R——软导线。

聚氯乙烯绝缘导线的绝缘性能良好，价格较低，无论明设或穿管敷设均可代替橡胶绝缘导线。由于其不能耐高温，绝缘容易老化，所以聚氯乙烯绝缘导线不宜在室外敷设。氯丁橡胶绝缘导线的特点是耐油性能好，不易霉、不延燃、光老化过程缓慢，因此可以在室外敷设。橡胶绝缘导线耐老化性能较好，但价格较高。

（2）绝缘软导线

常用的绝缘软导线分为聚氯乙烯软导线和橡胶绝缘编织软导线。前者适用于交流450/750V及以下的家用电器、小型电动工具、仪器仪表和动力照明的连接；后者适用于交流300V及以下的室内照明灯具、家用电器和工具的连接。聚氯乙烯软导线型号的含义是：R——软导线；第一个V——聚氯乙烯绝缘；第二个V——聚氯乙烯软护套；S——绞型；B——平型。橡胶绝缘编织软导线常用型号有：RXS、RX和RXH。橡胶绝缘编织软导线型号的含义：R——软导线；X——橡胶绝缘编织线；S——绞型；H——橡胶护套。常用绝缘导线型号名称见表9-1。

表9-1 常用绝缘导线型号名称

型 号	名 称	型 号	名 称
BX(BLX)	铜（铝）芯橡胶绝缘导线	BV-105	铜芯耐热105℃聚氯乙烯绝缘导线
BXF(BLXF)	铜（铝）芯氯丁橡胶绝缘导线	RV	铜芯聚氯乙烯绝缘软导线
BXR	铜芯橡胶绝缘软导线	RVB	铜芯聚氯乙烯绝缘平型软导线
BV(BLV)	铜（铝）芯聚氯乙烯绝缘导线	RVS	铜芯聚氯乙烯绝缘绞型软导线
BVV(BLVV)	铜（铝）芯聚氯乙烯绝缘聚氯乙烯护套圆形导线	RV-105	铜芯耐热105℃聚氯乙烯绝缘软导线
BVVB(BLVVB)	铜（铝）芯聚氯乙烯绝缘聚氯乙烯护套平形导线	RXS	铜芯橡胶绝缘棉纱编织绞型软导线
BVR	铜芯聚氯乙烯绝缘软导线	RX	铜芯橡胶绝缘棉纱编织圆形软导线

（3）仪器设备用导线和屏蔽导线

仪器设备用导线用于仪器的连接，一般为软导线，型号编制上以A开头，其余与软导线相同。而聚氯乙烯绝缘屏蔽导线一般用于交流250V及以下的电器、仪表和电子设备的屏蔽线路中，型号编制上在软导线的型号附加一个字母P表示屏蔽，通常线径较小。

2. 绝缘导线的允许载流量

绝缘导线的允许载流量是指导线在额定的工作条件下，允许长期通过的最大电流。不同的材质、不同的截面面积、不同的敷设方法、不同的绝缘材料、不同的环境温度和穿不同材料的保护管等因素都会影响导线的允许载流量。BV、BLV型单芯绝缘导线穿管敷设连续负荷允许载流量见表9-2。

表9-2 BV、BLV型单芯绝缘导线穿管敷设连续负荷允许载流量

导线截面面积/mm²	穿钢管敷设连续负荷允许载流量/A						穿塑料管敷设连续负荷允许载流量/A					
	穿2根		穿3根		穿4根		穿2根		穿3根		穿4根	
	铜芯	铝芯	铜芯	铝芯	铜芯	铝芯	铜芯	铝芯	铜芯	铝芯	铜芯	铝芯
1.0	14	—	13	—	11	—	12	—	11	—	10	—
1.5	19	15	17	12	16	12	16	13	15	11.5	13	10
2.5	26	20	24	18	22	15	24	18	21	16	19	14
4	35	27	31	24	28	22	31	24	28	22	25	19

（续）

导线截面面积/mm²	穿钢管敷设连续负荷允许载流量/A						穿塑料管敷设连续负荷允许载流量/A					
	穿2根		穿3根		穿4根		穿2根		穿3根		穿4根	
	铜芯	铝芯	铜芯	铝芯	铜芯	铝芯	铜芯	铝芯	铜芯	铝芯	铜芯	铝芯
6	47	35	41	32	37	28	41	31	36	27	32	25
10	65	49	57	44	50	38	56	42	49	38	44	33
16	88	63	73	56	65	50	70	55	65	49	57	44
25	107	80	95	70	85	65	95	73	85	65	75	57
35	133	100	115	90	105	80	120	90	105	80	93	70
50	165	125	140	110	130	100	150	114	132	102	117	90
70	205	155	183	143	165	127	185	145	167	130	148	115
95	250	190	225	170	200	152	230	175	205	158	185	140
120	300	220	260	195	230	172	270	200	240	180	215	160
150	350	250	300	225	265	200	305	230	275	207	250	185
185	380	285	340	255	300	230	355	265	310	235	280	212

3. 绝缘导线的选择

绝缘导线的选择分为三部分的内容：其一是相线截面的选择；其二是中性线（N线、工作零线）截面的选择；其三是保护线（PE线、保护零线、保护导体）截面的选择。

（1）相线截面选择的一般原则

1）按使用环境和敷设方法选择导线的类型。

2）按允许载流量选择导线的截面。

3）按敷设方式选择导线芯线的允许最小截面面积，见表9-3。

表9-3　不同敷设方式的导线芯线的允许最小截面面积

<table>
<tr><th colspan="2" rowspan="2">敷设方式</th><th colspan="3">导线芯线的允许最小截面面积/mm²</th></tr>
<tr><th>铜芯</th><th>铝芯</th><th>铜芯软线</th></tr>
<tr><td colspan="2">裸导线敷设在室内绝缘子上</td><td>2.5</td><td>4.0</td><td rowspan="5">—</td></tr>
<tr><td rowspan="4">绝缘导线敷设在绝缘子上（支持点间距为 L）</td><td>室内 L ≤ 2m</td><td>1.0</td><td rowspan="2">2.5</td></tr>
<tr><td>室外 L ≤ 2m</td><td>1.5</td></tr>
<tr><td>室内外 2m < L ≤ 6m</td><td rowspan="2">2.5</td><td>4.0</td></tr>
<tr><td>室内外 2m < L ≤ 12m</td><td>6.0</td></tr>
<tr><td colspan="2">绝缘导线穿管敷设</td><td rowspan="2">1.0</td><td rowspan="5">2.5</td><td>1.0</td></tr>
<tr><td colspan="2">绝缘导线槽板敷设</td><td rowspan="4">—</td></tr>
<tr><td colspan="2">绝缘导线线槽敷设</td><td>0.75</td></tr>
<tr><td colspan="2">塑料绝缘护套线明敷</td><td>1.0</td></tr>
<tr><td colspan="2">板孔穿线敷设</td><td>1.5</td></tr>
</table>

4）按电压损失校验导线截面。

5）按允许的动稳定与热稳定进行导线截面的校验。

（2）中性线（N线、工作零线）截面的选择

1）中性线（N线、工作零线）截面面积一般不应小于相线截面面积的50%。

2）对于三次谐波电流相当大的三相电路（大量采用气体放电光源的三相电路），由于各相的三次谐波电流都要流过中性线，使得中性线电流可能接近相电流，因此，中性线的截面应与相线的截面相同。

3）由三相电路分出的单相电路，其中性线的截面与相线的截面相同。

（3）保护线（PE线、保护零线、保护导体）截面的选择

保护线（PE线、保护零线、保护导体）截面面积的选择见表9-4。

表9-4 保护线截面面积的选择

相线的截面面积 S/mm²	相应保护线的最小截面面积 S_p/mm²	相线的截面面积 S/mm²	相应保护线的最小截面面积 S_p/mm²
$S \leqslant 16$	S	$400 < S \leqslant 800$	200
$16 < S \leqslant 35$	16	$S > 800$	$S/2$
$35 < S \leqslant 400$	$S/2$		

注：S指柜（屏、台、箱、盘）电源进线相线截面面积，且两者（S、S_p）材质相同。

9.3.2 电缆

1. 电缆的构造及分类

电缆是一种特殊的导线，它是将一根或数根绝缘导线组合成线芯，外面再包覆上包扎层而成的。电缆按用途分为电力电缆和控制电缆两大类。电力电缆主要用于分配大功率电能；控制电缆则用于在电气装置中传输操作电流、连接电气仪表、继电保护和自控回路。

电力电缆的构造如图9-22所示。电力电缆一般由线芯、绝缘层和保护层三个主要部分组成。线芯由铜或铝的多股导线做成用来输送电流；绝缘层用于线芯之间以及线芯与保护层之间的隔离；保护层又称为护层，它是为使电缆适应各种环境条件，在绝缘层外包覆的覆盖层。电缆采用的护层主要有金属护层、橡塑护层和组合护层三大类。保护层一般由内护层和外护层组成。内护层一般由金属套、非金属套或组合套构成，外护层包在内护层外，用以保护电缆免受机械损伤或腐蚀。外护层一般由内衬层、铠装层、外被层三部分组成，通常在型号中以数字表示。

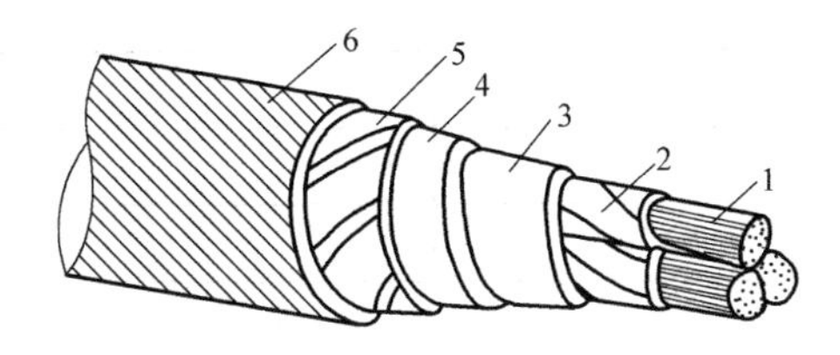

图9-22 电力电缆的构造

1—线芯 2—纸包绝缘 3—铝包护层 4—塑料护套 5—钢带铠装 6—沥青麻护层

2. 电缆的型号表示

电力电缆按其使用的绝缘材料、封包结构、电压、芯数以及内外层材料的不同有许多分类方法，为区别不同的电力电缆，其结构特征通常以型号表示。电力电缆型号由七部分组成，如图 9-23 所示。

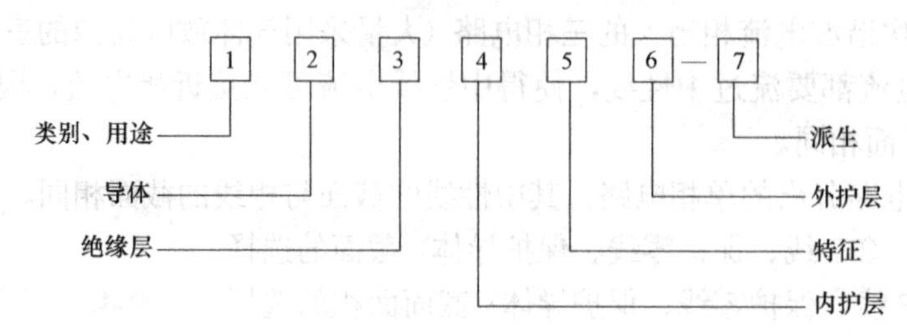

图 9-23　电力电缆型号表示

其中第 1 项表征产品类别或用途；第 2 ～ 6 项表示电缆从内至外各层材料和结构的特征；第 7 项为同一产品派生结构，可表示不同耐压等级、使用频率等。电力电缆型号含义见表 9-5，外护层代号含义见表 9-6。

表 9-5　电力电缆型号含义

类　别	导　体	绝缘层	内护层	特　征
电力电缆 （省略不表示） K：控制电缆 P：信号电缆 YT：电梯电缆 U：矿用电缆 Y：移动式软缆	T：铜线（可省） L：铝线	Z：油浸纸 X：天然橡胶 (X) D：丁基橡胶 (X) E：乙丙橡胶 VV：聚氯乙烯	Q：铅套 L：铝套 H：橡套 (H) P：非燃性 HF：氯丁胶 V：聚氯乙烯护套	D：不滴油 F：分相护套 CY：充油 P：干绝缘
H：市内电话缆 UZ：电钻电缆 DC：电气化车辆用电缆		Y：聚乙烯 YJ：交联聚乙烯 E：乙丙胶	Y：聚乙烯护套 VF：复合物 HD：耐寒橡胶	C：滤尘用或重型 G：高压 Z：直流

表 9-6　外护层代号含义

第一个数字		第二个数字	
代　号	铠装层类型	代　号	外被层类型
0	无	0	无
1	钢带	1	纤维线包
2	双钢带	2	聚氯乙烯护套
3	细圆钢丝	3	聚乙烯护套
4	粗圆钢丝		

3. 电缆的选用

油浸纸绝缘电力电缆的优点是使用寿命长、耐压强度高、热稳定性好，但制造工艺比较复杂，而且电力电缆的浸渍剂容易流淌，在纸绝缘内形成气隙，因此，使用温度不能高，敷设高差不能大，需要垂直敷设的场合应选用不滴流浸渍型电缆。

聚氯乙烯绝缘、聚乙烯护套电力电缆，即 VLV 或 VV 型全塑电力电缆性能较好，抗腐蚀，具有一定的机械强度，制造简单，适合敷设在室内、隧道及管道内；钢带铠装型电力电缆则可敷设在地下，能够承受一定的机械力，工程上使用较多，尤其多用于 10kV 及以下的电力系统中。

交流 500V 及以下的线路多使用橡胶绝缘聚氯乙烯护套 XLV（XV）型电力电缆。

我国生产的电力电缆线芯的标称截面面积有以下几种：$1mm^2$、$1.5mm^2$、$2.5mm^2$、$4mm^2$、$6mm^2$、$10mm^2$、$25mm^2$、$35mm^2$、$70mm^2$、$95mm^2$、$120mm^2$、$150mm^2$、$185mm^2$、$240mm^2$、$300mm^2$、$400mm^2$、$500mm^2$、$625mm^2$、$800mm^2$。电缆截面面积的选择一般按电缆长期运行允许的载流量和允许的电压损失来确定。电缆的型号选择，应按环境条件、敷设方式、用电设备的要求等综合考虑。

9.3.3　安装材料

电气施工常用安装材料可分为金属材料和非金属材料。金属材料有各种类型的钢材和铝材，如水煤气管、薄壁钢管等；非金属材料有塑料管、瓷管等。

1. 常用钢材

钢材由于品质均匀、抗拉、抗压、易于加工，在电气工程中常用于制作各种金具，如配电设备的零配件，接地母线、接地引线等。直径为 5～28mm 的圆钢和厚度为 4～16mm、宽度为 12～50mm 的扁钢在建筑电气工程中常用。

2. 常用穿线管

在建筑电气工程中，为保护导线免受腐蚀和外力损伤，常将绝缘导线穿入管内敷设。常用穿线管有钢管和塑料管。钢管适合于有机械外力和轻微腐蚀性气体环境下，用作明敷或暗敷；塑料管中最常用的是聚氯乙烯塑料管，其特点是常温下耐冲击性好，耐酸、耐碱、耐油性好，但机械强度不如金属管。穿线管的规格通常用公称口径表示。

思考题

1. 电路由哪几部分组成？各部分起什么作用？
2. 什么是正弦交流电？周期、频率、最大值、有效值各表示什么？
3. 相电压是什么？线电压是什么？
4. 什么是功率因数？在感性负载供电电路中如何调整功率因数？
5. 建筑电气设备按其作用可分为哪几类？各类设备都包括哪些内容？
6. 建筑电气系统分为哪几类？各类电气系统包含哪些内容？
7. 变压器的主要技术数据有哪些？
8. 三相异步电动机的主要技术数据有哪些？
9. 低压刀开关有哪些种类？其特点有哪些？各用于什么场合？
10. 低压断路器应用于什么场合？其型号由哪几部分组成？
11. 漏电保护器的作用是什么？

12. 低压熔断器的种类及其特点有哪些？
13. 说明交流接触器的结构和工作原理及其特点。
14. 继电器和接触器的主要区别是什么？
15. 交流接触器和直流接触器有什么区别？能否通用？
16. 常用绝缘导线的型号及主要特点有哪些？
17. 常用的电力电缆有哪些？各有什么特点？
18. 导线的选择方法和要求有哪些？

单元10　建筑供配电系统

学习目标

了解电力系统和电网的基本概念，了解建筑配电系统的配电方式和供电方案；熟悉建筑低压电气系统的分类和组成，能够正确选择低压电气设备；掌握室内配线施工的技术要求，学会线管的加工、连接、敷设及管内穿线方法，能根据图样要求进行线管配线；掌握线槽配线、塑料护套线配线、封闭插接式母线配线和电缆的敷设的技术要求；掌握室内配线工程施工质量检查及验收方法。

学习内容

1. 建筑供配电的基本方式。
2. 室内配电线路敷设。

能力要点

1. 了解建筑低压电气系统的配电方式、配电要求和供电方案；了解各类建筑电气系统的组成、特点。

2. 熟悉配线工程种类、特征；掌握各类配线的技术要求和施工工艺；掌握配线工程的线管加工、连接、敷设方法；掌握导线和电缆连接、敷设的一般要求和施工方法；能根据配线施工图，组织安装施工和调试工作。

10.1　建筑配电系统的基本知识

10.1.1　电力系统的概念及组成

电力系统是由发电厂、输配电网、变电站及电力用户组成的统一整体，如图 10-1 所示。

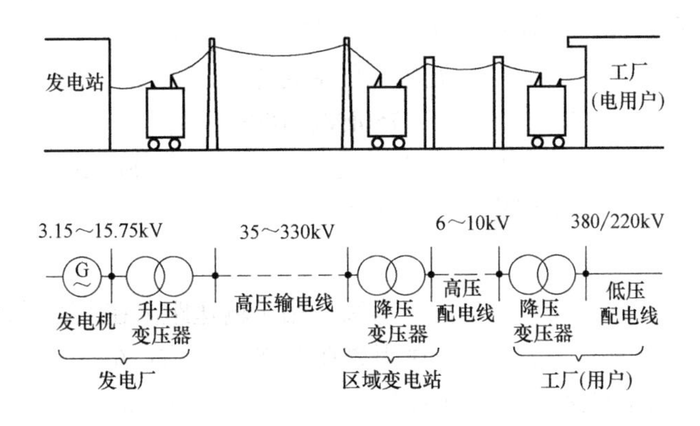

图 10-1　电力系统

1. 发电厂

发电厂是生产电能的工厂，是将自然界蕴藏的各种一次能源（如热能、水的势能、太阳能及核能）转变为电能。目前我国以火力发电厂和水力发电厂为主，核能发电量的比例在逐年增长。

2. 输配电网

输配电网是进行电能输送的通道，它分为输电线路和配电线路两种。输电线路是将发电厂发出的经升压后的电能输送到邻近负荷中心的枢纽变电站，或连接相邻的枢纽变电站，由枢纽变电站将电能送到地区变电站，其电压等级一般在220kV以上；配电线路将电能从地区变电站经降压后输送到电能用户的线路，其电压等级一般为110kV及以下。

3. 变电站

变电站是变换电压和交换电能的场所，由变压器和配电装置组成。按电压的性质和作用变电站可分为升压变电站和降压变电站。而配电所是仅装有受、配电设备而没有变压器的专用场所。

1）升压变电站：将发电厂发出的电能进行升压处理，便于大功率和远距离传输。

2）降压变电站：对电力系统的高电压进行降压处理，以便电气设备的使用。在降压变电站中，根据变电站的用途可分为枢纽变电站、区域变电站和用户变电站。

枢纽变电站，起到对整个电力系统各部分的纽带联结作用，负责整个系统中电能的传输和分配；区域变电站是将枢纽变电站送来的电能做一次降压后分配给电能用户；用户变电站是接受区域变电站的电能，将其降压为能满足用电设备电压要求的电能且合理地分配给各用电设备。

4. 电力用户

电力用户就是电能消耗的场所，从电力系统中汲取电能，并将电能转化为机械能、热能、光能等，如电动机、电炉、照明等设备。

10.1.2 电力系统的电压和频率

1. 电压等级

我国电网的电压等级比较多，不同电压等级的作用也不相同。根据要输送的功率容量和输送距离选择合适、经济的输送电压。但考虑到安全和降低用电设备的制造成本，选择低一些的电压比较合适。我国规定交流电网的额定电压等级有：220V、3kV、6kV、10kV、35kV、110kV、220kV、330kV、500kV、750kV、1000kV等。

通常把交流1200V或直流1500V以上称为高压，交流1200V或直流1500V以下称为低压。低压是相对高压而言，不表明它对人身没有危险。

2. 各种电压等级的适用范围

我国电力系统中220kV及以上的电压等级都用于输送距离在几百千米的主干线；110kV电压用于中、小电力系统的主干线，输送距离在100km左右；6～10kV电压用于送电距离10km左右的城镇和工业与民用建筑施工供电；只有少数特大型民用建筑物（群）及用电负荷大的工业建筑供电电压为35～110kV。建筑供配电系统的学习重点应放在10kV及以下电源及供配电系统。

3．额定电压和频率

电力系统所有设备都要求在一定的电压和频率下工作，系统的电压和频率直接影响着电气设备的运行。我国规定使用的工频交流电频率是50Hz，线电压是380V，相电压是220V。不同国家的工频交流电频率和电压可能不同。

电气设备都是按照在额定电压下工作能获得最佳的经济效果来设计的，因此电气设备的额定电压必须与所接电力线路的额定电压等级相同，否则就会影响其性能和使用寿命，使得总的经济效果下降。如当地电压下降时，感应电动机的输出转矩将下降，使得转速下降；而端电压升高会使设备使用寿命缩短甚至烧毁。所以用电设备的端电压是波动的，一般允许电压偏移为 ±（5% ～ 10%）

10.1.3　民用建筑供电系统

小范围民用建筑设施的供电，需要设一个简单的降压变电室（站），把电源进线6～10kV经过降压变压器直接变为低压380V/220V三相四线制。大型民用建筑设施的供电，一般电压选为6 ～ 10kV，经过高压配电所，再用几路高压配电线将电能分别送到各建筑物变电站，降为380V/220V电压供给用电设备工作使用。

电力负荷的等级根据供电中断造成人身伤亡，对设备安全的影响、政治影响和经济损失程度，电能用户可以分为三个等级：一级负荷、二级负荷和三级负荷

1．一级负荷

一级负荷是指中断供电在政治和经济上造成重大损失者，造成人身伤亡或损坏主要设备且长期难以修复者，如重要交通枢纽、重要通信枢纽、重要宾馆、大型体育馆、大型医院、炼钢厂、石油提炼厂或矿井、经常用于国际活动的大量人员集中的公共场所等用电单位中的重要电力负荷。一级负荷要求采用至少两个独立电源同时供电，设置自动投入装置控制两个电源的切换。独立电源是指其中一个电源发生事故或因检修需要停电时，不致影响另一个电源继续供电。

2．二级负荷

二级负荷是指中断供电在政治和经济上造成较大损失者。二级负荷应尽量做到当发生电力变压器故障或电力线路常见故障时不致中断供电（或中断后能迅速恢复）。因此当地区供电条件允许且投资不高时，二级负荷宜由两个电源供电。在负荷较小或地区供电条件困难时，二级负荷可由6kV及以上专用架空线供电。如采用电缆时，应敷设备用电缆并经常处于运行状态。二类高层民用建筑有自备发电设备时，当采用自动启动有困难时，可采用手动启动装置。

3．三级负荷

凡不属于一级、二级负荷者均为三级负荷。三级负荷对中断供电没有特殊要求，一般采用单回路供电，但应使配电系统简洁可靠，尽量减少配电级数，低压配电级数一般不宜超过四级，且应在技术经济合理的条件下，尽量减少电压偏差和电压波动。

10.1.4 低压电气系统的配电方式和供电方案

1. 低压电气系统的配电方式

低压电气系统的配电方式是指由变配电站低压配电箱（屏）分路开关至各建筑物楼层配电箱或大型用电设备干线的配线方式。常用的低压配电方式主要有以下几种：

（1）放射式配电

放射式配电是由总低压配电装置直接供给各分配电箱或用电设备，如图 10-2a 所示。该配电方式由于各负载独立受电，配电线路之间相互独立，发生故障时仅限于本身，而其余回路不受影响，供电可靠性较高；但该系统所需线路多，金属材料消耗大，系统灵活性差，线路不易更改，适用于用电设备大而集中，对供电可靠性要求较高的场所。

（2）树干式配电

树干式配电是指从总低压配电装置引出一条主干线路，由主干线不同的位置分出支线并连至各分配电箱或用电设备，如图 10-2b 所示。该配电方式线路简单、投资低、施工方便，但供电可靠性差，干线发生故障时影响范围大，适用于负荷分散、容量不大、线路较长且用电无特殊要求的场所。

（3）混合式

放射式与树干式相结合的配电方式称为混合式配电，如图 10-2c 所示。该方式综合了放射式配电和树干式配电的优点，在建筑低压配电系统中得到广泛应用。

一般情况下，动力负荷容量大，配电线路多采用放射式配电，照明负荷线路多采用树干式配电或混合式配电。

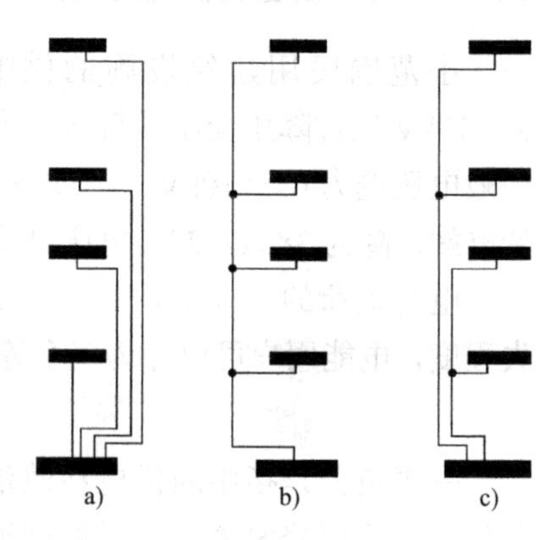

图 10-2 低压电气系统的配电方式

a）放射式 b）树干式 c）混合式

2. 低压电气系统的配电要求

民用建筑电气系统分为供电系统和配电系统两部分。民用建筑从高压 6 ～ 10kV 或低压 380V/220V 取得电压，称为供电。然后将电源分配到各个用电负荷，称为配电。将电源与用电负荷连接起来组成了民用建筑的供配电系统。

低压电气系统的配电一般应满足下列要求：

1）技术先进、经济合理、操作安全和维护方便，能适应电负荷发展的需要。

2）变电站的位置应尽可能接近负荷中心。

3）满足用电负荷对电能质量的要求。

4）配电系统的电压等级一般不宜超过两级。

5）单相用电设备适当分配，力求三相负荷平衡。

6）应采用并联电容器作为无功补偿，达到电力部门所要求的功率因数。

3. 低压电气系统的供电方案

（1）单电源供电方案

单电源供电方案的特点是单电源，单变压器，低压母线不分段。该方案的优点是造价低、接线简单，缺点是系统中电源、变压器、开关及母线当中的任一环节发生故障或检修时，均不能保证供电，因此供电可靠性低，可用于三级负荷。

（2）双电源供电方案

1）双电源，双变压器，低压母线分段系统。优点是电源、变压器和母线均有备用，供电可靠性较单电源供电方案有很大的提高。缺点是没有高压母线，高压电源不能在两个变压器之间灵活调用，而且造价较高。该方案适用于一、二级负荷。

2）双电源，双变压器，高、低压母线分段系统。优点是增加了高压母线，供电的可靠性有更大的提高，缺点是投资高，该方案用于一级负荷。

10.2 室内配线

敷设在建筑物内部的配线，统称为室内配线工程或室内配线。室内配线应符合电气装置安装安全、可靠、经济、方便和美观的原则。

按线路敷设方式，可以分为明敷和暗敷两种。明敷是指导线直接敷设或敷设在管子、线槽等保护体内，安装于墙壁、顶棚、桁架及梁柱等处，可以分为瓷夹、瓷瓶配线、槽板配线、钢索配线等。明敷安装简便，容易检修。暗敷是将导线敷设在墙内、地板内或建筑物顶棚内，通常事先预埋管子，再向管内穿线。按不同保护管材料可分为钢管配线、塑料管配线等。

10.2.1 室内配线的基本要求

室内配线应按施工图施工，并严格执行《建筑电气工程施工质量验收规范》（GB 50303—2015）及有关规定。施工过程中，首先应符合电气装置安装安全、可靠、经济、方便和美观的原则。

室内配线工程应符合以下规定：

1）所用导线的额定电压应大于线路的工作电压，导线的绝缘应符合线路的安装方式和敷设环境条件。低压导线和电缆，线间和线对地间的绝缘电阻值必须大于0.5MΩ。

2）配线的布置及其导线型号、规格应符合设计规定。配线工程施工中，当无设计规定时，导线最小截面应满足机械强度的要求，不同敷设方式的导线允许最小截面面积见表9-3。

3）配线工程施工中，室内、室外绝缘导线之间和对地的最小距离应符合表10-1的规定。

表10-1 室内、室外绝缘导线之间和对地的最小距离

<table>
<tr><th rowspan="2">固定点间距 /m</th><th colspan="2">导线最小间距 /mm</th><th colspan="2" rowspan="2">敷设方式</th><th rowspan="2">导线对地最小距离 /m</th></tr>
<tr><th>室内配线</th><th>室外配线</th></tr>
<tr><td>1.5 及以下</td><td>35</td><td rowspan="3">100</td><td rowspan="2">水平敷设</td><td>室内</td><td>2.5</td></tr>
<tr><td>1.5 ～ 3.0</td><td>50</td><td>室外</td><td>2.7</td></tr>
<tr><td>3.0 ～ 6.0</td><td>70</td><td rowspan="2">垂直敷设</td><td>室内</td><td>1.8</td></tr>
<tr><td>6.0 以上</td><td>100</td><td>150</td><td>室外</td><td>2.7</td></tr>
</table>

4）为了减少由于导线接头质量不好引起各种电气事故，导线敷设时，应尽量避免接头。若必须接头时，应尽量压接或焊接。

5）导线在连接处或分支处不应受机械作用。导线与设备接线端子，连接要牢固。

6）护套线明敷、线槽配线、管内配线、配电屏（箱）内配线不应有接头。必须有接头时，可把接头放在接头盒、灯头盒或开关盒内。

7）明配线穿墙时应采用经过阻燃处理的保护管保护，过墙管两端伸出墙面不小于10mm；穿过楼板时应采用钢管保护，其保护高度与楼板的距离不应小于1.8m；但在装设开关的位置，可与开关高度相同。配线过建筑物基础也应穿管或采取其他保护措施。

8）各种明配线应垂直和水平敷设，且要求横平竖直。一般导线水平高度不应小于2.5m；垂直敷设不应低于1.8m，否则应加管槽保护，以防机械损伤。

9）当采用多相供电时，同一建筑物、构筑物的导线绝缘层颜色选择应一致，即保护地线（PE线）应是黄、绿相间色；零线用淡蓝色；相线L1用黄色；相线L2用绿色；相线L3用红色。

10）三相照明线路各相负荷宜均匀分配。在每个分配电箱中，除花灯和壁灯等线路外，一般照明每一支路的最大负荷电流、光源数、插座数应符合有关规定。

11）为了防止火灾和触电等事故发生，在顶棚内由接线盒引向器具的绝缘导线，应采用可绕金属导线保护管或金属软管等保护，导线不应有裸露部分。

12）电线、电缆芯线连接金具（连接管和端子）的规格应与芯线的规格适配。

13）照明和动力线路、不同电压、不同电价的线路应分开敷设，以方便计价、维修和检查。每条线路标记应清晰，编号准确。

14）管、槽配线，应采用绝缘导线和电缆。在同一根管、槽内的导线都应具有与最高标称电压回路绝缘相同的绝缘等级。配线用塑料管（硬质塑料管、半硬塑料管）、塑料线槽及附件，应采用氧指数为27以上的难燃性制品。

15）入户线在进墙的一段应采用额定电压不低于500V的绝缘导线；穿墙保护管的外侧，应有防水弯头，且导线应弯成滴水弧状后引入室内。

16）电气线路穿过建筑物、构筑物的沉降缝或伸缩缝时，当建筑物和构筑物发生不均匀沉降或伸缩变形时，线路会受到剪切和扭拉，故应装设补偿装置，导线应留有余量。

17）导线沿墙或顶棚敷设时，导线与建筑物间最小距离为瓷夹配线不小于5mm，瓷瓶配线不小于10mm。当导线相互交叉而距离又较近时，应在每根导线上套塑料管并固定，以防短路。

18）为了有良好的散热效果，管内配线时其导线的总截面面积（包括外绝缘层）不应超过管子内腔总截面面积的40%。线槽配线时其导线的总截面面积（包括外绝缘层）不应超过线槽内总截面面积的60%。

19）电线管与热水管、蒸汽管同侧敷设时，应敷设在热水管、蒸汽管的下面。室内电气线路与其他管道间的最小距离应符合表10-2的规定。如不能满足规范规定的距离要求时，则应采取以下措施：

① 电气线管与蒸汽管线不能保持规定的距离时，可在蒸汽管外包以隔热层。对有保温措施的蒸汽管，上下净距可减至200mm；交叉距离应考虑施工维护方便。

② 电气线管与暖气管、热水管不能保持规定的距离时，可在管外包隔热层。

③ 裸导线与其他管道交叉不能保持规定的距离时，可在交叉处的裸导线外加装保护网或罩。

表 10-2　室内配线与管道间最小距离　　（单位：mm）

<table>
<tr><th colspan="2">管道名称</th><th>穿管配线</th><th>绝缘导线明敷</th><th>裸导线配线</th></tr>
<tr><td rowspan="2">蒸汽管道</td><td>平行</td><td>1000/500</td><td>100/500</td><td rowspan="6">1500</td></tr>
<tr><td>交叉</td><td>300</td><td>300</td></tr>
<tr><td rowspan="2">暖、热水管道</td><td>平行</td><td>300/200</td><td>300/200</td></tr>
<tr><td>交叉</td><td rowspan="2">100</td><td>100</td></tr>
<tr><td rowspan="2">通风、上下水压缩空气管道</td><td>平行</td><td>200</td></tr>
<tr><td>交叉</td><td>50</td><td>100</td></tr>
</table>

注：表中“/”前数字为电气管线敷设在管道上方的最小距离；“/”后数字为电气管线敷设在管道下方的最小距离。

20）配线工程采用的管卡、支架、吊钩、拉环和盒（箱）等钢铁材料附件，均应进行镀锌和防护处理。

21）配线工程施工后，应进行各回路的绝缘检查，绝缘电阻值应符合现行国家标准《电气装置安装工程 电气设备交接试验标准》(GB 50150—2016）的有关规定，并应做好记录。

22）配线工程中所有外露可导电部分的保护接地和保护接零应可靠，且应符合《电气装置安装工程 接地装置施工及验收规范》(GB 50169—2016）的有关规定。配线工程施工后，为保证安全，其保护地线（PE 线）连接应可靠。对带有漏电保护装置的线路应做模拟动作试验，并应做好记录。

23）配线工程施工结束后，应将施工中造成的建筑物、构筑物的孔、洞、沟、槽修补完整。

24）主要设备、材料、成品和半成品进场应按照《建筑电气工程施工质量验收规范》(GB 50303—2015）进行进场验收。

10.2.2　绝缘导线的连接

导线连接是施工人员在施工过程中最基本的工作，导线连接技术是每个施工人员必须掌握的基本操作技能。

导线连接方法很多，有铰接、焊接、压接、套管和螺栓等连接方法。导线连接一般都包括剥切绝缘层、导线的芯线连接、接头焊接或压接以及包缠绝缘四个步骤。

1. 导线连接的基本要求

1）导线连接采用哪种方法应根据线芯的材质而定。铜、铝线间的连接应用铜、铝过渡接头或铜线上搪锡，以防电化学腐蚀。

2）导线连接应紧密、牢固。接头的电阻值不应大于相同长度导线的电阻值。

3）导线接头的机械强度不应小于原导线机械强度的 80%。

4）导线接头的绝缘强度应与原导线的绝缘强度相同。

5）在配线的分支线接头连接处，干线不应受到支线的横向拉力；接头处也不应受到大的拉力。

6）导线采用压接时，压接器材、压接工具和压模等应与导线线芯规格相匹配；压接时，其压接深度、压口数量和压接长度应符合有关规定。

2. 导线连接的方法

1）导线在接线盒内连接。

2）单芯导线用塑料绝缘压线帽压接和塑料绝缘螺旋接线钮连接。

① $6mm^2$ 及以下的单芯铝线，采用塑料螺旋接线钮接较为方便，如图 10-3a 所示。

② $2.5mm^2$ 和 $4.0mm^2$ 铝导线的连接，可根据导线的截面面积和根数选用铝合金管型的塑料压线帽进行连接，如图 10-3b 所示。

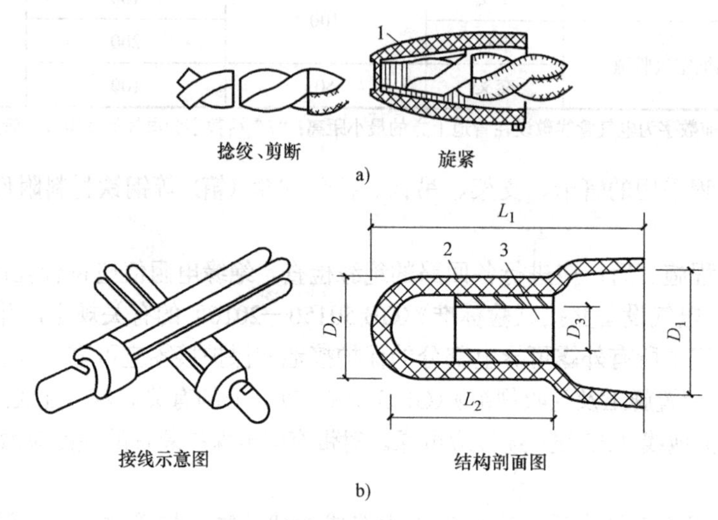

图 10-3　塑料绝缘螺旋接线钮和压线帽

a）塑料绝缘螺旋接线钮安装　b）塑料压线帽安装

1—塑料绝缘螺旋接线钮　2—塑料绝缘压线帽　3—导线连接管

3. 导线接头包缠绝缘

所有导线线芯连接好后，均应用绝缘带包缠均匀紧密，以恢复绝缘。其绝缘强度不应低于导线原绝缘层的绝缘强度。经常使用的绝缘带有黑胶布、聚氯乙烯带和自粘性胶带等。应根据接头处的环境和对绝缘的要求，结合各种绝缘带的性能选用。包缠时采用斜叠法，使每圈压叠带宽的半幅。第一层绕完后，再用另一斜叠方向缠绕第二层，使绝缘层的缠绕厚度达到电压等级绝缘要求为止。包缠时，要用力拉紧，使之包缠紧密坚实，以免潮气进入。

10.2.3　室内配线的施工工序

室内配线一般遵循下列施工工序：

1）根据平面图、详图等确定电器安装位置、导线敷设的路径以及导线穿墙和楼板的位置。

2）在土建抹灰前，应将全部的固定点打孔，埋好支持件，配合土建做好预埋和预留工作。

3）装设绝缘支持物、线夹、支架、保护管等。

4）敷设导线。

5）安装灯具、电气设备、电气元器件等。

6）测试导线绝缘并连接。

7）校验、试通电。

10.2.4 线管配线

把绝缘导线穿入保护管内敷设，称为线管配线。这种配线方式比较安全可靠，可避免腐蚀性气体的侵蚀和避免遭受机械损伤，更换导线方便，在工业与民用建筑中使用最为广泛。

1. 配管的一般规定

1）金属导管必须接地（PE）或接零（PEN）可靠。

2）所有管口在穿入导线、电缆后应进行密封处理。

3）当导管埋入建筑物、构筑物暗配时，其与建筑物、构筑物表面的距离不应小于15mm，若是绝缘导管在砖墙上剔槽埋设时，还应采用强度等级不小于M10的水泥砂浆抹面保护。

4）室外埋地敷设的电缆导管，其壁厚不得小于2mm，埋深不应小于0.7m。

5）室内（外）导管的管口应设置在盒、箱内，在落地式配电箱内的管口，箱底无封板的，管口应高出基础面50～80mm。

6）电缆导管的弯曲半径不应小于规范规定的电缆最小允许弯曲半径。

7）直埋于地下或楼板内的刚性绝缘导管，在穿出地面或楼板易受机械损伤的一段，应采取保护措施。当设计无要求时，埋设在墙内或混凝土内的绝缘导管，应采用中型以上的导管。

8）导线保护管不宜穿过设备或建筑物、构筑物的基础，当必须穿过时，应采取保护措施。在穿过建筑物伸缩缝、沉降缝时，也应采取保护措施。

9）为了穿、拉线方便，当导线保护管长度超过一定数值或有弯曲时，中间应增设接线盒或拉线盒。

10）为了克服导线自重带来的危害，当垂直敷设导线保护管长度超过一定值时，应增设固定导线用的拉线盒。

2. 线管的选择

线管配线常使用的线管有水煤气钢管（又称为焊接钢管，分为镀锌和不镀锌两种，其管径以内径计算）、导线管（又称为薄壁管、黑铁管，其管径以外径计算）、普利卡金属软管、硬塑料管、半硬塑料管、塑料波纹管和金属软管（俗称蛇皮管）等。

线管的选择主要从以下三个方面考虑：首先是线管类型的选择，应根据使用场合、使用环境、建筑物类型和工程造价等因数选择合适的线管类型。其次是线管规格的选择，可根据线管的类型和穿线的根数选择合适的管径。第三是线管外观的选择，所选用的线管不应有裂缝和严重锈蚀；弯扁程度不应大于管外径的10%；线管应无堵塞，管内应无铁屑及毛刺；切断口应挫平，管口应光滑。

穿线时应严格按照规范的规定进行。同一交流回路的导线应穿于同一根钢管内。不同回路、电压等级或交流与直流的导线，不得穿在同一根管内。但设计有特殊规定及下列几种情况除外：

1）电压为65V及以下的回路。

2）同一台设备的电机回路和无抗干扰要求的控制回路。

3）照明花灯的所有回路。

4）同类照明的几个回路，可穿入同一根管内，但管内导线总数不应多于 8 根。

10.2.5 电缆的敷设

电缆的敷设方法很多，有直埋敷设、排管内敷设、电缆沟或电缆隧道内敷设、电缆桥架明敷等，应根据电缆线路的长度、电缆数量、环境条件等综合决定。

1. 电缆敷设的一般要求

1）敷设前必须检查电缆表面有无损伤，绝缘是否良好。

2）三相四线制低压网络中应采用四芯电缆，不应采用三芯电缆加一根单芯电缆或导线方式敷设，也不得使用电缆金属护套作中性线。

3）在室内电缆沟及竖井内明敷时，不应采用黄麻或其他易延燃的外保护层。若有外层麻包应去掉，并刷防腐油。在有腐蚀性介质的房屋内明敷的电缆，宜采用塑料护套电缆。

4）敷设的弯曲半径与电缆外径的比值，不应小于规范规定，以保证不损伤电缆和投运后的安全运行。

5）在电缆沟内敷设或采用明敷时，电缆支架间或固定点间的最大间距见表 10-3。

表 10-3　电缆支架间或固定点间的最大间距　（单位：mm）

电缆种类		支架敷设		钢索悬吊敷设	
		水平	垂直	水平	垂直
电力电缆	充油电缆	1500	2000	—	—
	其他电缆	1000	2000	750	1500
控制电缆		800	1000	600	750

6）并联使用的电力电缆，其长度、型号、规格宜相同，使负荷按比例分配。若采用不同型号电缆代替，可能会造成一根电缆过载而另一根电缆负荷不足的现象，使负荷不按比例分配而影响安全运行。

7）塑料绝缘电力电缆应有可靠的防潮封端。当塑料绝缘电缆线芯进水后，一般运行 6～10 年才会显现出由此而造成的危害。塑料护套电缆，当护套进水后，会引起铠装锈蚀。为了保证电缆的施工质量和使用寿命，塑料电缆两端应做好防潮密封。

8）电缆敷设时的温度要高于电缆允许敷设的最低温度，若施工现场的温度不能满足时，应采取适当的措施，避免损伤电缆，如采用加热法或躲开寒冷期敷设等。

9）电缆终端头、接头、拐弯处、夹层内、竖井的两端、进出建筑物等地段应装设标志牌，在标志牌上应注明线路编号。当无编号时，应写明电缆型号、规格及起讫点，并联使用的电缆应有顺序号。

10）电力电缆接头的布置。并列敷设电缆接头应相互错开，明敷电缆接头应用托板托置固定。

11）电缆排列应整齐，不宜交叉，并应加以固定。

12）电缆进出电缆沟、竖井、建筑物、盘（柜）以及穿管子时，其出入口应封闭，管口也应密封。其主要目的：一是防止小动物进入而损坏电缆和电气设备；二是起到堵烟堵火，防止火灾蔓延的作用。

13）支承电缆的构架，采用钢制材料时，应采取热镀锌等防腐措施；在有较严重腐蚀的环境中，应采取相应的防腐措施。

14）电缆的长度，宜在进户处、接头、电缆头处或地沟及隧道中留有一定余量，以便检修之用。

15）电缆线芯的连接，均应采用圆形套管连接，铜芯用铜套管连接或焊接；铝芯用铝套管压接；铜铝电缆相连接，应用铜铝过渡连接管。

铝芯电缆在压接前必须清除氧化膜，套管压接后的整体不应有变形、弯曲等现象。

16）电缆的保护钢管、金属屏蔽层（或金属套）、铠装层等应按规定接地。

利用电缆保护钢管作接地线时，应先焊好接地线；有螺纹的管接头处，应焊接好跳线，然后再敷设电缆。

电力电缆接头两侧电缆的金属屏蔽层（或金属套）、铠装层应分别连接良好，不得中断。铜芯屏蔽层和钢铠可分别接地，便于试验检查护层，也可同时接地。

2. 电缆的明敷

电缆在室内采用明敷时，除遵守一般要求外，还应注意以下事项：

1）无铠装的电缆在室内水平明敷时距地面不应小于 2.5m，垂直敷设时距地面不应小于 1.8m，否则应有防止机械损伤的措施。在电气专用房间（如电气竖井、配电室、电机室等）内敷设时除外。

2）相同电压的电缆并列明敷时，电缆之间的净距不应小于 35mm，并不应小于电缆外径。1kV 以下电力电缆及控制电缆与 1kV 以上电力电缆宜分开敷设，当并列明敷时，其净距不应小于 0.15m。

3）为了防止热力管道对电缆产生热效应以及在施工和检修管道时对电缆可能造成的损坏，电缆明敷时，电缆与热力管道的净距不应小于 1m，否则应采取隔热措施。电缆与非热力管道的净距不应小于 0.50m，否则应在与管道接近的电缆段上，以及由接近段两端向外延伸小于 0.50m 以内的电缆段上，采取防止机械损伤的措施。

4）电缆在室内埋地敷设或电缆通过墙、楼板时，应穿钢管保护，穿管内径不应小于电缆外径的 1.5 倍。

3. 电缆直接埋地敷设

电缆直接埋地敷设，因施工简便、造价低、散热好成为应用最广泛的敷设方法。当同一路径敷设的室外电缆根数为 8 根及以下，并且场地有条件时，电缆宜采用直埋敷设。

直埋电缆宜采用有外护套的铠装电缆，在无机械损伤可能的场所，也可采用塑料护套电缆或带外护套的铅（铝）包电缆。在直埋电缆线路路径上，如果存在可能使电缆受机械损伤、化学作用、地下电流、振动、热影响、腐殖物质、鼠害等的危险地段，应采取保护措施。在含有酸、碱强腐蚀或杂散电化学腐蚀的地段，电缆不宜采用直埋敷设。

直埋电缆应符合下列要求：

1）埋设深度：一般地区不应小于 0.7m，农田中和 66kV 及以上电力电缆不应小于 1m；在寒冷地带要保证电缆埋在冻土层以下，如果无法在冻土层以下敷设，应沿整个电缆线路的上下各铺 100 ～ 200mm 厚的砂层。

2）电缆之间，电缆与其他管道、道路、建筑物等平行和交叉时的最小距离应符合有关规定，严禁将电缆平行敷设于管道的上面或下面。

3）电缆与铁路、公路、城市道路、厂区道路、排水沟交叉时，应敷设于坚固的保护管或隧道内。保护管的两端宜伸出道路路基两边各 2m，伸出排水沟 0.5m。

4. 电缆在保护管内敷设

通常使用的电缆保护管有：钢管、铸铁管、混凝土管、陶土管、石棉水泥管，有些供电部门也采用硬质聚氯乙烯管作为短距离排管。在下列地点需要敷设具有一定机械强度的保护管来保护电缆：

1）电缆进入建筑物及墙壁处；保护管伸入建筑物散水坡的长度不应小于 250mm，保护罩根部不应高于地面。

2）从电缆沟引至电杆和设备，距地面高度 2m 及以下的一段，应设钢管保护，保护管埋入非混凝土地面的深度不应小于 100mm。

3）电缆与地下管道接近和交叉时的距离不能满足相关规定时。

4）当电缆与道路、铁路交叉时。

5）其他可能受到机械损伤的地方。

电缆保护管不应有孔洞、裂缝和显著的凹凸不平，内壁应光滑无毛刺；金属电线管应采用热镀锌管或铸铁。硬质塑料管不得用在温度过高或过低的场所。在易受机械损伤的地方和受力较大处埋设时，应采用足够强度的管材。

电缆管的内径与电缆外径之比不得小于 1.5∶1。混凝土管、陶土管、石棉水泥管除了满足此要求外，其内径不宜小于 100mm。当电缆与城镇街道、公路或铁路交叉时，保护管的内径不得小于 100mm。

电缆保护管应尽量减少弯曲，对于较大截面面积的电缆不允许有弯头。在垂直敷设时，管子的弯曲角度应大于 90°。每根电缆保护管的弯曲处不应超过 3 个，一根保护管的直角弯不得多于 2 个（但有中间接头盒，并便于安装、检修者除外）。当实际施工中不能满足弯曲要求时，可采用内径较大的管子或在适当部位设置拉线盒。保护管的弯曲处，保护管的弯曲半径符合所穿入电缆的允许弯曲半径。电缆管在弯制后，不应有裂纹和显著的凹瘪现象，其弯扁度不宜大于管子外径的 10%。

思考题

1．什么是电力系统？
2．电力负荷可分为几个等级？各个等级划分的主要依据是什么？
3．低压电气系统的配电方式有哪些？各有什么特点？
4．低压电气系统的配电要求有哪些？
5．建筑电气系统由哪些基本部分组成？
6．室内配线工程应符合哪些基本规定？
7．绝缘导线连接的基本要求有哪些？
8．室内配线施工工序一般有哪些？

9．线管配线时对配管的规定有哪些？
10．如何进行线管的选择？
11．非镀锌钢管在不同敷设方式时如何进行防腐处理？
12．暗配线管如何施工？
13．线槽内导线敷设应符合哪些要求？
14．塑料护套线配线应注意哪些事项？
15．安装封闭插接式母线时应遵循哪些要求？
16．电缆敷设的一般要求有哪些？

单元11　建筑电气照明系统

学习目标

了解照明基本物理量，了解照明的种类、方式和质量指标；掌握常用电光源的分类、组成和特点，能根据使用环境的不同选择合适的照明灯具并合理布置；掌握灯具、开关、插座的安装方法和要求；掌握照明系统的通电试运行方法；掌握照明器具安装工程质量控制要点。

学习内容

1．照明基本物理量和质量指标。
2．电光源的特点性能和选择方法。
3．灯具的安装方法和要求。

能力要点

1．了解常用光学物理量、照明质量指标；了解照明的方式和种类。
2．掌握电光源的分类、组成和特点；掌握不同灯具的结构特点和选择原则，能根据使用环境的不同选择合适的灯具；能够进行室内灯具的布置。
3．掌握灯具、开关、插座安装的要求和安装方法；能够进行照明系统的试运行和照明器具安装工程质量检查验收。

建筑照明分为天然照明和人工照明两大类。天然照明受自然条件的限制，经常不能根据人们的需要得到所需的采光。当夜幕降临之后或天然光线不足时，需要采取人工照明的措施进行采光。现代人工照明是用电光源来实现的。电光源具有随时可用、光线稳定、明暗可调、美观洁净等一系列优点，因而在现代建筑照明中得到广泛的应用。电气照明是建筑物的重要组成部分，良好的照明环境是保证人们进行正常工作、学习和生活的必要条件，还能对建筑进行装饰。建筑电气照明系统由光源、灯具、线路和控制电器组成。

11.1　电气照明的基础知识

11.1.1　照明基本知识

1．光的基本物理量

（1）光通量

光源在单位时间内向周围空间辐射出的、使人眼产生光感觉的能量称为光通量，用 Φ 表示，单位为流明（lm），它是说明光源发光能力的基本量。

（2）发光强度（光强）

光源在某一个特定方向上的单位立体角（每球面度）内的光通量，称为光源在该方向上的发光强度。它是用来反映光源发出的光通量在空间各方向或选定方向上的分布密度，用 I 表示，单位为坎德拉（cd）。若遇易于混淆的场合，则用下标 v 区分。

（3）照度

照度是单位被照面积上所接受到的光通量，它表示被照物体表面被照亮程度的量，用 E 表示，单位为勒克司（lx）。

被照面的照度与人眼观察物体的视觉效果有很大的关系，一般照度越大，观察物体的清晰程度越好。故确定照度标准为进行照明设计的重要依据。合适的照度有利保护人的视力，提高劳动生产率。《民用建筑电气设计规范》（JGJ 16—2008）规定了各类视觉工作对应的照度范围，《建筑照明设计标准》(GB 50034—2013）规定了各类建筑的照度标准值。

（4）亮度

物体被光源照射后，将照射来的光线一部分吸收，其余反射或透射出去。当反射或透射的光在眼睛的视网膜上产生一定的照度时，才可以形成人们对该物体的视觉。被视物体在视线方向单位投影面上的发光强度称为该物体表面的亮度，用 L 表示，单位为坎德拉 / 米 ^{2}（cd/m^2）。

（5）显色性和显色指数（R_a）

显色性和显色指数是显色性能的定量指标。同一颜色的物体在具有不同光谱功率分布的光源照射下，会显出不同的颜色，光源显现被罩物体颜色的性能称为显色性。显色指数是物体的心理色符合程度的度量。基本等级：光源的显色指数越高，其显色性能越好，如图 11-1 所示。R_a 值的高低，对于现代建筑场所建立良好的照明环境有很大意义，不仅是辨别识别对象颜色的需要，对视觉效果和视看舒适性也有很大影响。光源的显色指数高，被视对象和人物的形象会显得更真实、生动；反之，就会变得不好看，失去其本来的豪华和光泽。连续工作的场所，R_a 不小于 80；灯高度大于 6m 的场所，R_a 可降低。

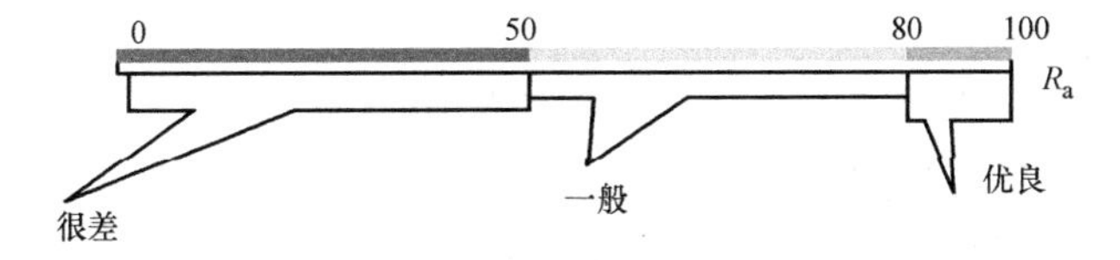

图 11-1　显色指数等级

（6）色温

光源发出的光与黑体（能吸收全部光源的物体）加热到在某一温度所发出光的颜色相同(对气体放电光源为相似）时，称该温度为光源的颜色温度，简称色温，单位为开（K）。光源中含有短波蓝紫光多，色温就高；含有长波红橙色光多，色温就低。

（7）色表

色表指光源颜色给人的直观感觉，照明光源的颜色质量取决于光源的表观颜色及其显色性能，单位为开（K）。室内照明光源的颜色，可根据相关色温分为三类，冷色（相关色温大于 5300K）、暖色（相关色温小于 3300K）和中间色（相关色温为 3300 ～ 5300K）。

2．照明质量指标

（1）照度水平

照度决定物体的明亮程度。合理的照度既节约能源，又能够提高工作效率，保护人眼的视力。不同场所对照度的要求不同，除应满足《建筑照明设计标准》（GB 50034—2013）

规定的照度标准值外，有些情况下还需要将照度标准值提高一级或降低一级。

（2）照度均匀度

照度均匀度是指规定表面上的最小照度与平均照度之比。室内照度的分布应具有一定的均匀度，合理的照度均匀度能够减轻因频繁适应照度变化较大的环境而对人眼造成的视觉疲劳，并防止因亮度差别过大而产生的不适眩光。为了达到室内照度均匀，必须合理地布置灯具。在室内作一般照明时，若照度均匀度不小于 0.7 就可满足照明需求了。

（3）眩光

眩光是指由于视野中的亮度分布或亮度范围的不适宜，或存在极端的对比，以致引起不舒适感觉或降低观察细部或目标的能力的视觉现象。眩光会产生不舒适感，严重的还会损害视觉功效，所以工作必须避免眩光干扰。

通常采取下列措施防止或减少眩光：

1）限制光源的亮度，降低灯具的表面亮度。如采用磨砂玻璃、漫射玻璃或格栅。

2）局部照明的灯具应采用不透明的反射罩，且灯具的保护角（或遮光角）＞ 30°；若灯具的安装高度低于工作者的水平视线时，保护角应限制在 10° ～ 30° 之间。

3）选择合适的灯具悬挂高度。

4）采用各种玻璃水晶灯，可以大大减小眩光，而且使整个环境显得富丽豪华。

5）1000W 金属卤化物灯有紫外线防护措施时，悬挂高度可适当降低。灯具安装选用合理的距高比。

（4）光源的色温与显色性

光源的发光颜色与温度有关，当温度不同时，光源发出光的颜色是不同的，即光源的显色性也不同。光源的颜色宜与室内表面的配色互相协调，比如，在天然光和人工光同时使用时，可选用色温为 4000 ～ 4500K 的荧光灯和气体光源比较合适。

（5）照度的稳定性

照度的稳定性是指规定表面上的照度随时间变化的程度。

为提高照度的稳定性，从照明供电方面考虑，可采取以下措施：

1）照明供电线路与负荷变化大且变化频繁的电力线路分开，必要时可采用稳压措施。

2）灯具安装注意避开工业气流或自然气流引起的摆动。吊挂长度超过 1.5m 的灯具宜采用管吊式。

3）被照物体处于转动状态的场合，需避免频闪效应。

11.1.2 照明的方式和种类

1. 照明方式

照明方式是指照明设备按照其安装部位或使用功能而构成的基本制式。一般分为以下四类：

（1）一般照明

为照亮整个场所所设置的均匀照明称为一般照明。一般照明适用于对光照无特殊要求的场所，如观众厅、会议室、办公厅等。

（2）分区一般照明

分区一般照明是根据一个场所内特定区域对照度的特殊要求，而提高该区域照度的一般照明方式。特定区域可以通过增加灯具的布置密度来提高照度，而其他区域可以维持原来的布置方式。

（3）局部照明

局限于特定工作部位的固定或移动照明称为局部照明。其特点是能为特定的工作面提供更为集中的光线，并能形成有特点的气氛和意境。客厅、书房、卧室、展览厅和舞台等使用的壁灯、台灯、投光灯等都属于局部照明。

（4）混合照明

由一般照明、分区一般照明和局部照明共同组成的照明称为混合照明。混合照明实质上是在一种照明的基础上，需要另外提供光线的地方布置特殊的照明。

2. 照明种类

1）按照照明的实际使用的性质分为以下五类：

① 正常照明。正常照明是指在正常情况下使用的室内、外照明。

② 应急照明（也称为事故照明）。应急照明是指在正常照明失效时而启用的照明。应急照明包括备用照明、疏散照明和安全照明。备用照明是指为继续工作或暂时继续工作而设置的照明；疏散照明是指为确保疏散通道被有效辨认和使用的照明；安全照明是指为确保处于潜在危险之中人员安全的照明。

③ 值班照明。照明场所在无人工作时所保留的一部分照明称为值班照明。

④ 警卫照明。警卫照明是指用于警卫地区周围附近的照明。是否设置警卫照明，应根据被照场所的重要性和当地治安部门的要求来决定。

⑤ 障碍照明。障碍照明是为了保障航空飞行安全，在高大建筑物和构筑物上安装的障碍标志灯。应按民航和交通部门的有关规定装设。

2）按照照明的目的与处理手法分为以下两类：

① 明视照明。明视照明的目的主要是保证照明场所的视觉条件。其处理手法要求工作面上有充分的亮度，亮度应均匀，尽量减少眩光，光源的显色性要好等。

② 气氛照明。气氛照明也称为环境照明。照明的目的是给照明场所造成一定的特殊气氛，它与明视照明不能截然分开，气氛照明场所的光源，同时也兼明视照明的作用，但其侧重点和处理手法往往较为特殊。目前最为典型的是建筑物的泛光照明。城市的夜景照明、灯光雕塑等，这些照明不仅满足了视觉功能的需要，更重要的是获得了良好的气氛效果。

11.2 电光源与灯具

11.2.1 常用电光源

电光源是指将电能转化为光能的器件。在照明工程中使用的各种各样电光源，按其工作原理可分为两大类：一类是热辐射光源，如白炽灯、卤钨灯等；另一类是气体放电光源，如荧光灯、高压汞灯、高压钠灯等。

1. 热辐射光源

（1）白炽灯

白炽灯是最早出现的光源，它是利用电流流过钨丝形成白炽体的高温热辐射发光。白炽灯具有构造简单、使用方便、能瞬间点燃、无频闪现象、显色性能好、价格便宜等特点。由于钨丝存在有蒸发现象，故寿命较短，平均寿命为1000h，抗震性能低。为减少钨丝的蒸发，40W以下的灯泡为真空灯泡，40W以上则充以惰性气体。

白炽灯用途很广，除普通白炽灯外，还有磨砂灯、漫射灯、反射灯、装饰灯、水下灯、局部照明灯。白炽灯的灯头有螺口和插口两种。

（2）卤钨灯

卤钨灯是一种管状光源，如图11-2所示。它是在具有钨丝且耐高温的石英灯管中充以微量卤化物，利用卤钨循环，减少了管壁上钨的沉积，从而改善了透光率，同时提高了使用寿命；又因灯管工作温度提高，辐射的可见光量增加，使发光效率大大提高，发光效率比普通钨丝白炽灯高30%。卤钨灯具有体积小、功率大、显色性好、可调光、能瞬间点燃、无频闪现象等优点；其缺点是对电压波动比较敏感，耐振性也较差。卤钨灯多用于较大空间和要求高照度的场所。

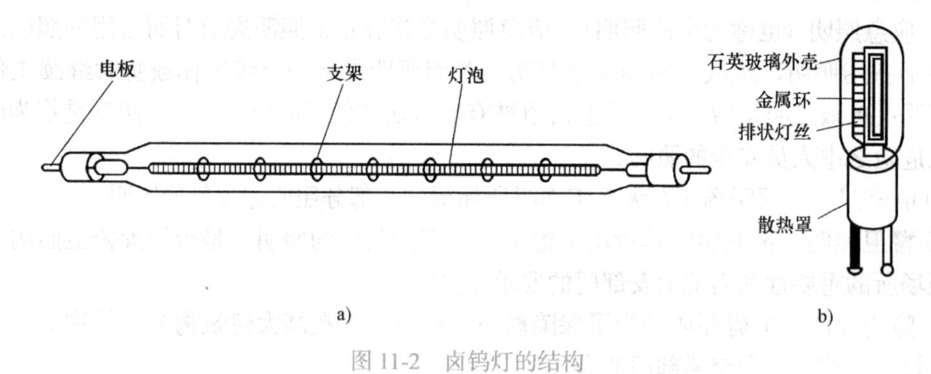

图11-2　卤钨灯的结构

a）双端引出　b）单端引出

2. 气体放电光源

（1）荧光灯

荧光灯（俗称日光灯）也是一种管状光源，是光源发展史上第二代光源的代表。它是靠汞蒸气放电时发出可见光和紫外线，后者又激发管内壁的荧光粉而发光，二者混合光色接近白色，改变荧光粉的成分即可获得不同的可见光谱。荧光灯管外形如图11-3所示。

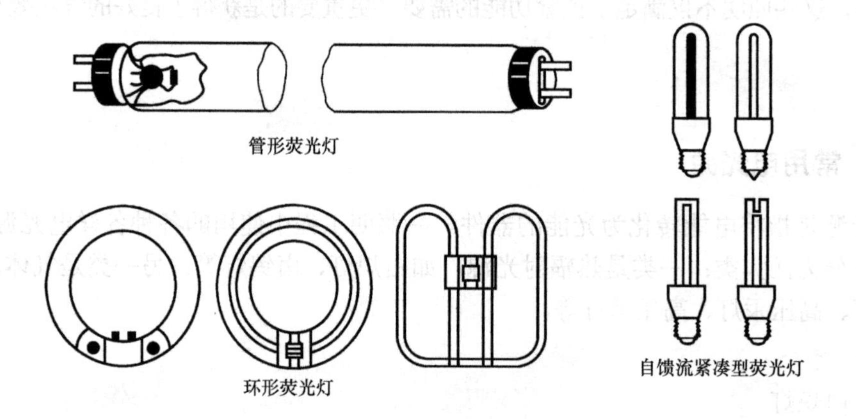

图11-3　荧光灯管外形

荧光灯是由荧光灯管、镇流器和启辉器所组成的。荧光灯管是具有负电阻特性的放电光源，为了保证灯管的稳定性，必须用镇流器来克服负阻效应，限制和稳定通过灯管的工作电流，目前在电气照明中被广泛应用。其电路图如图 11-4 所示。

荧光灯具有发光效率高、寿命长、表面温度低、显色性较好、光通量分布均匀等特点，应用广泛。荧光灯的缺点主要有在低温环境下启动困难，而且受电网电压影响光效和寿命，甚至不能启动。

（2）高压汞灯

高压汞灯的构造和工作线路如图 11-5 所示。高压汞灯具有光效率高、耐震、耐热、寿命长等特点，但缺点是不能瞬间点燃、启动时间长且显色性差。电压偏移对光通量输出影响较小，但电压波动过大，如电压突然降低 5%以上时，可导致灯自动熄灭，再次启动又需 5 ～ 10s，故电压变化不宜大于 5%。

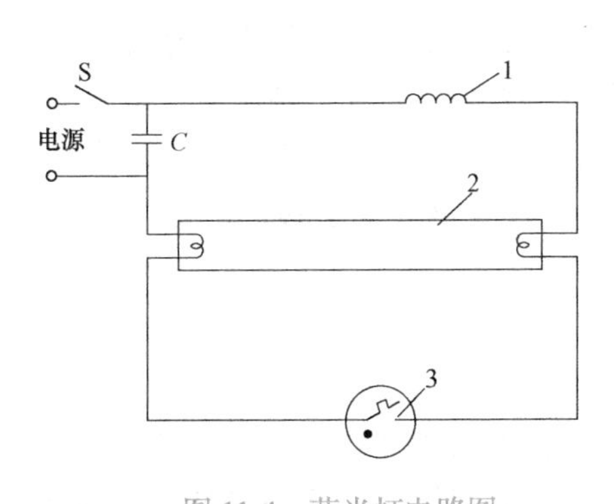

图 11-4 荧光灯电路图

1—镇流器 2—灯管 3—启辉器

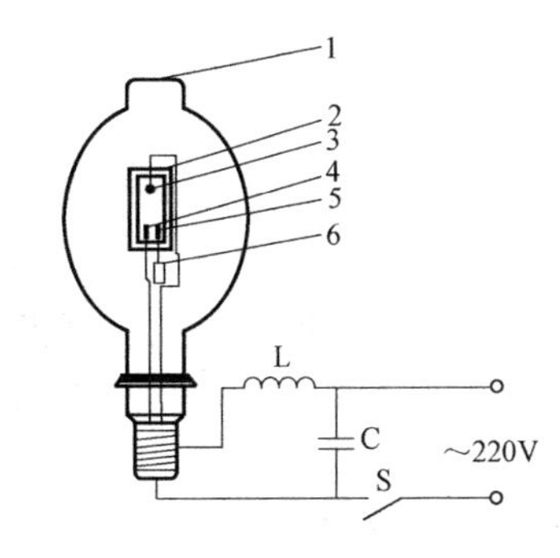

图 11-5 高压汞灯的构造和工作线路

1—外泡壳 2—放电管 3、4—主电极 5—辅助电极 6—灯丝
L—镇流器 C—补偿电容器 S—开关

（3）高压钠灯

高压钠灯是在放电发光管内充入适量惰性气体（氩或氙），并加入足够的钠，主要以高压钠蒸气放电，其辐射光波集中在人眼较灵敏的区域内，故光效高，约为荧光、高压汞灯的两倍，且寿命长，但显色性欠佳。高压钠灯的构造和工作线路如图 11-6 所示。高压钠灯除光效高、寿命长以外，还具有紫外线辐射小、透雾性能好、耐震等优点，宜用于照度要求较高的大空间照明。

（4）金属卤化物灯

金属卤化物灯是在荧光高压汞灯的基础上为改善光色而发展起来的新一代光源，与荧光高压汞灯类似，但在放电管中，除充有汞和氩气外，另加入能发光的以碘化物为主的金属卤化物，辐射该金属卤化物的特征光谱线。选择不同的金属卤化物品种和比例，便可制成不同光色的金属卤化物灯。金属卤化物灯的构造和工作线路如图 11-7 所示。与高压汞灯相比，其光效更高、显色性良好、紫外线辐射弱，但寿命较低。

金属卤化物灯在使用时需配用镇流器，1000W 钠、铊、铟灯尚须加触发器启动。电源电压变化不但影响光效、管压、光色，而且电压变化过大时，灯会有熄灭现象。因此，电源电压变化不宜超过 ±5%。

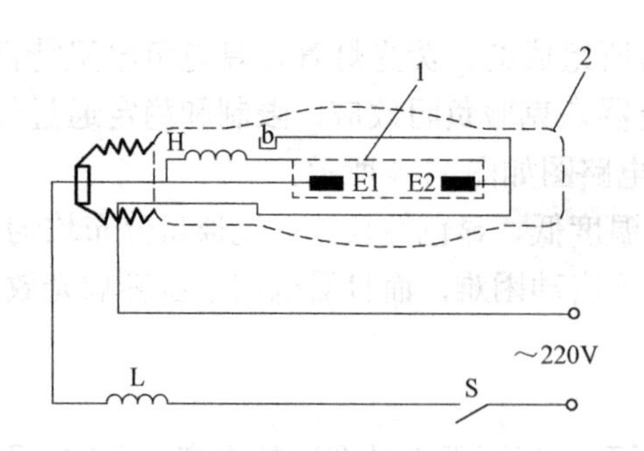

图 11-6　高压钠灯的构造和工作线路

S—开关　L—镇流器　H—加热线圈　b—双金属片　E1、E2—电极
1—陶瓷放电管　2—玻璃外壳

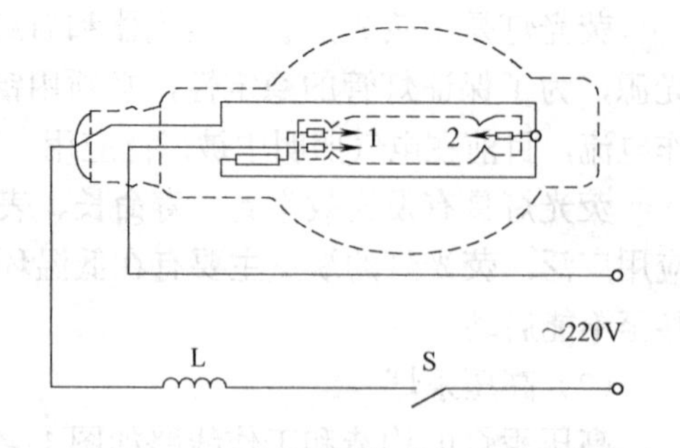

图 11-7　金属卤化物灯的构造和工作线路

1、2—主电极　S—开关　L—镇流器

（5）氙灯

氙灯为惰性气体放电弧光灯，其光色很好。氙灯按电弧的长短又可分为长弧氙灯和短弧氙灯，其功率较大，光色接近日光，因此有“人造小太阳”之称。高压氙灯有耐低温、耐高温、耐震、工作稳定、功率较大等特点。长弧氙灯特别适合于广场、车站、港口、机场等大面积场所照明。短弧氙灯是超高压氙气放电灯，其光谱要比长弧氙灯更加连续，与太阳光谱很接近，称为标准白色高亮度光源，显色性好。

氙灯紫外线辐射强，其安装高度不宜低于 20m。

（6）霓虹灯

霓虹灯是一种冷阴极辉光放电灯，由电极、引入线以及灯管组成。它的灯管细而长，可以根据装饰的需要弯成各种图案或文字。霓虹灯正常工作时处于高电压、小电流状态，一般通过特殊设计的漏磁式变压器给霓虹灯供电。接通电源后，变压器次级产生的高电压（为保证安全，一般不大于 15000V）使灯管内气体电离，发出彩色的辉光。

霓虹灯的发光效率特别低、能耗较大，但颜色鲜艳、控制方便，多用于广告图案。因为变压器的次级电压较高，所以二次回路必须与所有金属构架或建筑物完全绝缘。

（7）LED 发光二极管

LED 发光二极管是一种半导体光源，一般由电极、PN 结芯片和封装树脂组成。LED 发光二极管利用固体半导体芯片作为发光材料，当两端加上正向电压时，半导体中的载流子发生复合引起光子发射而产生光。它具有发光效率高、反应速度快、无冲击电流、可靠性高、寿命长、体积小、色彩丰富等特点，多用作指示灯、交通信号灯、汽车灯、装饰灯等，是一种非常有前途的照明光源。

11.2.2　灯具及其选用

灯具是指能分配、透出或转变一个或多个光源发出的光线的一种器具，包括所有用于固定和保护光源所需的全部零、部件，以及与电源连接所必需的线路附件。灯具主要由光源和控照器组成（有些灯具的定义不含光源）。控照器也称为灯罩，其主要功能是固定光源，透光、分配和改变光源光分布。灯具对创造舒适的照明环境非常重要，它不仅能使光线按所需方向投射，还可以降低眩光、装饰和美化环境、改善人们的视觉效果。

1. 灯具的分类

（1）按灯具光通量在空间中的分配特性分类

1）直接型灯具：是能向灯具下部发射90%～100%的直接光通量的灯具。直接型灯具一般由搪瓷、铝或镀银镜面等反光性能良好的不透明材料制成灯罩，绝大部分光线被反射向下，使灯的上部几乎没有光线，顶棚很暗，很容易与明亮灯光形成对比眩光。直接型灯具光线集中，方向性很强，灯具的光通量利用率最高，适合于工作环境照明。直接型灯具又可按其配光曲线的形状分为特深照型、深照型、广照型、配照型和均匀配照型五种。

2）半直接型灯具：是能向灯具下部发射60%～90%的直接光通量的灯具。半直接型灯具一般由半透明材料制成下面开口的式样，它能将较多的光线照射到工作面上，又能发出少量的光线照射顶棚，使空间环境得到适当的亮度，减小灯具与顶棚间的强烈对比，改善房间内的亮度比，使室内环境亮度更舒适。这种灯具常用于办公室、书房等场所。

3）漫射型灯具：是能向灯具下部发射40%～60%的直接光通量的灯具。这类灯具采用漫射透光材料制成封闭式的灯罩，造型美观、光线均匀柔和，如乳白玻璃球形灯，它常用于起居室、会议室和厅堂的照明。缺点是光的损失较多，光效较低。

4）半间接型灯具：是能向灯具下部发射10%～40%的直接光通量的灯具。它的上半部一般用透光材料制成，下半部用漫射透光材料制成，这样就把大部分光线投向顶棚和上部墙面，使室内光线更为柔和宜人。使用过程中上半部容易聚集灰尘，影响灯具的效率。

5）间接型灯具：是能向灯具下部发射10%以下的直接光通量的灯具。大部分光线投向顶棚，使顶棚成为二次光源，使室内光线扩散性极好，光线均匀柔和。缺点是光通量损失较大，不经济。

（2）按灯具结构分类

1）开启型灯具：光源与外界环境直接接触（无灯罩）。

2）闭合型灯具：将光源包合起来，但内外空气仍能自由流通，如半圆罩顶棚灯等。

3）密闭型灯具：透明灯罩固定处严密封闭，与外界隔绝相当可靠，内外空气不能流通，如防水防尘灯等。

4）防爆型灯具：是指用于可燃性气体和粉尘存在的危险场所，能防止灯内部可能产生电弧、火花和高温引燃周围环境里的可燃性气体和粉尘，从而达到防爆要求的灯具。防爆型灯具主要有隔爆型防爆灯具、安全型防爆灯具、移动型防爆灯具等。

5）防振型灯具：灯具采取防振措施，安装在有振动的设施上。

（3）按灯具的安装方式分类

1）悬吊式。悬吊式是最普通的，也是应用最广泛的安装方式。它是利用吊杆、吊链、吊管、吊灯线等将灯具悬挂在室内顶棚上。对于房间高大、空间显得单调的场所，安装吊灯就能消除这种感觉。

2）吸顶式。吸顶式是将灯具直接紧贴在顶棚上，一般适用于空间高度较低的室内照明。

3）壁式。壁式是将灯具安装在墙壁、柱子及其他竖立面上，主要用作局部照明和装饰照明。

4）嵌入式。嵌入式是指在有吊顶的房间内，将灯具嵌入顶棚内安装。这种安装方式能够消除眩光，使顶棚整体效果好，简洁完整，具有良好的装饰效果。缺点是顶棚较暗，照明经济性较差，室内环境有阴暗感。因此常与其他灯具配合使用。

5）可移动式。这种灯具通常是作为辅助性灯具，如桌上的台灯、地上的落地灯、床头灯等。选择灯具时要注意其稳定性。

2. 灯具的选用

灯具的种类繁多，选择时要根据建筑物的使用特点，从实际出发，既要适用，又要经济，在可能的条件下注意美观。选择灯具一般可以从以下几个方面来考虑：

（1）技术性

技术性主要是指满足配光和限制眩光的要求。高大的厂房宜选择深照直射型灯具，宽大的车间宜选择广照型、配照型灯具，使绝大部分光线直接照到工作面上。一般公共建筑可选半直射型灯具，较高级的可选漫射型灯具，通过顶棚和墙壁的反射使室内光线均匀、柔和。豪华的大厅可考虑选用半反射型或反射型灯具，使室内无阴影。

（2）经济性

经济性应综合从初始投资和年运行费用全面考虑。在满足室内照度要求的情况下，电功率的消耗、设备投资、运行费用的消耗都应适当控制，以获得较好的经济效益。故应选择光效高、寿命长的灯具。

（3）使用性

使用性应结合环境条件、建筑结构情况等安装使用中的各种因素加以考虑。

1）环境条件。干燥、清洁的房间尽量选开启型灯具；潮湿处（如厕所、卫生间）可选防水灯头保护式；特别潮湿处（如厨房、浴室）可选密闭型（防水防尘灯）；有易燃易爆物场所（如化学车间）应选防爆灯；室外应选防雨灯具；易发生碰撞处应选带保护网的灯具；自在器吊线灯和安装在振动处的灯具，一律采用卡口灯。

2）安装条件。应结合建筑结构情况和使用要求，确定灯具的安装方式，选用相应的灯具。如一般房间为线吊，门厅等处为杆吊，门口处为壁装，走廊为吸顶安装等。

（4）装饰性

灯具的造型要与周围的环境相协调，通过灯具来渲染烘托气氛。

3. 照明光源的选择

选择光源时，应在满足显色性、启动时间等要求的条件下，根据光源、灯具及镇流器等的效率、寿命和价格在进行综合技术经济分析后确定。

1）高度较低的房间，如办公室、教室、会议室及仪表、电子等生产车间宜采用细管径直管荧光灯。

2）商店营业厅宜采用细管径直管荧光灯、紧凑型荧光灯或小功率的金属卤化物灯。

3）高度较高的工业厂房，应按照生产使用要求，采用金属卤化物灯或高压钠灯，也可采用大功率细管径直管荧光灯。

4）一般情况下，室内外照明不应采用普通照明白炽灯。但下列场所可采用白炽灯：

① 只有在要求瞬时启动和连续调光的场所，使用其他光源技术经济不合理时。

② 开关灯频繁的场所。

③ 对防止电磁干扰要求严格的场所。

④ 照度要求不高，且照明时间较短的场所或有特殊要求的场所。

11.2.3 灯具的布置

1. 室内灯具布置的原则

灯具的布置就是确定灯具在房间内的空间位置，包括灯具的高度布置和平面布置两部分内容。在进行灯具布置时要充分考虑投光方向、工作面的布置、照度的均匀度以及限制眩光和阴影等因素，同时还应考虑建筑结构形式、工艺设备、其他管道等布置情况以及满足安全维修等要求。灯具布置是否合理关系到照明安装容量、投资费用以及维护、检修方便与安全等。

室内灯具作一般照明用时，大部分采用均匀布置的方式，只在需要局部照明或定向照明时，才根据具体情况采用选择性布置。为使照度均匀，灯具应按正方形、矩形和菱形等形式布置。线光源多为按房间长的方向成直线布置。对工业厂房，应按工作场所的工艺布置排列灯具。

总之，室内灯具布置应遵循的原则是：规定的照度及工作面上照度均匀；光线的射向适当，无眩光、无阴影；灯泡安装容量减至最小；维修方便；布置整齐美观并与建筑空间相协调。

2. 灯具的高度

灯具在竖直方向上的布置，就是要确定灯具的悬挂高度。

为限制直射眩光，照明灯具距地面最低悬挂高度见表 11-1。一般层高的房间，如 2.8 ～ 3.5m，考虑灯具的检修和照明的效率，一般悬挂高度在 2.2 ～ 3.0m 之间。灯具悬吊长度过大易使灯具摆动，影响照明质量，一般不超过 1.5m，通常取 0.3 ～ 1m。

表 11-1　照明灯具距地面最低悬挂高度

光源种类	灯具形式	光源功率 /W	最低悬挂高度 /m
白炽灯	有反射罩	≤ 60	2.0
		100 ～ 150	2.5
		200 ～ 300	3.5
		≥ 500	4.0
	有乳白玻璃反射罩	≤ 100	2.0
		150 ～ 200	2.5
		300 ～ 500	3.0
卤钨灯	有反射罩	≤ 500	6.0
		1000 ～ 2000	7.0
荧光灯	无反射罩	＜ 40	2.0
		＞ 40	3.0
	有反射罩	≥ 40	2.0
荧光高压汞灯	有反射罩	≤ 125	3.5
		250	5.0
		≥ 400	6.5
高压汞灯	有反射罩	≤ 125	4.0
		250	5.5
		≥ 400	6.5
金属卤化物灯	搪瓷反射罩	400	6.0
	铝抛光反射罩	1000	14.0
高压钠灯	搪瓷反射罩	250	6.0
	铝抛光反射罩	400	7.0

注：1. 表中规定的最低悬挂高度，在一般照明的照度低于 30lx 时或房间长度不超过灯具悬挂高度的 2 倍或人员短暂停留的房间可降低 0.5m，但不应低于 2.0m。

2. 当有紫外线防护措施时，悬挂高度可适当降低。

3. 灯具的平面布置

灯具的平面布置一般分为均匀布置和分区布置两种形式。

（1）灯具的均匀布置

灯具的均匀布置是指灯具间距按一定规律进行均匀排列的方式。它不考虑房间内或工作场所内的设备、设施的具体位置，只考虑房间内或工作场所内获得较均匀的照度。均匀布置方式适用于一般公共建筑的室内灯具的布置，如教室、实验室、会议室等。

（2）灯具的分区布置

灯具的分区布置是指灯具的位置是根据特定区域对照度的特殊要求来确定的。在工业建筑中，对工作面应增加灯具的布置密度来提高照度。在公共建筑和民用建筑中，如大厅、商场等场所，应考虑装饰美观和体现环境特点，采用多种形式的光源和灯具进行不均匀布置，以加强部分区域的照度和色彩，突出视觉效果。

4. 距高比 L/h 的确定

距高比（L/h）是指灯具的间距 L 和计算高度 h（灯具至工作面距离）的比值。灯具布置是否合理，主要取决于距高比是否恰当。在 h 一定的情况下，L/h 值小，照度均匀性好，但经济性差；L/h 值大，则不能保证照度均匀度。各种灯具距高比的较佳值见表 11-2，只要实际采用的 L/h 值不大于此允许值，都可认为照度均匀度是符合要求的。

表 11-2　各种灯具距高比的较佳值

灯具形式	多行布置时的 L/h	单行布置时的 L/h
深照型灯	1.6 ～ 1.8	1.5 ～ 1.8
配照型灯	1.8 ～ 2.5	1.8 ～ 2.0
广照型灯、圆球形灯等	2.3 ～ 3.2	1.9 ～ 2.5
荧光灯	1.4 ～ 1.5	1.2 ～ 1.4

为了使整个房间有较好的亮度分布，灯具的布置除了选择合理的距高比外，对于采用上半球有光通分布的灯具，还应注意灯具与顶棚的距离。当采用均匀漫射配光的灯具时，悬吊长度和工作面与顶棚的距离之比宜为 0.2 ～ 0.5。

11.3　照明器具的安装

11.3.1　灯具的安装

1. 作业条件

1）土建工程全部结束，场地清理干净，对照明灯具的安装无任何妨碍。

2）预埋件及预留孔洞的位置、几何尺寸符合图样要求。

3）线路的导线已敷设完毕，型号、数量、尺寸符合设计要求，并测试合格。

4）剔除盒内残存的灰块及杂物，并用湿布将盒内灰尘擦净。

5）灯具产品应符合相关技术要求，规格型号正确，灯具及其配件应齐全，无损伤变形、油漆剥落或灯罩破裂等缺陷。

2. 灯具安装的一般要求

照明灯具的安装方式应按照设计图的要求而定。如设计无规定时，一般要求如下：

1）灯具的各种金属构件需进行防腐处理时，应涂樟丹油一道、油漆两道。

2）灯泡容量在 100W 以下时，可采用胶质灯口；100W 及以上的和防潮封闭型灯具，应采用瓷质灯口。

3）根据使用情况及灯罩型号不同，灯座适当采用卡口或螺口。采用螺口灯时，线路的相线应接螺口灯的中心弹簧片，零线接于螺口部分。采用吊线螺口灯时，应在灯头盒和灯头处分别将相线做出明显标记，以便区分。

4）软线吊灯，灯具质量在 0.5kg 及以下时，可采用软电线自身吊装，软线吊灯的软线两端需挽好保险扣；大于 0.5kg 的灯具采用吊链，且软导线编叉在吊链内，使导线不受力。

5）日光灯吊装时应与屋面墙面平行，两吊链平行，要用镀锌铁链，镇流器不得装在吊顶内。

6）安装时应注意灯位正确，吊盒在中心，灯罩清洁，成排灯具排列整齐，对称美观，同一场所灯具高差≤ 5mm。

7）灯具内部配线应采用不小于 $0.4mm^2$ 的导线。灯具的软线两端在接入灯口前，均应压扁并搪锡，使软线接线端与接线螺钉接触良好。

8）灯具内可能积水的，应打好泄水眼。

9）在危险性较大场所，灯具安装高度低于 2.4m，电源电压在 36V 以上的灯具金属外壳应做好接地、接零保护。灯具接地或接零保护必须有灯具专用接地螺钉并加垫圈和弹簧垫圈压紧。

10）固定灯具带电部件的绝缘材料以及提供防触电保护的绝缘材料，应耐燃烧和防明火。

11）吊灯灯具的质量超过 3kg 时，应预埋吊钩或螺栓，固定灯具的螺钉或螺栓不得少于 2 个。

12）采用梯形木砖固定壁灯时，木砖应随墙砌入，禁止用木楔代替。

13）吸顶灯具采用木制底台时，应在底台与灯具之间铺垫石棉板或石棉布；在木制荧光灯架上装设镇流器时，应垫以瓷夹板隔热；木质吊顶内的暗装灯具及发热附件，均应在其周围用石棉板或石棉布做好防火隔热处理。

14）轻钢龙骨吊顶内部装灯具时，原则上不能使轻钢龙骨荷重，凡灯具质量在 3kg 以下的，可以在主龙骨上安装；3kg 及以上的，必须预作钢件固定。

15）采用钢管作为灯具吊杆时，钢管内径一般不小于 10mm，钢管厚度不应小于 1.5mm，吊管应垂直安装。

16）每个照明回路灯的总数不宜超过 25 个。

17）固定花灯的吊钩，其圆钢直径不应小于灯具吊挂销钉的直径，且不得小于 6mm；大型花灯的固定及悬吊装置，应按灯具质量的 2 倍做过载试验。

18）安装在重要场所的大型灯具的玻璃罩，应有防止其碎裂后向下溅落的措施。

19）无人管护的公用灯，如住宅楼梯等宜装自动节能开关。

20）事故照明线路和白炽灯泡在 100W 以上密封安装时均采用 BV-105 型耐热线；落地安装的反光照明灯具，应采取保护措施。

21）安全出口标志灯距地高度不低于 2m，且安装在疏散出口和楼梯口内侧的上方。

22）楼梯间、疏散通道及其转角处的疏散标志灯应安装在 1m 以下的墙面上，不易安装的部位可安装在上部。疏散通道上的标志灯间距不大于 20m（人防工程不大于 10m）。

3．灯具的安装方式代号及配件

照明灯具安装方式代号见表 11-3；一般灯具安装配件见表 11-4。

表 11-3　照明灯具安装方式代号

项　目	英文代号	汉语拼音代号	项　目	英文代号	汉语拼音代号
线吊式	CP		嵌入式（嵌入不可进入顶棚）	R	R
自在器线吊式	CP	x	吸顶嵌入式（嵌入可进入顶棚）	CR	DR
固定线吊式	CP1	x1	墙装嵌入式	WR	BR
防水线吊式	CP2	x2	台上安装	T	T
吊线器式	CP3	x3	支架上安装	SP	J
链吊式	CH	L	壁装式	W	B
管吊式	P	G	柱上安装	CL	Z
吸顶式或直附式	C	D	座装	HM	ZH

表 11-4　一般灯具安装配件

<table>
<tr><th colspan="2">安装形式</th><th>吊线灯</th><th>吊链灯</th><th>吊杆灯</th><th>吸顶灯</th><th>壁　灯</th></tr>
<tr><td colspan="2">标准代号</td><td>X</td><td>L</td><td>G</td><td>D</td><td>B</td></tr>
<tr><td colspan="2">导线</td><td>RVV2×0.5</td><td>RVS2×0.5</td><td></td><td></td><td></td></tr>
<tr><td colspan="2">吊盒或吊架</td><td>一般房间用胶质，潮湿场所用瓷质</td><td colspan="2">金属吊盒</td><td colspan="2">金属灯架</td></tr>
<tr><td colspan="2">灯口</td><td colspan="5">100W 以下用胶质灯口，潮湿房间及封闭式灯具用瓷质灯口</td></tr>
<tr><td rowspan="4">木质或塑料底台</td><td>厚度 /mm</td><td>20</td><td colspan="2">25</td><td colspan="2">30</td></tr>
<tr><td>油漆</td><td colspan="5">四周先用防水漆刷一道，外表再刷白漆两道</td></tr>
<tr><td rowspan="2">固定方式</td><td colspan="5">一般采用螺钉固定，如用木螺钉时，应用塑料胀管或预埋木砖固定，固定螺钉不少于 2 个</td></tr>
<tr><td colspan="5">灯具质量超过 3kg 时，按吊灯的安装，并结合具体情况施工</td></tr>
<tr><td rowspan="2">金具</td><td>材料</td><td colspan="5">用 0.5mm 钢板或 1.0mm 厚的铝板制造；超过 100W 的，应做通风孔</td></tr>
<tr><td>油漆</td><td colspan="5">内表面喷银粉漆，外表面烤漆</td></tr>
</table>

4．成品保护

1）灯具应设专人保管，操作人员应有成品保护意识，领料时不应过早地拆去包装物，防止灯具损伤。

2）灯具应码放整齐、稳固，注意防潮。搬运时轻拿轻放，避免碰坏表面的镀层、玻璃罩或装饰物。

3）安装灯具时应保持墙面、地面清洁，不得碰坏墙面。对施工中无法避免的损伤，应在施工结束后，及时修补破损部分。

4）灯具安装完毕后，不得再次进行喷涂作业，防止污染照明器具。其他工种作业时，应注意避免碰坏灯具。

11.3.2 开关的安装

1. 作业条件

1）墙面应刷完涂料或油漆，地面清洁，无妨碍施工的模板或脚手架。

2）预埋盒的位置、几何尺寸符合图样要求，盒内无杂物和灰尘。

3）线路的导线已敷设完毕，型号、数量、尺寸符合设计要求，并测试合格。

4）开关应符合相关技术要求，规格型号正确，配件应齐全，无损伤变形。

2. 安装要求

1）安装在同一建筑物、构筑物的开关，宜采用同一系列的产品。

2）拉线开关距地面高度一般为 2.2 ～ 2.8m，距门框为 150 ～ 200mm，拉线开关相邻间距不得小于 20mm，拉线出口应向下。板把开关和跷板开关安装高度一般为距地面 1.2 ～ 1.4m，开关边缘距门框边缘的距离为 0.15 ～ 0.2m。

3）相同型号并列安装于同一室内的开关安装高度应一致，高度差不得大于 2mm。

4）开关位置应与灯位相对应；同一室内开关的开、闭方向应一致。开关操作灵活，接点接触可靠。面板上有指示灯的，指示灯应在上面，跷板上有红色标记的应朝上安装。“ON”字母是开的标志。当跷板或面板上无任何标志时，应装成开关往上扳是电路接通，往下扳是电路切断。

5）暗装的开关面板应紧贴墙面，四周无缝隙，安装牢固，表面光滑整洁，无碎裂、划伤，装饰帽齐全。

6）多尘、潮湿场所和户外应用防水瓷质拉线开关，若采用普通开关，应加装保护箱。

7）易燃易爆和特别潮湿的场所，应分别采用防爆型、密闭型开关，或将开关安装在其他地方进行控制。

8）明线敷设的开关，应加装在厚度不小于 15mm 的木台上。

9）电器、灯具的相线应经开关控制。

3. 成品保护

1）开关安装完毕后，不得再次进行喷涂作业，其他工种作业时，应注意避免碰撞。

2）安装时不得污染墙面、地面，应保持其清洁。对不能避免的损伤，应在安装后及时进行修复。

11.3.3 插座的安装

插座是移动电气设备（如电脑、台灯、电视、空调、洗衣机等）的供电点。插座的安装方式也有明装和暗装两种。插座的位置应根据用电设备的使用位置而定。其作业条件和成品保护与开关安装要求相近。

1. 安装要求

1）插座的安装高度应符合设计要求，当设计无规定时，插座安装高度一般距地 1.3m，在幼儿园、托儿所及小学等有儿童活动的场所宜采用安全插座，安装高度距地应为 1.8m。

2）潮湿场所应采用密闭型或保护型插座，安装高度不应低于 1.5m。

3）住宅使用安全插座时，安装高度可为0.3m。车间和试验室插座安装一般距地不低于0.3m，特殊场所暗装插座不应低于0.15m。

4）为装饰美观需要，同一场所安装的插座高度应一致；同一室内安装的插座高度差不宜大于5mm；并列安装同型号插座高度差不宜大于1mm。

5）插座宜由单独的回路配电，并且一个房间内的插座宜由同一回路配电；每户内的一般照明与插座宜分开配线，并且在每户的分支回路上除应装有过载、短路保护外，还应在插座回路中装设漏电保护和有过、欠电压保护功能的保护装置。

6）在潮湿房间（住宅中的厨房除外）内，不允许装设一般插座，只可设置有安全隔离变压器的插座。对于插接电源有触电危险的家用电器，应采用带开关、能切断电源的插座。

7）备用照明、疏散照明的回路上不应设置插座。

8）当交流、直流或不同电压等级的插座安装在同一场所时，应有明显的区别，且必须选择不同结构、不同规格和不能互换的插座；配套的插头应按交流、直流或不同电压等级区别使用。

9）暗装插座应有专用盒，落地插座应具有牢固可靠的保护盖板。

2. 接线要求

1）单相两孔插座，面对插座的右孔或上孔与相线相接，左孔或下孔与零线相接；单相三孔插座，面对插座的右孔与相线相接，左孔与零线相接。

2）单相三孔、三相四孔及三相五孔插座的接地线（PE）或接零线（PEN）均应接在上孔。插座的接地端子不应与零线端子直接连接。同一场所的三相插座，其接线的相位必须一致。

3）接地线（PE）或接零线（PEN）在插座间不串联连接。

4）带开关插座接线时，电源相线应与开关接线柱连接，电源工作零线与插座的接线柱连接。

5）双联及以上插座接线时，相线、工作零线应分别与插孔接线柱并接，或进行不断线整体套接，而不应该进行串联。插座进行不断线整体套接时，插孔之间套接线长度不应小于150mm。

6）插座接线完成后，应将盒内导线理顺，依次盘成圆圈状塞入盒内，且不使盒内导线接头相碰，进行绝缘测试并确认导线连接正确，盒内无潮气后，才能固定盖板。

11.3.4 通电试运行

1. 通电试运行前的检查

1）复查总电源开关至各照明回路进线电源开关的接线是否正确。

2）照明配电箱及回路标识是否正确一致。

3）检查漏电保护器接线是否正确，严格区分工作零线（N）和专用保护零线（PE），专用保护零线严禁接入漏电断路器。

4）检查开关箱内各接线端子连接是否正确。

2. 通电试运行准备

1）照明箱（盘）、灯具、开关、插座在接线前已完成绝缘电阻测试。

2）电线接续完成后，电气器具及电路绝缘电阻测试合格。

3）备用电源或事故照明电源做空载自动投切试验前应拆除负荷，空载自动投切试验合格后，才能做有载自动投切试验。

3. 分回路试通电

1）断开各回路分电源开关，合上总进线开关，检查漏电测试按钮是否灵敏有效。

2）将各回路灯具等用电设备开关全部置于断开位置。

3）逐次合上各分回路电源开关。

4）分回路逐次合上灯具等的控制开关，检查开关与灯具控制顺序是否相对应。

5）用试电笔检查各插座相序连接是否正确，带开关插座的开关能否正确关断相线。

4. 照明系统通电试运行

照明系统通电试运行时，所有照明灯具均应开启，且每 2h 记录一次运行状态，连续试运行时间内无故障。

进行通电试运行是为了检查线路和灯具的可靠性和安全性，大型公共建筑照明工程负荷大、灯具多、可靠性要求高，所以大型公共建筑要求连续通电试运行 24h，以检测整个照明工程的发热稳定性和安全性。民用建筑由于容量比公共建筑小，所以通电试运行 8h 即可。

思考题

1. 照明的基本物理量有哪些？它们的物理意义及单位是什么？
2. 衡量照明质量的主要指标有哪几个方面？
3. 照明灯具主要由哪几部分构成？
4. 常用的电光源有哪几种？各有什么优缺点？
5. 灯具的安装方式有几种？都适合什么场合？
6. 照明灯具的选择原则是什么？
7. 室内灯具布置的原则有哪些？
8. 灯具安装的作业条件是什么？安装后如何进行成品保护？
9. 灯具安装有哪些要求？
10. 开关、插座的安装有哪些要求？
11. 插座接线有哪些要求？
12. 灯具安装后通电试运行前应做什么检查和准备工作？

单元12　建筑施工现场供配电

学习目标

了解施工现场临时用电特点及安全技术规范；熟悉施工现场电气设备安装及要求；能根据工程施工进度协调各专业关系。

学习内容

1．施工现场临时用电设备选择与安装。

2．施工现场临时用电的管理。

能力要点

1．能够估算施工现场负荷并正确选择相关导线和设备；能够进行施工现场变压器和配电箱等设备的正确选择及安装。

2．能够正确进行施工现场临时用电的管理。

建筑施工现场的供电和用电是保证高速度、高质量施工的重要前提，施工现场的用电设施一般都是临时设施，但它直接影响整体建筑施工的质量、安全、进度及整个工程的造价。建筑施工现场的临时用电主要集中在动力设备和照明设备上，当建筑施工现场临时用电量达到50kW，或临时用电设备有5台以上时，应做临时用电施工组织设计，并按设计进行配电线路和电气设备的安装、使用和维护。

12.1　建筑施工现场临时用电的特点

施工用电是指施工单位在工程施工过程，由于使用电动设备和照明而进行的线路敷设、维护等工作，而这些只在施工过程中使用，之后便拆除，期限短暂，又称为临时用电。施工现场临时用电具有以下特点：

1）变化性：用电量大、负荷变化量大，主体施工较基础施工及装修和收尾阶段用电量大。

2）多样性：施工环境复杂，施工现场多工种交叉作业，安全性差，发生触电事故可能性大。

3）移动性：用电设备、设施多且分散，移动性大，供电线路长。

4）暂设性：要不断适应土建工程进度变化的要求，临时性强。

5）裸露性：露天作业居多，工作条件受地理位置和气候条件制约，现场环境恶劣。

6）易损性：非电气专业、安全用电知识和技能相对偏低的人员使用电气设备相当普遍，引线及接线标准低，安全隐患大，施工及用电管理难度大。

12.2 建筑施工现场临时用电的设置原则

为保障施工现场用电的安全可靠，防止触电和火灾的发生，施工现场供电方式采用电源中性点直接接地的380V/220V三相五线制供电。该供电方式既可满足施工现场用电需求，也有利于现场临时用电设备采用保护接零和重复接地等保护措施，符合《施工现场临时用电安全技术规范》(JGJ 46—2005)。

为保证三级配电系统能够安全、可靠、有效运行，在实际设置时应遵守以下原则：

1. 三级配电原则

建筑施工现场用电采取分级配电制度，配电箱一般分三级设置，如图12-1所示。从电源进线开始至用电设备之间，经过三级配电装置配送电力。即由总配电箱（一级箱）开始，依次经由分配电箱（二级箱）、开关箱（三级箱）到用电设备。这种分三个层次逐级配送电力的系统就称为三级配电系统。

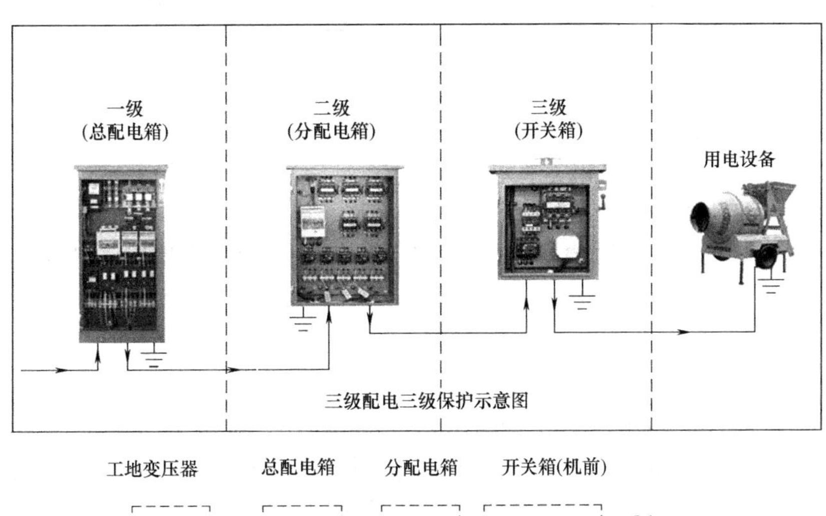

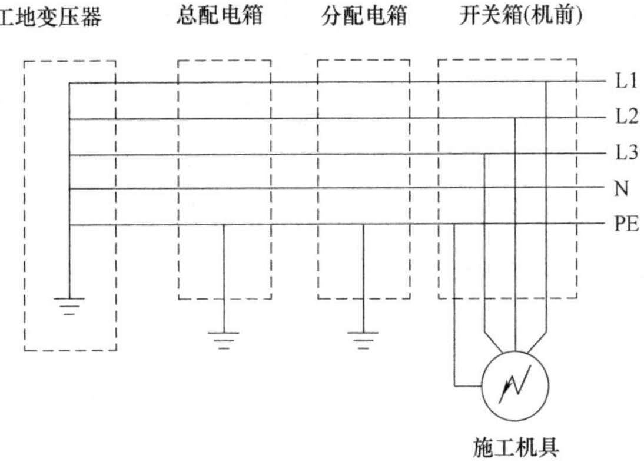

图12-1 三级配电系统（放射式配电）

2. 分级分路原则

从总配电箱（柜）向分配电箱配电可以分路，即一个总配电箱（柜）可以分若干分路向若干分配电箱配电，每一个分路也可以若干分配电箱配电，分级分路如图12-2所示。

从二级分配电箱向三级开关箱配电同样也可以分路，即一个分配电箱可以分若干分路向若干开关箱配电，每一个分路也可以向若干开关箱配电。

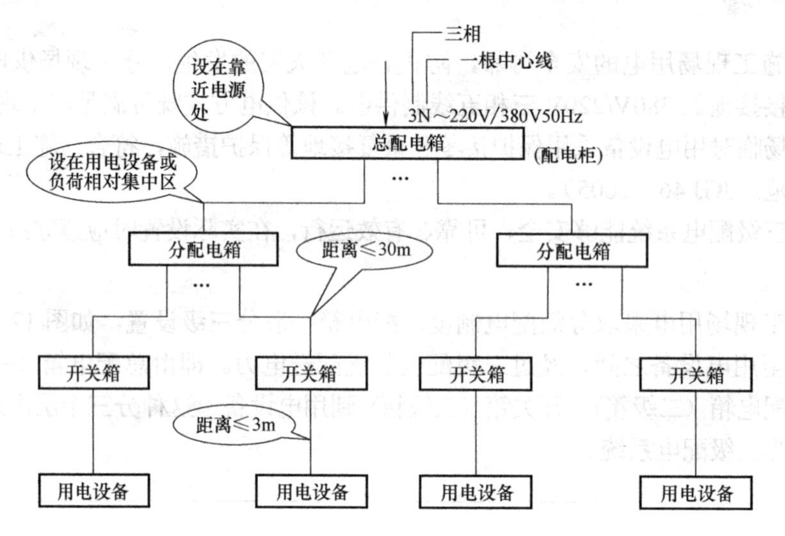

图 12-2　分级分路

从三级开关箱向用电设备配电必须实行“一机一闸”制，不存在分路问题。即每一个开关箱只能连接控制一台与其相关的用电设备（含插座），包括一组不超过 30A 负荷的照明器，或每一台用电设备必须有其独立专用的开关箱。每台用电设备必须有各自专用的开关箱，严禁用同一个开关箱直接控制 2 台及 2 台以上用电设备（含插座）。即：一机、一箱、一闸、一漏。

分级分路原则的优点：

1）有利于配电系统停、送电的安全操作。

2）有利于配电系统检修、变更、移动、拆除时有效断电，并能使断电范围缩至最小。

3）有利于提高配电系统故障（短路、过载、漏电）保护的可靠性和层次性，同时也有利于判定系统运行时的故障点，并能使故障停电范围缩至最小。

分配电箱与开关箱之间，开关箱与用电设备之间的空间间距应尽量缩短。其目的在于减少负荷距离，提高供电质量，方便用电管理和停、送电操作。

总配电箱应设在靠近电源的区域，分配电箱应设在用电设备或负荷相对集中的区域，分配电箱与开关箱的距离不得超过 30m，开关箱与其控制的固定式用电设备的水平距离不宜超过 3m，如图 12-3 所示。

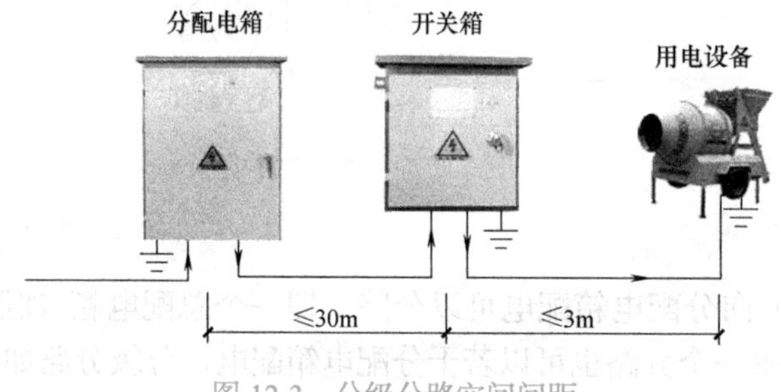

图 12-3　分级分路空间间距

3. 动力照明分设原则

动力配电箱与照明配电箱宜分别设置。当合并设置为同一配电箱时，动力和照明应分路配电；动力开关箱与照明开关箱必须分设。动力照明分设的目的在于防止动力用电和照明用电相互干扰，提高各自用电的可靠性。

4. 环境安全原则

配电箱、开关箱应装设在干燥、通风及常温场所，不得装设在有严重损伤作用的瓦斯、烟气、潮气及其他有害介质中，也不得装设在易受外来固体物撞击、强烈振动、液体浸溅及热源烘烤场所。否则，应予清除或进行防护处理。

配电箱、开关箱周围应有足够2人同时工作的空间和通道，不得堆放任何妨碍操作、维修的物品，不得有灌木、杂草。

12.3 建筑施工现场的临时电源设施

为保证施工现场对供电的要求，需要合理选择临时电源，并根据建筑工程及设备安装工程的总工程量、施工进度、施工条件等多种因素选择供电方式。所有工作均应按规范要求进行。

1. 施工现场临时电源的确定原则

1）低压供电能满足要求时，尽量不再另设变压器。

2）当施工用电能进行复核调度时，应尽量减小申报的需用电源容量。

3）工期较长的工程，应做分期增设与拆除电源设施的规划方案，力求结合施工总进度合理配置。

2. 施工现场常用临时供电方案

1）建立永久性的供电设施。对于较大工程，其工期较长，应考虑将临时供电与长期供电统一规划。在全面开工前，完成永久性供电设施建设，包括变压器选择、变电站建设、供电线路敷设等。临时电源由永久性供电系统引出，当工程完工后，供电系统可继续使用以避免浪费。若施工现场用电量远小于永久性供电能力，以满足施工用电量为基准，可选择部分完工。

2）利用就近供电设施。对于较小工程或施工现场用电量少，附近有能力向其供电，并能满足临时用电要求的设施，应尽量加以利用。施工现场用电完全可由附近的设施供电，但应做负荷计算，进行校验以保证原供电设备正常运行。

3）建立临时变配电所。对于施工用电量大，附近又无可利用电源，应建立临时变配电所。其位置应靠近高压配电网和用电负荷中心，但不宜将高压电源直接引至施工现场，以保证施工的安全。

4）安装柴油发电机。对于边远地区或移动较大的市政建设工程，常采用安装柴油发电机以解决临时供电电源问题。

3. 施工现场变压器的选择

配电变压器选择的任务是确定变压器原边电压、副边电压、容量、台数、型号及安装位置等。

1）变压器的原边额定电压、副边额定电压应与当地高压电源的供电电压和用电设备的额定电压一致，一般配电变压器的额定电压，高压为 6 ～ 10kV，低压为 380V/220V。

2）变压器的容量应由施工现场用电设备的计算负荷确定。变压器容量选择应适当，容量过大会使损耗增加，投资费用增加；容量过小，用电设备略有增添或电动机略有过载时，变压器易发热超过允许温度，影响变压器的使用寿命。具体选择应遵循变压器的额定容量大于或等于施工用电最大计算负荷的原则。

3）变压器的台数由现场设备的负荷大小及对供电的可靠性来确定。单台变压器的容量一般不超过 1000kVA，一般对于负荷较小工程，选取一台变压器即可，但单台变压器的容量应能承担施工最大用电负荷。当负荷较大或重要负荷用电时，需要考虑选择两台以上变压器。

临时配电变压器应安装在地势较高、不受振动、腐蚀性气体影响小、高压进线方便、易于安装、运输方便的场所，并应尽可能靠近施工负荷中心，但应注意不得让高压线穿越施工现场。为减少供电线路的电压损失，供电半径一般不大于 700m。室内变压器地面应高出室外地面 0.15m 以上。

12.4 建筑施工现场低压配电线路和电气设备安装

按《低压配电设计规范》（GB 50054—2011）规定，施工现场低压配电线路应采取短路保护、过载保护、接地故障保护等相关保护措施，用于切断供电电源或报警信号。一般施工现场采用三相五线制（TN-S 系统）供电，它可提供 380V/220V 两种电压，供不同负荷选用，也便于变压器中性点的工作接地，用电设备的保护接零和重复接地，以利于安全用电。

1. 施工现场配电线路的敷设和要求

建筑施工现场的配电线路，其主干线一般采用架空敷设方式，特殊情况也可采用电缆敷设。

（1）架空配电线路

1）现场中所有架空线路的导线必须采用绝缘铜线或绝缘铝线。

2）架空线路的导线截面面积最低不得小于下列截面面积：当架空线用铜芯绝缘线时，其导线截面面积不小于 10mm^2；当用铝芯绝缘线时，其截面面积不小于 16mm^2。跨越铁路、公路、河流、电力线路档距内的架空绝缘铜线截面面积不小于 16mm^2，绝缘铝线截面面积不小于 35mm^2。

3）架空线路的导线接头：在一个档距内每一层架空线的接头数不得超过该层导线数的 50%，且一根导线只允许有一个接头；线路在跨越铁路、公路、河流、电力线路档距内不得有接头。

4）架空线路相序的排列应符合相关规定。

5）架空线路的档距一般为 30m，最大不得超过 35m；线间距离应大于 0.3m，靠近电杆的两导线的间距不得小于 0.5m。

6）施工现场内导线最大弧垂与地面距离不小于 4m，跨越机动车道时为 6m。

7）导线架设在专用电线杆上，严禁架设在树木、脚手架及其他设施上。架空线路所使用的电杆应为专用混凝土杆或木杆。当使用木杆时，木杆不得腐朽，其梢径应不小于130mm。架空线路所使用的横担、角钢及杆上的其他配件应视导线截面、杆的类型具体选用。杆的埋设、拉线的设置均应符合有关施工规范。

8）在建工程不得在外电架空线路正下方施工、搭设作业棚、建造生活设施或堆放构件、架具、材料及其他杂物等。

外电架空线路的边线与在建工程（含脚手架）的外侧边缘之间必须保持安全操作距离，不小于表12-1所列数值。

表12-1 安全操作距离

外电线路电压等级 /kV	＜1	1～10	35～110	220	330～500
最小安全操作距离 /m	4.0	6.0	8.0	10	15

注：上、下脚手架的斜道不宜设在有外电线路的一侧。

施工现场的机动车道与外电架空线路交叉时，架空线路的最低点与路面的最小垂直距离应符合表12-2的规定。

表12-2 施工现场的机动车道与外电架空线路交叉时的最小垂直距离

外电线路电压等级 /kV	＜1	1～10	35
最小垂直距离 /m	6.0	7.0	7.0

9）起重机严禁越过无防护设施的外电架空线路作业。在外电架空线路附近吊装时，起重机的任何部位或被吊物边缘在最大偏斜时与架空线路边线的最小安全距离应符合表12-3的规定。

表12-3 起重机与架空线路边线的最小安全距离

外电线路电压等级 /kV	＜1	10	35	110	220	330	500
沿垂直方向的最小安全距离 /m	1.5	3.0	4.0	5.0	6.0	7.0	8.5
沿水平方向的最小安全距离 /m	1.5	2.0	3.5	4.0	6.0	7.0	8.5

10）临时线路架设时，应先安装用电设备一端，再安装电源侧一端。拆的时候顺序相反。终点杆和分支杆的零线应重复接地，以减小接地电阻和防止零线断线而引起的触电事故。严禁将大地作为中心线或零线。

（2）电缆配电线路

1）电缆线路应采用穿管埋地或沿墙、电杆架空敷设，严禁沿地面明设，并应避免机械损伤、介质腐蚀。埋地电缆路径应设方向位标志。埋地电缆在穿越建筑物、构筑物、道路，易受机械损伤、介质腐蚀场所及引出地面从2.0m高到地下0.2m处，必须加设防护套管，防护套管内径不应小于电缆外径的1.5倍。

2）电缆在室外直接埋地敷设的深度应不小于0.7m，并应在电缆上、下、左、右侧均匀铺设不小于50mm厚的细砂，然后覆盖砖或混凝土板等硬质保护层。埋地电缆与附近外电电缆和管沟的平行间距不得小于2m，交叉间距不得小于1m。

3）橡胶电缆沿墙或电杆敷设时应用绝缘子固定，严禁使用金属裸线绑扎。固定点间的距离应保证橡胶电缆能承受自重和所带的荷重。橡胶电缆的最大弧垂距地不得小于2.5m。

4）电缆的接头应牢固可靠，绝缘包扎后的接头不能降低原来的绝缘强度，并不得承受张力。

5）在有高层建筑的施工现场，临时电缆必须采用埋地引入。电缆垂直敷设的位置应充分利用在建工程的竖井、垂直孔洞等，同时应靠近负荷中心，固定点每楼层不得小于一处。电缆水平敷设沿墙固定，最大弧垂距地不得小于2.0m。

6）装饰装修工程或其他特殊阶段，应补充编制单项施工用电方案。电源线可沿墙角、地面敷设，但应采取防机械损伤和电火措施。

2. 施工现场电气设备安装及要求

施工现场中配电箱及动力设备是施工中使用较为频繁的电气设备，其性能好坏、安全与否对整个现场施工影响较大。正确地安装和使用现场电气设备，对保障安全施工，尽可能减少电气事故发生具有重要意义。

（1）配电箱

1）总配电箱应尽可能设置在负荷中心，靠近电源的地方，箱内应装设总隔离开关、分路隔离开关和总熔断器、分路熔断器或总自动开关和分路自动开关以及漏电保护器，如图12-4所示。漏电保护器应装设在总配电箱靠近负荷一侧，额定漏电动作电流和动作时间应大于30mA和大于0.1s，且乘积不大于30mA · s。

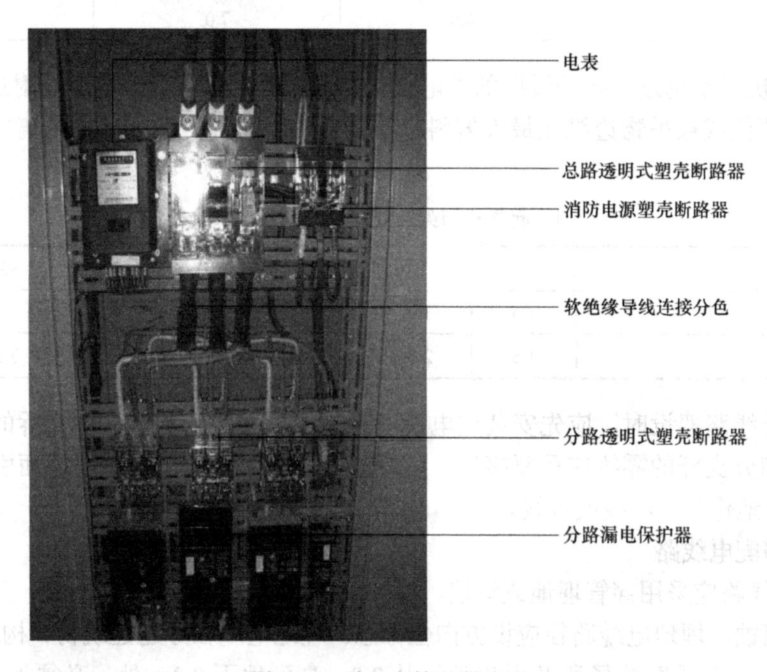

图12-4　总配电箱电器配置

2）分配电箱应装设在用电设备相对集中的地方。分配电箱与开关箱的距离不超过30m。动力配电箱与照明配电箱宜分别设置。当合并设置为同一配电箱时，动力和照明应分路配电。动力、照明公用的配电箱内要装设四极漏电开关或防零线断线的安全保护装置。分配电箱应装总隔离开关、分路隔离开关及总断路器、分断路器或总熔断器、分熔断器，如图12-5所示。

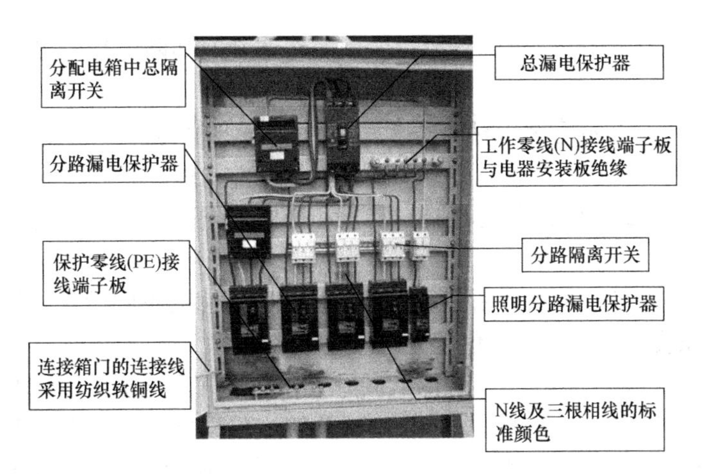

图 12-5　分配电箱电器配置

3）开关箱应由末级分配电箱配电。开关箱内的控制设备不可一闸多用，应做到每台机械有专用的开关箱，即“一机、一闸、一漏、一箱”的要求。严禁用同一个开关箱直接控制 2 台及 2 台以上用电设备（含插座）。开关箱与其控制的固定电器相距不得超过 3m。动力、照明开关箱必须分设。开关箱必须装设隔离开关、断路器或熔断器以及漏电保护器，如图 12-6 所示。当漏电保护器是具有短路、过载、漏电保护功能的漏电断路器时，可不装设断路器或熔断器。开关箱中漏电保护器的额定漏电动作电流不应大于 30mA，额定漏电动作时间不应大于 0.1s。使用于潮湿或有腐蚀介质场所的漏电保护器应采用防溅型产品，其额定漏电动作电流不应大于 15mA，额定漏电动作时间不应大于 0.1s。

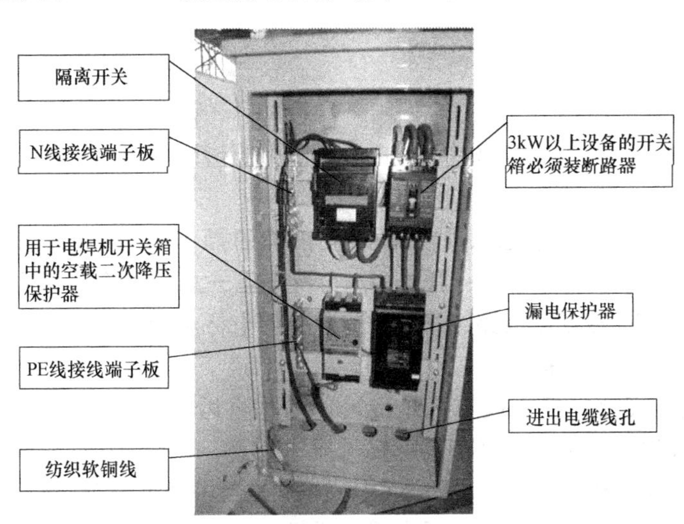

图 12-6　开关箱电器配置

容量大于 3.0kW 的动力电路应采用断路器控制，操作频繁时还应附设接触器或其他启动控制装置，交流电焊机械应配装防二次侧触电保护器。

4）配电箱、开关箱中导线的进线口和出线口应设在箱体下底面，严禁设在箱体的上顶面、侧面、后面或箱门处。设备进入开关箱的电源线严禁采用插销连接。

5）施工用电气设备的配电箱应装设在干燥、通风、常温、无气体侵害、无振动的场所。露天配电箱应有防雨防尘措施，暂时停用的线路及时切断电源。工程竣工后，配电线应随即拆除。

6）配电箱和开关箱不得用木材等易燃材料制作，箱内的连接线应采用绝缘导线，不应有外露带电部分，工作零线应通过接线端子板连接，并与保护零线端子板分开装设。各种箱体的金属构架、金属箱体、金属电器安装板和箱内电器的正常不带电的金属底座、外壳等必须保护接零。

7）配电箱内在总的开关和熔断器后面可按容量和用途的不同设置数条分支架路，并标以回路名称，每条支路也应设置容量合适的开关和熔断器。

8）配电箱、开关箱周围应有足够两人同时工作的空间和通道，不得堆放任何妨碍操作维修的物品，不得有灌木、杂草。配电箱、开关箱应装设端正、牢固。固定式配电箱、开关箱的中心点与地面的垂直距离应为 1.4 ～ 1.6m。移动式配电箱、开关箱应装设在坚固、稳定的支架上，其中心点与地面的垂直距离宜为 0.8 ～ 1.6m。N 线、PE 线必须分别通过 N、PE 端子板连接，如图 12-7 所示。

N 端子板必须与金属电器安装板绝缘，PE 端子板必须与金属电器安装板做电气连接；金属箱门与金属体通过采用编织软铜线做电气连接，如图 12-8 所示。配电箱、开关箱外形结构应能防雨防尘；进出线口应设箱体的下底面。

图 12-7　N、PE 端子板连接

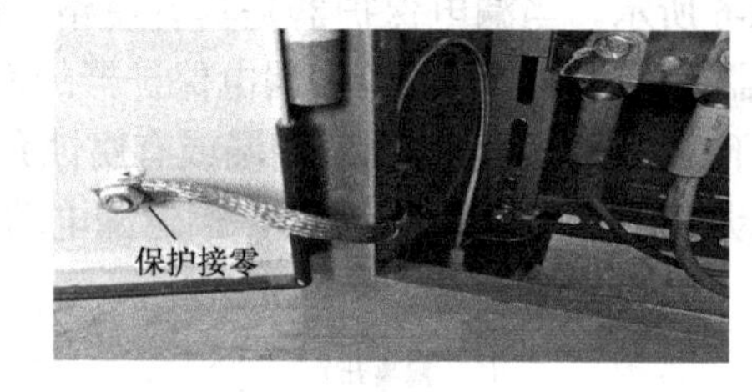

图 12-8　金属箱门与金属体电气连接

9）施工现场配电箱颜色：消防箱为红色，照明箱为浅驼色，动力箱为灰色，普通低压配电屏也为浅驼色。

10）所有配电箱、开关箱在使用中必须按正确的操作顺序进行。关电顺序：总配电箱→分配电箱→开关箱；停电顺序：开关箱→分配电箱→总配电箱（出现电气故障的紧急情况例外）。配电屏（盘）或配电线路维修时，应悬挂停电标志牌，停送电必须由专人负责。

（2）动力及其他电气设备

1）在建筑施工工地，塔式起重机是最重要的垂直运输机械，起重机的所有电气保护装置，安装前应逐项进行检查，确认其完好无损才能安装。安装后应对地线进行严格检查，使起重机轨道和起重机机身的绝缘电阻不得大于 4Ω。当塔身高于 30m 时，应在塔顶和背端部安装防撞的红色信号灯。起重机附近有强电磁场时，应在吊钩与机体之间采取隔离措施，以防感应放电。

2）电焊机一次侧电源应采用橡胶套缆线，其长度不得大于 5m，进线处必须设防护罩。当采用一般绝缘导线时应穿塑料管或橡胶管保护。电焊机二次线宜采用橡胶护套铜芯多股软电缆，其长度不得大于 50m。电焊机集中使用的场所，须拆除其中某台电焊机时，断电后应在其一次侧验电，确定无电后才能进行拆除。交流电焊机械应配装防二次侧触电保护器，电气设备应能避免物体打击和机械损伤，否则应进行防护处理。使用电焊机械焊接时必须穿戴防护用品。严禁露天冒雨从事电焊作业。

3）每一台电动建筑机械或手持式电动工具的开关箱内，除应装设漏电保护电器外，还应装设隔离开关或具有可见分断点的断路器，以及装设控制装置。正、反向运转控制装置中的控制电器应采用接触器、继电器等自动控制电器，不得采用手动双向转换开关（倒顺开关）作为控制电器，并要定期检查。其电源线必须使用三芯（单相）或三相四芯橡胶套缆线，电缆不得有接头，不能随意加长或随意调换。接线时，缆线护套应在设备的接线盒固定，施工时不可硬拉电缆线。

4）露天使用的电气设备及元件，都应选用防水型或采取防水措施，浸湿或受潮的电气设备应进行必要的干燥处理，绝缘电阻符合要求后才能使用。建筑工地常用的振捣器、地面抹光机、水磨石机等经常和水泥混凝土、砂浆等接触，环境潮湿，应注意维护保养，所装设的漏电保护器要经常检查，使之安全可靠运行。

思考题

1. 施工现场常用的临时供电方案有哪几种？各适合什么场合？
2. 施工现场常用临时用电应采用何种接零保护系统？为什么？
3. 施工现场电缆配电线路的敷设要求有哪些？
4. 施工现场临时配电箱在安装和使用时有什么要求？
5. 施工现场动力及其他电气设备在使用时要注意什么？

单元13　安全用电与建筑防雷

学习目标

了解触电伤害的类型、危害形式；掌握安全用电的基本知识和电击防护措施；理解保护接零、接地类型及适用场合；掌握建筑防雷的基本措施；掌握接地装置的组成及安装方法；掌握防雷装置的组成及安装方法。

学习内容

1．保护接零、接地类型及适用场合。
2．安全用电的基本知识。
3．建筑防雷的基本措施，接地装置的组成及安装方法。

能力要点

1．能够正确采取电击防护措施和防止触电的安全措施。
2．能够正确采取建筑物防雷保护措施，能够进行防雷装置安装。

13.1　安全用电

13.1.1　电气危害

电气危害有两个方面：一方面是对系统自身的危害，如短路、过电压、绝缘老化等；另一方面是对用电设备、环境和人员的危害，如触电、电气火灾、电压异常升高造成用电设备损坏等，其中尤以触电和电气火灾危害最为严重。触电可直接导致人员伤残、死亡，或引发坠落等二次事故致人伤亡。电气火灾是近20年来在我国迅速蔓延的一种电气灾害，我国电气火灾在火灾总数中所占的比例已达30%左右。另外，在有些场合，静电产生的危害也很大，不仅对电子设备产生损害，也可引发电气火灾。

1．触电事故

人体接触带电导体或漏电的金属外壳，使人体任两点间形成电流，即触电事故。此时流过人体的电流称为触电电流。电流对人体的伤害主要分为电击和电伤两大类。

（1）电击

电击是指电流流过人体内部，造成人体内部组织、器官损坏，以至死亡的一种现象。电击的主要特征是人体内部受伤害；在人体外表不一定留下电流痕迹、无明显痕迹；伤害程度取决于触电电流大小和触电持续时间。绝大部分的触电死亡事故都是电击造成的。当人体触及带电导体、漏电设备的金属外壳、近距离接触高电压以及遭遇雷击、电容器放电等情况下，都可能导致电击。

（2）电伤

电伤是指触电时电流的热效应、化学效应以及电击引起的生物效应对人体造成的伤害。

电伤多见于人体表面，常见的电伤有电灼伤、电烙印和皮肤金属化，严重的可致人死亡。

2. 电对人体的危害因素

电危及人体生命安全的直接因素是电流，电流对人体的电击伤害的严重程度与通过人体的电流大小、频率、持续时间、流经途径和人体的健康状况等有关。

（1）电流的大小

通过人体的电流越大，人体的生理反应也越大。人体对电流的反应虽然因人而异，但相差不大，可视作大体相同。根据人体反应，可将电流划为三级：

1）感知电流。感知电流是指引起人感觉的最小电流，也称为感知阈。感觉轻微颤抖刺痛，可以自己摆脱电源，此时大致为工频交流电 0.5 ～ 1mA。感知阈与电流的持续时间长短无关。

2）摆脱电流。通过人体的电流逐渐增大，人体反应增大，感到强烈刺痛、肌肉收缩。但是由于人的理智还是可以摆脱带电体的，此时的电流称为摆脱电流，也称为摆脱阈。当通过人体的电流大于摆脱阈时，受电击者自救的可能性就小。摆脱阈主要取决于接触面积、电极形状和尺寸及个人的生理特点，因此不同人摆脱电流也不同。摆脱阈一般取工频交流电 5 ～ 10mA。

3）致命电流。当通过人体的电流能引起心室颤动或呼吸窒息而死亡，称为致命电流。人体心脏在正常情况下，是有节奏地收缩与扩张的。这样，可以把新鲜血液输送到全身。当通过人体的电流达到一定数量时，心脏的正常工作受到破坏。

引起心室颤动与人体通过的电流大小有关，还与电流持续时间有关。一般认为 30mA 以下是安全电流。

（2）人体电阻抗和安全电压

人体的电阻抗主要由皮肤阻抗和人体内阻抗组成，且电阻抗的大小与触电电流通过的途径有关。皮肤阻抗可视为由半绝缘层和许多小的导电体（毛孔）构成，为容性阻抗，当接触电压小于 50V 时，其阻值相对较大；当接触电压超过 50V 时，皮肤阻抗值将大大降低，以至于完全被击穿后阻抗可忽略不计。人体内阻抗则由人体脂肪、骨骼、神经、肌肉等组织及器官所构成，大部分为阻性的，不同的电流通路有不同的内阻抗，人体的电阻一般按 800 ～ 1000Ω 计算（平均值一般为 2000Ω 左右，而在计算和分析时，通常取下限值 1700Ω）。人体电阻因人而异，手有毛茧，皮肤潮湿、多汗，有损伤，带有导电粉尘的人体电阻较小，危险性较大。

安全电压是指人体不戴任何防护设备时，触及带电体不受电击或电伤的电压。人体触电的本质是电流通过人体产生了有害效应，然而触电的形式通常都是人体的两部分同时触及了带电体，而且这两个带电体之间存在着电位差。因此在电击防护措施中，要将流过人体的电流限制在无危险范围内，即在形式上将人体能触及的电压限制在安全的范围内。国家标准制定了安全电压系列，称为安全电压等级或额定值，这些额定值指的是交流有效值，分别为：42V、36V、24V、12V、6V 等几种。

（3）触电持续时间

人体触电，当通过电流的时间越长，触电时间越长，能量积累增加，引起心室颤动所需的电流也就越小，此外情绪紧张、发热出汗时，人体电阻减小，越易造成心室颤动，生命危险性就越大。通常将触电电流与触电时间的乘积作为触电安全参数。

（4）电流途径

电流途径从人体的左手到右手、左手到脚、右手到脚等，其中电流经左手到脚的流通是最不利的一种情况，因为这一通道的电流最易损伤心脏。电流通过心脏，会引起心室颤动，通过神经中枢会引起中枢神经失调，这些都会直接导致死亡；电流通过脊髓，还会导致半身瘫痪。

（5）电流频率

电流频率不同，对人体伤害也不同。据测试，15～100Hz 的交流电流对人体的伤害最严重，其中 40～60Hz 的交流电流对人体的伤害最危险。由于人体皮肤的阻抗是容性的，所以与频率成反比，随着频率增加，交流电的感知、摆脱阈值都会增大。虽然电流频率增大对人体伤害程度有所减轻，但高频高压还是有致命危险的。

（6）人体状况

触电伤害程度与人体健康及精神状况有密切关系。人体不同，对电流的敏感程度也不一样。一般来说，儿童较成年人敏感，女性较男性敏感；醉酒、疲劳过度也会增加触电的几率和危险性；患有心脏病者，触电后的死亡可能性就更大；身心健康，情绪乐观的人电阻大，较安全；情绪悲观，疲劳过度的人电阻小，较危险。

（7）环境影响

低矮潮湿、在金属容器中工作以及不易操作、不易脱离现场的情况下触电危险大，安全电压取 12V。其他条件较好的场所，可取 24V 或 36V。潮湿环境的安全电压为 24V。

3. 触电方式

按照人体接触带电体的方式和电流流过人体的途径，人体触电一般有单相触电、两相触电和跨步电压触电。

（1）单相触电

当人体的一部分直接或间接触及带电设备其中的一相时，电流通过人体流入大地，使电源和人体及大地之间形成了一个电流通路，这种触电方式称为单相触电。大部分触电事故都是单相触电事故。单相触电的危险程度与电网运行方式有关。一般情况下，接地电网里的单相触电比不接地电网里的危险性大。若人体过于接近高压带电体，高电压会对人体放电，造成单相接地而引起的触电，也属于单相触电。

（2）两相触电

人体两部分直接或间接同时触及带电设备或电源的两相，或在高压系统中人体同时接近两相带电导体，发生电弧放电，在电源与人体之间构成电流通路，这种触电方式称为两相触电。两相触电危险性一般是比较大的。

（3）跨步电压触电

当电气设备或线路发生接地故障，接地电流从接地点向大地流散，在地面形成分布电位，若人体进入地面带电区域时，其两脚之间可存在电位差，即为跨步电压。由跨步电压引起的人体触电，称为跨步电压触电。跨步电压的大小受接地电流大小、鞋和地面特征、两脚的方位及离接地点的距离等众多因素影响。在距落地点 8～10m 内，不但地面的电势高，而且地面上两点之间的电势差也大；在 8～10m 以外，地面的电势低，地面上两点之间的电势差也不大；一般离落地点 20m 以外就没有危险了。

4. 触电急救

（1）脱离电源

当人发生触电后，首先要使触电者脱离电源，这是对触电者进行急救的关键。对低压触电，若触电地点附近有电源开关，可立即拉开开关，断开电源。当电线搭落在触电者身上或被压在身下时，可用干燥的衣服、手套、绳索、木板等绝缘物作为工具拉开触电者或挑开电线，使触电者脱离电源。对高压触电事故，应立即通知有关部门停电，或戴上绝缘手套，穿上绝缘用相应电压等级的绝缘衣拉开开关。

（2）现场急救

当触电者脱离电源后，急救者应根据触电者的不同生理反应进行现场急救处理，时间越快越好。若触电者失去知觉，但仍能呼吸，应立即抬到空气流通、温暖舒适的地方平卧，并解开衣服，速请医生诊治。若触电者已停止呼吸，心脏也已停止跳动，这种情况往往是假死，一般不要打强心针，而应该通过人工呼吸和心脏按压的急救方法，使触电者逐渐恢复正常。应急施救的方法有：口对口（鼻）人工呼吸法、俯卧压背法、仰卧压胸法、胸外心脏按压法。

13.1.2 供电系统接地形式

低压配电系统是电力系统的末端，分布广泛，几乎遍及建筑的每一角落，平常使用最多的是 380V/220V 的低压配电系统。从安全用电等方面考虑，低压配电系统有三种接地形式，IT 系统、TT 系统、TN 系统。其字母的含义是：T 表示低压配电网的中性点直接接地；I 表示低压配电网的中性点不接地（或经高阻抗接地）；第二个 T 表示电气设备的金属外壳直接接地，即采用保护接地的方式；N 表示电气设备的金属外壳通过低压配电网的中性点接地，即采用保护接零的方式。三种方式在运行和安全方面各有不同，下面分别进行介绍。

1. IT 系统

IT 系统就是电源中性点不接地（即无工作零线）、用电设备外壳通过与系统无关的接地体直接接地的系统，即所谓的三相三线制系统，如图 13-1 所示。IT 系统中，连接设备外壳可导电部分和接地体的导线就是 PE 线。

IT 系统在供电距离不是很长时，供电的可靠性高、安全性好，电磁兼容性能也非常好，但只能对三相用电设备供电。这种方式在矿山、冶金等行业应用较多，在建筑供配电中应用较少。

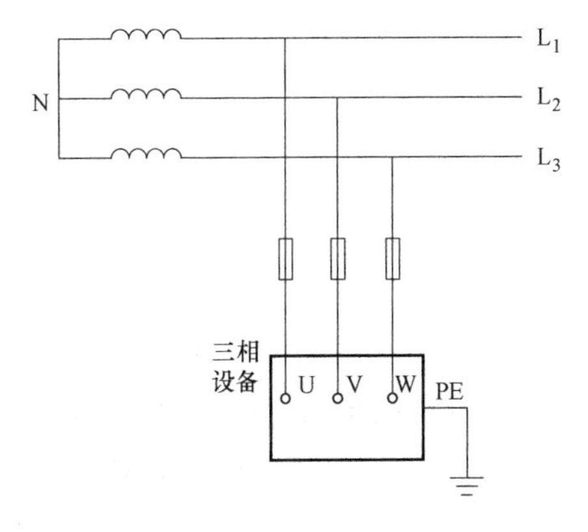

图 13-1 IT 系统

2. TN 系统

TN 系统是我国供配电系统中最常见的方式，按国际电工委员会（IEC）的规定，这是采用中性点直接接地（有工作零线）和保护接零的配电系统。按照工作零线和保护零线的组合情况，TN 系统又分为 TN-S 系统、TN-C 系统和 TN-C-S 系统三种形式。

（1）TN-S 系统

TN-S 系统即所谓的三相五线制系统，如图 13-2 所示。在电源中性点工作接地，而用电设备外壳等可导电部分通过专门设置的保护线 PE 连接到电源中性点上，即工作零线 N 和保护零线 PE 是分开的。

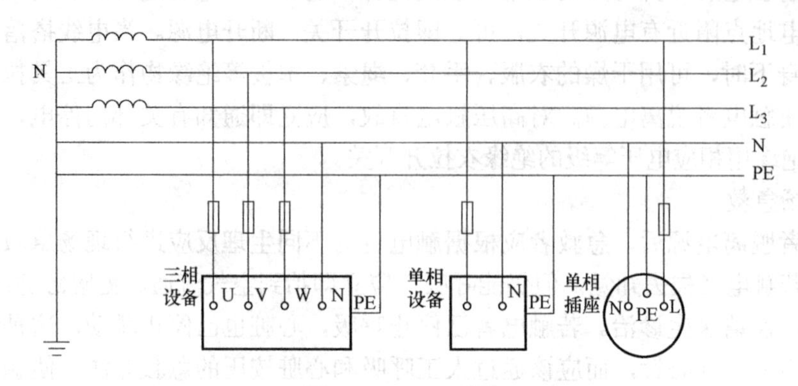

图 13-2　TN-S 系统

TN-S 系统的优点是 PE 线在正常情况下没有电流，因此不会对接在同一 PE 线上的其他设备产生电磁干扰；此外由于 N 线和 PE 线是分开的，N 线断线也不会影响 PE 线的保护作用；缺点是消耗的材料多，投资较大。这是我国目前推广应用的系统。

（2）TN-C 系统

TN-C 系统即所谓的三相四线制系统，如图 13-3 所示，它将 PE 线和 N 线的功能综合起来，由一根称为保护中性线 PEN 同时承担保护和中性线两者的功能。在用电设备处，PEN 线既连接到负荷中性点上，又连接到设备外壳等可导电部分。

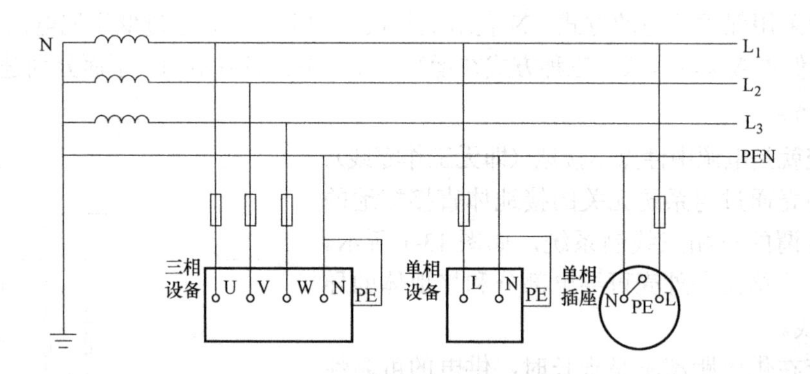

图 13-3　TN-C 系统

TN-C 系统的优点是简单经济，节省了一条导线。缺点是当三相负载不平衡或 PEN 线断开时会使所有用电设备的金属外壳都带上较高的电压；此外由于 PEN 线有电流，会对接在同一 PEN 线上的其他设备产生电磁干扰。

我国过去采用这种方式较普遍，目前在民用建筑和建筑施工规范中，已不允许采用。

（3）TN-C-S系统

TN-C-S 系统是 TN-C 系统和 TN-S 系统的结合形式，如图 13-4 所示。TN-C-S 系统中，从电源出来的那一段采用 TN-C 系统只起电能的传输作用，到用电负荷附近某一点处，将

PEN 线分开成单独的 N 线和 PE 线，从这一点开始，系统相当于 TN-S 系统。

TN-C-S 系统也是现在应用比较广泛的一种系统。

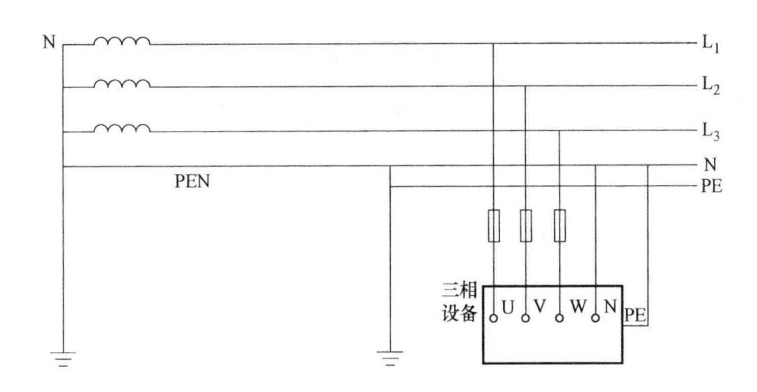

图 13-4　TN-C-S 系统

3. TT 系统

TT 系统就是电源中性点直接接地、用电设备外壳通过与系统无关的接地体直接接地的系统，如图 13-5 所示。通常将电源中性点的接地称为工作接地，而设备外壳接地称为保护接地。TT 系统中，这两个接地必须是相互独立的。设备接地可以是每一设备都有各自独立的接地装置，也可以若干设备共用一个接地装置，图 13-5 中单相设备和单相插座就是共用接地装置的。

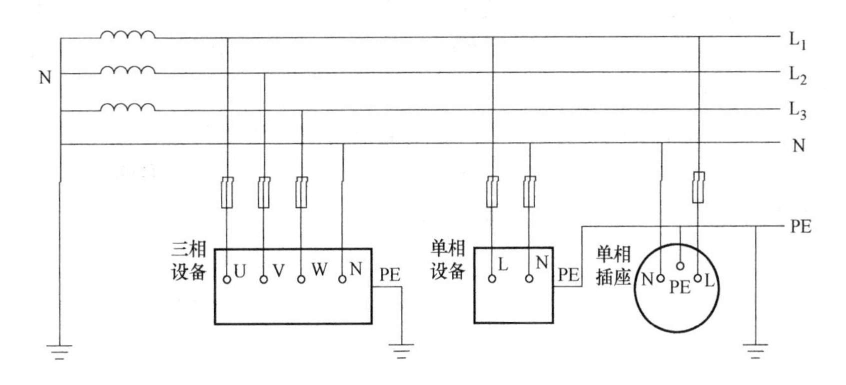

图 13-5　TT 系统

这种系统必须安装灵敏的漏电保护装置作为单相接地故障保护，由于 PE 线是独立接地的，电磁兼容性好于 TN 系统。在有些国家中 TT 系统的应用十分广泛，工业与民用建筑的配电系统都大量采用 TT 系统。在我国 TT 系统主要用于城市公共配电网和农村电网，现在也有一些大城市如上海等在住宅配电系统中采用 TT 系统。

13.1.3　电击防护措施

为了避免触电危险，保证人身安全和电气系统、电气设备的正常工作需要，对于不同的低压配电系统，电气设备常采用保护接地、保护接零、重复接地等不同的安全措施。

1. 保护接地

保护接地是将与电气设备带电部分相绝缘的金属外壳或架构通过接地装置同大地连接起来，如图 13-6 所示。与土壤直接接触的金属体或金属体组，称为接地体或接地极；连接于接地体与电气设备之间的金属导线称为保护线 PE 或接地线；接地线和接地体合称为接地装置。要求接地电阻不得大于 4Ω。保护接地常用在 IT 低压配电系统和 TT 低压配电系统中。

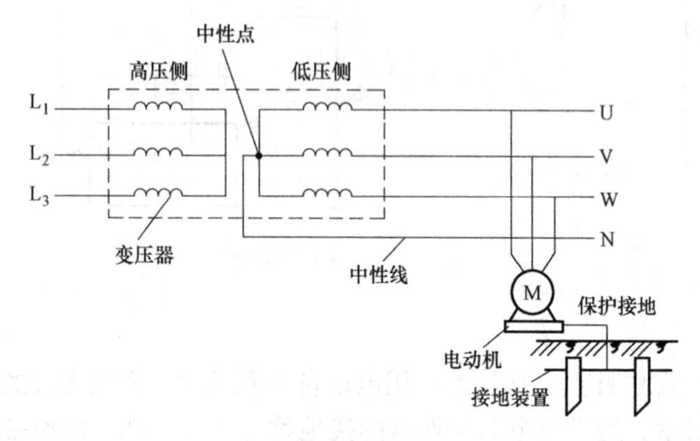

图 13-6　保护接地

在 IT 中性点不接地的配电系统中保护接地的作用：若用电设备设有接地装置，当绝缘破坏外壳带电时，接地短路电流将同时沿着接地装置和人体两条通路流过。流过每一条通路的电流值将与其电阻的大小成反比。通常人体的电阻（1000Ω 以上）比接地体电阻大几百倍以上，所以当接地装置电阻很小时，流经人体的电流通常小于安全电流 0.01A，几乎等于零，人体触电的危险大大降低，保证了安全用电。

在 TT 配电系统中的保护接地的作用：若用电设备设有接地装置，当绝缘破坏外壳带电时，多数情况下，能够有效降低人体的接触电压，但要降低到安全限值以下有困难，因此需要增加其他附加保护措施，避免人体触电危险。

2. 保护接零

保护接零是把电气设备正常时不带电的金属导体部分，如金属外壳，同电网的 PEN 线或 PE 线连接起来，如图 13-7 所示。保护接零适用于 TN 低压配电系统。在中性点接地的供电系统中，设备采用保护接零时，当电气设备发生碰壳短路时，即形成单相短路，这个短路电流远远大于保护电器的动作电流，使保护电器动作，迅速断开故障设备电源，避免了人体触电事故的发生。

3. 重复接地

将电源中性接地点以外的其他点一次或多次接地，称为重复接地。重复接地是为了保护导体在故障时尽量接近大地电位。

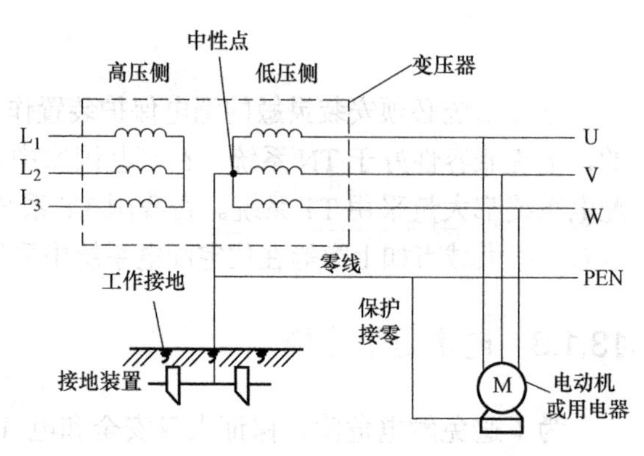

图 13-7　保护接零

重复接地时，当系统中发生碰壳或接地短路时，可以降低PEN线的对地电压；当PEN线发生断线时，可以降低断线后产生的故障电压；在照明回路中，也可避免因零线断线所带来的三相电压不平衡而造成电气设备的损坏。

4．其他防护措施

以上分析的电击防护措施是从降低接触电压方面进行考虑的，实际上这些措施往往还不够完善，还需要采用其他防护措施作为补充。例如，采用漏电保护器、过电流保护电器和等电位联结等补充措施。

13.1.4 防止触电的基本安全措施

1．对于经常带电设备的防护

根据电气设备的性质、电压等级、周围环境和运行条件，要求保证防止意外的接触、意外的接近或可能的接触。因此，对于裸导线或母线应采用封闭、高挂或设罩盖等，予以绝缘、屏护遮拦、保证安全距离的措施。应该注意对于高压设备，不论是否裸露，均应实施屏护遮拦和保证安全距离的措施。此外，还有不少情况可以采用连锁装置来防止偶然触及或过分接近带电体，一旦接触或走近时连锁装置动作，自动切断电源。

2．对于偶然带电设备的防护

操作人员对于原来不带电部分的金属外壳的接触是难免的，有时接触是正常的操作。操作人员手持电动工具，在工作时要接触它的外壳，如果这些设备绝缘损坏，外壳就可能带有电压，会出现意外触电的危险。为了减少或避免这种电压出现在设备外壳的危险，可以采用保护接地和保护接零等措施；或将不带电部分采用双重绝缘结构；也可采用使操作人员站在绝缘座或绝缘毯上等临时措施。对于小型电动工具或者经常移动的小型机组也可采取限制电压等级的措施，以控制使用电压在安全电压的范围之内。

3．检查、修理作业时的防护

在进行电气线路或电气设备的检查、修理维护或试验时，为预防工作人员麻痹或偶尔丧失判断的能力，应采用标志和信号帮助其做出正确的判断。标志用来区分电气设备各部分、电缆和导线的用途，可用文字、数字和符号来表示，并用不同的颜色区分，以避免在运行、巡检和检修时发生错误。用红绿信号向工作人员指示电气装置中某设备的情况；用工作牌和告知牌等向其他人员警示和指示运行及正在检修的情况。如遇特殊情况需要带电检修时，应使用适当的防护用具。电工常用的防护用具有绝缘台、绝缘垫、绝缘靴、绝缘手套、绝缘棒、钳、电压指示器和携带式临时接地装置等。

13.2 建筑防雷

雷电是不可避免的自然灾害，地球上任何时候都有雷电在活动。据统计，每秒钟造就1800阵雷雨，伴随600次闪电，其中就有100个炸雷击落地面，造成建筑物、发电、通信和影视设备的破坏，引起火灾，毙伤人畜，每年经济损失约10亿美元，死亡3000人以上。我国也是一个雷电灾害频发的国家。因此，了解雷电的规律，掌握正确的预防措施和自救方法是十分必要的。

13.2.1 雷电的种类及其危害

1. 雷电的形成

雷电是雷云对带不同电荷的物体进行放电的一种自然现象。关于大气中的电荷是如何产生的，目前有多种学说，常见的说法是在雷雨季节，地面上的水蒸发变成水蒸气随热空气上升，气体体积膨胀，在空气中与冷空气相遇，温度下降凝结成水滴或冰晶，形成积云。云中的水滴受强烈气流摩擦产生电荷，微小的水滴带负电，较大的水滴带正电。带不同电荷的水滴分别聚集，当这些电荷积聚到一定程度时，就产生放电现象，形成带电的雷云。由于静电感应，带电的雷云在大地表面会感应出与雷云性质相反的异种电荷，当雷云与大地之间以及雷云之间电场强度达到一定值时，便会发生空气被击穿而产生强烈的放电现象。雷电具有极大的破坏性，其电压可达数百万伏，电流可高达数万安至数十万安。雷电放电时，将释放出大量热能，瞬间能使空气温度升高 1 万～ 2 万℃，空气的压强可达 70 个大气压，容易对建筑物、电气设施造成破坏，甚至使人、畜造成伤亡。因此必须根据被保护物的不同要求、雷电的不同形式，采取有效的措施进行防护。

2. 雷电的种类和特点

（1）雷电的种类

根据雷电对建筑物、电气设施、人、畜的危害方式不同，雷电可分为以下几类：

1）直击雷。雷云与地面建筑物或其他物体之间直接放电，并由此伴随而产生的电效应、热效应或机械力等一系列的破坏作用，形成的雷击称为直击雷。直击雷形成强大的雷电流，流过被击中物体时会产生巨大的热量，使物体燃烧、金属材料熔化、使物体内部的水分急剧蒸发造成爆裂等破坏；当雷电流流过电气设施时，还会形成过电压，破坏电气设施的绝缘、产生火花，引起燃烧和爆炸等，对电气设施及人员造成危害。直击雷主要危害建筑物、建筑物内的电子设备和人。

2）感应雷。感应雷分为静电感应和电磁感应两种，是建筑物或其他物体附近有雷电或落雷所引起的电磁作用的结果。静电感应是由于雷云靠近建筑物，使建筑物顶部由于静电感应而聚集了大量与雷云性质相反的异种电荷，当雷云对地放电后，这些电荷流散不及时，形成很高的对地电位，对建筑物可能引起火花放电而造成火灾。电磁感应是当雷电流通过金属导体流散到大地时，在雷电流周围空间形成强大的变化磁场，能在附近的金属导体内感应出很高的电动势，在闭合回路导体中产生强大的感应电流，而在导体回路接触不良或有间隙的地方产生局部过热或火花放电，引起火灾。

3）雷电波。当输电线路或金属管路遭受直接雷击或发生感应雷，雷电波便沿着这些线路侵入室内，造成人员、电气设备和建筑物的伤害和破坏。雷电波侵入造成的事故在雷害事故中占相当大的比例，应引起足够重视。例如，雷雨天，室内电气设备突然爆炸起火或损坏，人在屋内使用电器或打电话时突然遭电击身亡都属于这类事故。

4）球形雷。球形雷是雷电放电时形成的一团处在特殊状态下的带电气团。球形雷电直径一般为 10 ～ 20cm，存在时间为 3 ～ 5s，移动速度每秒数米。通常在距地面 1m 高处移动或滚动，能通过门、窗、烟囱等通道侵入室内，释放能量并造成人、畜烧伤，引发火灾、爆炸等事故。

（2）雷电的特点

1）雷电流是一种冲击波，冲击电流大，其幅值变化范围很大，一般为数十至数千安。雷电流最大幅值一般在第一次闪击时出现，一般在 1 ～ 4μs 内增长到最大幅值，瞬时变化的电流具有很强的冲击性，其破坏性极大；雷电流时间短。一般雷击分为三个阶段，即先导放电、主放电、余光放电。整个过程一般不会超过 60μs；雷电流频率高，电流变化梯度大，有的可达 10kA/μs；雷电流冲击电压高，强大的电流产生的交变磁场，其感应电压可高达上亿伏。

2）雷击有选择性。建筑物遭受雷击的部分是有一定规律的，建筑物易遭受雷击的部位如图 13-8 所示。

① 平屋面或坡度不大于 1/10 的屋面——檐角、女儿墙、屋檐。

② 坡度大于 1/10 且小于 1/2 的屋面——屋角、屋脊、檐角、屋檐。

③ 坡度不小于 1/2 的屋面——屋角、屋脊、檐角。

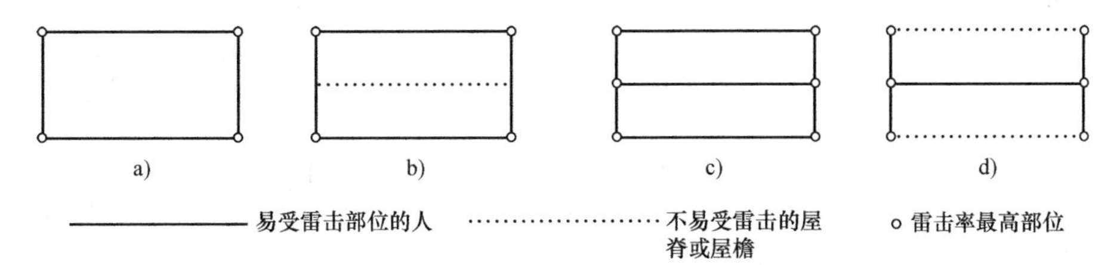

图 13-8　建筑物易遭受雷击的部位

a）平屋面　b）坡度不大于 1/10 的屋面　c）坡度大于 1/10 且小于 1/2 的屋面　d）坡度不小于 1/2 的屋面

3. 雷电的危害

雷电有多方面的破坏作用，雷电的危害一般分成两种类型，一是直接破坏作用，主要表现为雷电的热效应和机械效应；二是间接破坏作用，主要表现为雷电产生的静电感应和电磁感应。

（1）热效应

巨大的雷电流通过导体时，会在极短时间内转换成大量热能，可造成物体燃烧，金属熔化，极易引起火灾、爆炸等事故。

（2）机械效应

雷电的机械效应所产生的破坏作用主要表现为两种形式：一是雷电流流入树木或建筑构件时在它们内部产生的内压力；二是雷电流流过金属物体时产生的电动力。

雷电流产生的热效应的温度很高，一般为 6000 ～ 20000℃，甚至高达数万摄氏度，被击物体内部水分受热急剧汽化，或缝隙中的气体受热剧烈膨胀，在被击物体内部出现了强大的机械力，使树木或建筑物遭受破坏，甚至爆裂成碎片。

另外，载流导体之间存在着电磁力的相互作用，这种作用力称为电动力。当强大的雷电流通过电气线路、电气设备时也会产生巨大的电动力使他们遭受破坏。

（3）静电效应

雷电引起的过电压，会击毁电气设备和线路的绝缘，产生闪络放电，以致开关掉闸，造成线路停电；会干扰电子设备，使系统数据丢失，造成通信、计算机、控制调节等电子系统瘫痪。绝缘损坏还可能引起短路，导致火灾或爆炸事故；防雷装置泄放巨大的雷电流时，使得其本身的电位升高，发生雷电反击；同时雷电流流入地下，可能产生跨步电压，导致电击。

（4）电磁效应

由于雷电流量值大且变化迅速，在它的周围空间就会产生强大且变化剧烈的磁场，处于这个变化磁场中的金属物体就会感应出很高的电动势，使构成闭合回路的金属物体产生感应电流，产生发热现象。此热效应可能会使设备损坏，甚至引起火灾；存放易燃易爆物品的建筑物将更危险。

13.2.2 防雷装置

防雷装置一般由接闪器、引下线和接地装置三个部分组成。接地装置又由接地体和接地线组成，如图 13-9 所示。

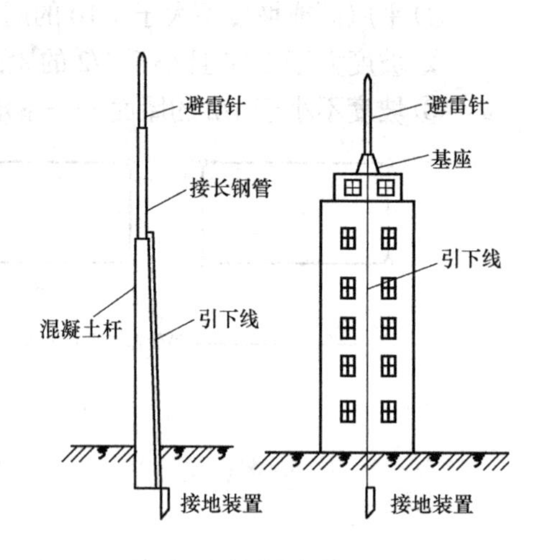

图 13-9 防雷装置

1. 接闪器

接闪器就是专门用来接受雷云放电的金属物体，由拦截闪击的接闪杆、接闪带、接闪线、接闪网以及金属屋面、金属构件等组成。

所有接闪器都必须经过引下线与接地装置相连。接闪器利用其金属特性，当雷云先导接近时，它与雷云之间的电场强度最大，因而可将雷云“诱导”到接闪器本身，并经引下线和接地装置将雷电流安全地泄放到大地中去，从而起到了保护物体免受雷击的作用。

接闪杆宜采用热镀锌圆钢或钢管制成时，其直径不应小于表 13-1 给出的数值。

表 13-1 避雷针接闪杆最小直径

针　　型	圆钢直径 /mm	钢管直径 /mm
杆长 1m 以下	12	20
杆长 1～2m	16	25
独立烟囱顶上的杆	20	40

接闪杆的接闪端宜做成半球状，其最小弯曲半径为宜为 4.8 mm，最大宜为 12.7 mm。当独立烟囱上采用热镀锌接闪环时，其圆钢直径不应小于 12mm；扁钢截面不应小于 100 mm^2，其厚度不应小于 4 mm。架空接闪线和接闪网宜采用截面不小于 50 mm^2 热镀锌钢绞线或铜绞线。

除第一类防雷建筑物外，金属屋面的建筑物宜利用其屋面作为接闪器，并应符合下列规定：①板间的连接应是持久的电气贯通，可采用铜锌合金焊、熔焊、卷边压接、缝接、螺钉或螺栓连接。②金属板下面无易燃物品时，铅板的厚度不应小于 2mm，不锈钢、热镀锌钢、钛和铜板的厚度不应小于 0.5mm，铝板的厚度不应小于 0.65mm，锌板的厚度不应小于 0.7 mm。③金属板下面有易燃物品时，不锈钢、热镀锌钢和钛板的厚度不应小于 4 mm，铜板的厚度不应小于 5 mm, 铝板的厚度不应小于 7 mm。④金属板无绝缘被覆层（薄的油漆保护层或 1 mm 厚沥青层或 0.5mm 厚聚氯乙烯层均不属于绝缘被覆层）。除利用混凝土构件钢筋或在混凝土内专设钢材作接闪器外，钢质接闪器应热镀锌。在腐蚀性较强的场所，尚应采取加大其截面或其他防腐措施。不得利用安装在接收无线电视广播天线杆顶上的接闪器保护建筑物。

专门敷设的接闪器应由下列的一种或多种组成：①独立接闪杆；②架空接闪线或架空接闪网；③直接装设在建筑物上的接闪杆、接闪带或接闪网。

2. 引下线

引下线是用于将雷电流从接闪器传导至接地装置的导体。其作用是构成雷电能量向大地泄放的通道。引下线应满足机械强度、耐腐蚀和热稳定性的要求。

引下线宜采用热镀锌圆钢或扁钢，宜优先采用圆钢。当独立烟囱上的引下线采用圆钢时，其直径不应小于 12 mm；采用扁钢时，其截面不应小于 100 mm^2，厚度不应小于 4 mm。

建筑物的钢梁、钢柱、消防梯等金属构件，以及幕墙的金属立柱宜作为引下线，但其各部件之间均应连成电气贯通 , 可采用铜锌合金焊、熔焊、卷边压接、缝接、螺钉或螺栓连接；其截面应按规范的规定取值；各金属构件可覆有绝缘材料。

引下线的敷设方式分为明敷和暗敷两种。专设引下线应沿建筑物外墙外表面明敷，并应经最短路径接地；建筑外观要求较高者可暗敷，但其圆钢直径不应小于 10 mm，扁钢截面不应小于 80 mm^2。采用多根专设引下线时，应在各引下线上距地面 0.3 ～ 1.8 m 之间装设断接卡。当利用混凝土内钢筋、钢柱作为自然引下线并同时采用基础接地体时，可不设断接卡，但利用钢筋作引下线时应在室内外的适当地点设若干连接板。当仅利用钢筋作引下线并采用埋于土壤中的人工接地体时，应在每根引下线上距地面不低于 0.3 m 处设接地体连接板。采用埋于土壤中的人工接地体时应设断接卡，其上端应与连接板或钢柱焊接。连接板处宜有明显标志。在易受机械损伤之处，地面上 1.7 m 至地面下 0.3 m 的一段接地线，应采用暗敷或采用镀锌角钢、改性塑料管或橡胶管等加以保护。第二类防雷建筑物或第三类防雷建筑物为钢结构或钢筋混凝土建筑物时，在其钢构件或钢筋之间的连接满足规范规定并利用其作为引下线的条件下，当其垂直支柱均起到引下线的作用时，可不要求满足专设引下线之间的间距。

3. 接地装置

接地装置包括接地体和接地线两部分，它的主要作用是传导雷电流并将其流散入大地，使防雷装置对地电压不至于过高。

（1）接地体

接地体是埋入土壤中或混凝土基础中作散流用的导体。安装时需要配合土建施工进行，在基础开挖时，也同时挖好接地沟，并将人工接地体按设计要求埋设好。

接地体按其敷设方式分为垂直接地体和水平接地体两种。埋于土壤中的人工垂直接地体宜采用热镀锌角钢、钢管或圆钢；埋于土壤中的人工水平接地体宜采用热镀锌扁钢或圆钢。人工钢质垂直接地体的长度宜为 2.5 m。其间距以及人工水平接地体的间距均宜为 5 m，当受地方限制时可适当减小。人工接地体在土壤中的埋设深度不应小于 0.5 m，并宜敷设在当地冻土层以下，其距墙或基础不宜小于 1 m。接地体宜远离由于烧窑、烟道等高温影响使土壤电阻率升高的地方。在敷设于土壤中的接地体连接到混凝土基础内起基础接地体作用的钢筋或钢材的情况下，土壤中的接地体宜采用铜质或镀铜或不锈钢导体。

（2）接地线

接地线是连接接地体和引下线或电气设备接地部分的金属导体，一般采用扁钢和圆钢。采用扁钢作为地下接地线时，其截面面积不应小于 25mm×4mm；采用圆钢作为接地线时，其直径不应小于 12mm。接地线不仅要有一定的机械强度，而且接地线截面面积应满足热稳定的要求。也可利用建筑物的金属结构，如梁、柱、桩等混凝土结构内的钢筋等作为接地线，但必须满足相关要求。

13.2.3 建筑物防雷措施

对建筑物的防雷，需要针对各种建筑物的实际情况因地制宜地采取防雷保护措施，才能达到既经济又能有效地防止或减小雷击的目的。《建筑物防雷设计规范》(GB 50057—2010）对建筑物的防雷进行分类，并规定了相对应的防雷措施。

1. 建筑物的防雷分类

根据建筑物的重要性、使用性质、发生雷电事故的可能性和后果，建筑物防雷分为三类，见表 13-2。

表 13-2 建筑物防雷等级划分

防雷建筑等级	防雷建筑划分条件
第一类 防雷建筑物	1）凡制造、使用或贮存火炸药及其制品的危险建筑物，因电火花而引起爆炸、爆轰，会造成巨大破坏和人身伤亡者 2）具有 0 区或 20 区爆炸危险场所的建筑物 3）具有 1 区或 21 区爆炸危险场所的建筑物，因电火花而引起爆炸，会造成巨大破坏和人身伤亡者
第二类 防雷建筑物	1）国家级重点文物保护的建筑物 2）国家级的会堂、办公建筑物、大型展览和博览建筑物、大型火车站和飞机场、国宾馆，国家级档案馆、大型城市的重要给水泵房等特别重要的建筑物（飞机场不含停放飞机的露天场所和跑道） 3）国家级计算中心、国际通信枢纽等对国民经济有重要意义的建筑物 4）国家特级和甲级大型体育馆 5）制造、使用或贮存火炸药及其制品的危险建筑物，且电火花不易引起爆炸或不致造成巨大破坏和人身伤亡者 6）具有 1 区或 21 区爆炸危险场所的建筑物，且电火花不易引起爆炸或不致造成巨大破坏和人身伤亡者 7）具有 2 区或 22 区爆炸危险场所的建筑物 8）有爆炸危险的露天钢质封闭气罐 9）预计雷击次数大于 0.05 次 /a 的部、省级办公建筑物和其他重要或人员密集的公共建筑物以及火灾危险场所 10）预计雷击次数大于 0.25 次 /a 的住宅、办公楼等一般性民用建筑物或一般性工业建筑物
第三类 防雷建筑物	1）省级重点文物保护的建筑物及省级档案馆 2）预计雷击次数大于或等于 0.01 次 /a，且小于或等于 0.05 次 /a 的部、省级办公建筑物和其他重要或人员密集的公共建筑物，以及火灾危险场所 3）预计雷击次数大于或等于 0.05 次 /a，且小于或等于 0.25 次 /a 的住宅、办公楼等一般性民用建筑物或一般性工业建筑物 4）在平均雷暴日大于 15d/a 的地区，高度在 15 m 及以上的烟囱、水塔等孤立的高耸建筑物；在平均雷暴日小于或等于 15 d/a 的地区，高度在 20 m 及以上的烟囱、水塔等孤立的高耸建筑物

2. 建筑物防雷保护措施

接闪器、引下线与接地装置是各类防雷建筑都应装设的防雷装置，其作用原理是：将雷电引向自身并安全导入地中，从而使被保护的建筑物免遭雷击，如图 13-10 所示。但由于对防雷的要求不同，各类防雷建筑物在使用这些防雷装置时的技术要求就有所差异。

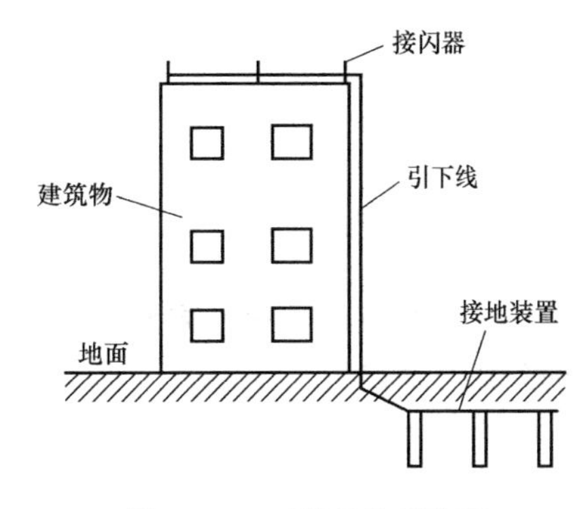

图 13-10　建筑物防雷装置

建筑物采取何种防雷措施要根据建筑物的防雷等级来确定，按《建筑物防雷设计规范》（GB 50057—2010）的规定，各类防雷建筑物应设防直击雷的外部防雷装置，并应采取防闪电电涌侵入的措施，第一类防雷建筑物和部分第二类防雷建筑物，尚应采取防闪电感应的措施。各类防雷建筑物应设内部防雷装置，并应符合下列规定：①在建筑物的地下室或地面层处，建筑物金属体、金属装置、建筑物内系统、进出建筑物的金属管线应与防雷装置做防雷等电位连接；②外部防雷装置与建筑物金属体、金属装置、建筑物内系统之间，尚应满足间隔距离的要求。部分第二类防雷建筑物尚应采取防雷击电磁脉冲的措施。其他各类防雷建筑物，当其建筑物内系统所接设备的重要性高，以及所处雷击磁场环境和加于设备的闪电电涌无法满足要求时，也应采取防雷击电磁脉冲的措施。各类防雷建筑物的防雷装置的防雷措施参照《建筑物防雷设计规范》(GB 50057—2010）的规定。

思考题

1. 触电的危险程度与哪些因素有关？触电的形式有哪些？
2. 试比较 TN-S 供电系统与 TN-C-S 供电系统的区别。
3. 什么叫保护接地？适用于什么情况？
4. 什么叫保护接零？适用于什么情况？
5. 重复接地的作用是什么？
6. 防止触电的基本安全措施有哪些？
7. 防雷装置一般由哪几部分组成？各部分的作用是什么？
8. 避雷针、避雷线、避雷带、避雷网和避雷笼各适用于什么场合？
9. 防雷引下线的敷设要求有哪些？
10. 建筑物的防雷保护有哪些具体措施？

单元14 建筑智能化

学习目标

了解建筑智能化的定义、组成和功能；熟悉建筑智能化的特点；掌握建筑智能化系统的组成与功能。

学习内容

1. 建筑智能化的定义、组成和功能。
2. 常见智能化系统的组成及相关知识。

能力要点

1. 熟悉常用建筑智能化系统。
2. 掌握弱电系统中线缆和终端盒的安装。

智能建筑是建筑工程与艺术、自动化技术、现代通信技术和计算机网络技术相结合的复杂系统工程学科，是现代高新技术与建筑艺术相结合的产物。智能建筑的发展是科学技术和经济水平的综合体现，它已成为一个国家、地区和城市现代化水平的重要标志之一。目前智能建筑已成为一个国家综合国力的具体表征之一，随着人们生活水平的日益提高，智能建筑的需求量也会急速增大，可见智能建筑是最有生命力的建筑。

14.1 建筑智能化的概念

14.1.1 建筑智能化的形成背景

智能建筑最初起源于美国20世纪80年代初期，1985年8月在东京青山建成了日本第一座智能大厦“本田青山大厦”。欧洲发展智能建筑基本与日本同步，20世纪80年代末和20世纪90年代初，法、德等国相继建成各有特色的智能建筑。同时期，亚太地区经济的活跃，使新加坡、台北、香港、汉城（现首尔）、雅加达、吉隆坡和曼谷等大城市陆续建起一批高标准的智能化大楼。

我国智能建筑始于20世纪80年代末90年代初，1990年建成的北京发展大厦是智能建筑的雏形，1993年建成的广东国际大厦为我国大陆首座智能化商务大厦，它具有较完善的“3A”系统（建筑设备自动化系统、通信自动化系统和办公自动化系统）及高效的国际金融信息网络，通过卫星可直接接受美联社道琼斯公司的国际经济信息，同时还提供了舒适的居住与办公环境。随之房地产商又以“5A”建筑、“7A”建筑的广告推销房产，于是智能建筑在国内迅速推广。

政府加强了对建筑智能化系统的管理，先后出台了相关的规范和规定。如2000年建设部出台了国家标准《智能建筑设计标准》，同年信息产业部颁布了《建筑与建筑群综合布线系统工程设计规范》和《建筑与建筑群综合布线系统工程验收规范》，公安部也加强了对火灾报警系统和安防系统的管理。建设部还在1997年颁布了《建筑智能化系统工程设计管理暂行规定》，规定了承担智能建筑设计和系统集成的必须具备必要的资格。2001年建设部在87号令《建筑业企业资质管理规定》中设立了建筑智能化工程专业承包资质，在2015年开始实施的《建筑业企业资质标准》中，将建筑智能化工程专业承包企业资质、电信工程专业承包企业资质、电子工程专业承包企业资质合并为电子与智能化工程专业承包资质。

14.1.2 建筑智能化的定义

当今世界科学技术发展的主要标志是4C技术，即计算机（Computer）技术、控制（Control）技术、通信（Communication）技术和图形显示（Cathode Ray Tube，简称CRT）技术。将4C技术综合应用于建筑物之中，在建筑物内建立一个计算机综合网络，使建筑物智能化。

智能建筑在世界各地不断崛起，已成为现代化城市的重要标志。然而，国际上对智能建筑的定义却还没有统一。这主要是因为智能建筑本身是一个动态的概念，它是为适应现代社会信息化与经济国际化的需要而兴起的，是随计算机技术、通信技术和现代控制技术的发展和相互渗透而发展起来的，并将继续发展下去。国际上对智能建筑比较认同的定义是："所谓智能建筑，就是通过对建筑物的4个基本要素（结构、系统、服务、管理）以及它们之间的内在联系，以最优化的设计，提供一个投资合理又拥有高效率的优雅舒适、便利快捷、高度安全的环境空间。"目前各国对智能建筑的定义有所不同，下面通过几种国内外比较有影响的定义来了解智能建筑的内涵。

1）美国智能建筑学会（AIBI，American Intelligent Building Institute）定义为：智能建筑是对建筑结构、建筑设备（机电系统）、供应和服务、管理水平这四个基本要素进行最优化组合，为用户提供一个高效率并具有经济效益的环境。

2）日本智能建筑研究会认为，智能建筑应提供包括商业支持功能、通信支持功能等在内的高度通信服务，并能通过高度自动化的大楼管理体系保证舒适的环境和安全，以提高工作效率。

3）欧洲智能建筑集团认为，智能建筑是使其用户发挥最高效率，同时又以最低的保养成本、最有效地管理本身资源的建筑，能够提供一个反应快、效率高和有支持力的环境以使用户达到其业务目标。

2006年的国家标准《智能建筑设计标准》（GB/T 50314—2006）对智能建筑定义为："以建筑物为平台，兼备信息设施系统、信息化应用系统、建筑设备管理系统、公共安全系统等，集结构、系统、服务、管理及其优化组合为一体，向人们提供安全、高效、便捷、节能、环保、健康的建筑环境"。

国家标准《智能建筑设计标准》（GB 50314—2015 ）中对智能建筑的定义为："以建筑物为平台，基于对各类智能化信息的综合应用，集架构、系统、应用、管理及优化组合为一体，具有感知、传输、记忆、推理、判断和决策的综合智慧能力，形成以人、建筑、环境互为协调的整合体，为人们提供安全、高效、便利及可持续发展功能环境的建筑"。因此可以了解到建筑智能化的目的，就是实现建筑物的安全、高效、便捷、节能、环保、健康等属性。

智能建筑的目的：

1）应用现代4C技术建立四通八达的语音、数据通信系统。

2）应用现代4C技术集中监视、控制、记录、管理整个建筑的机电设备，节省人力和资源。

3）给人们提供一个安全、舒适的生活、娱乐、学习与工作环境空间。

14.1.3 建筑智能化的组成和特点

1. 建筑智能化的组成

建筑智能化主要由楼宇自动化（BA）、通信自动化（CA）和办公自动化（OA）三大系统组成，这3个自动化通常称为“3A”，它们是智能化建筑中最基本的，而且必须具备的基本功能（图14-1）。这三个系统中又包含各自的子系统。这几个系统是一个综合性的整体，而不是像过去那样分散的、没有联系的系统。其中通信网络系统的家庭成员是话音通信系统（电话）、音响系统、影像系统、数据通信系统、多媒体网络通信系统等。建筑设备自动化系统的组成成员是建筑设备监控系统、消防自动化系统、安全防范自动化系统等。办公自动化系统主要由物业管理营运信息子系统、办公和服务管理子系统、信息服务子系统、智能卡管理子系统等构成。广义的建筑智能化系统又简称为建筑弱电系统，如果更细分的话，又分为数字化系统和智能化系统。在建筑智能化环境内，由系统集成中心（SIC）通过综合布线系统（GCS）来控制3A，实现高度信息化、自动化及舒适化的现代建筑，如图14-2所示。

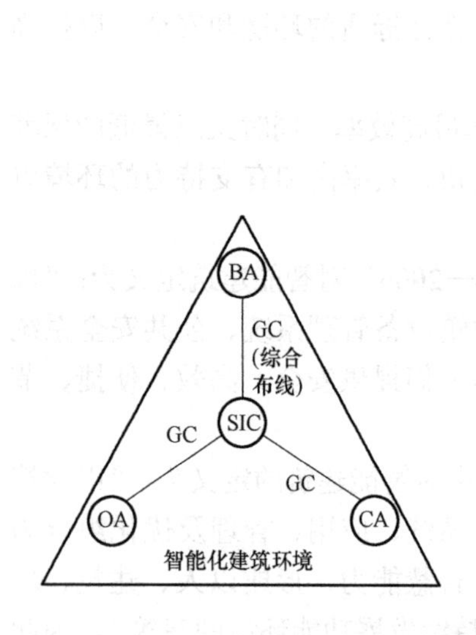

图14-1 智能化建筑结构

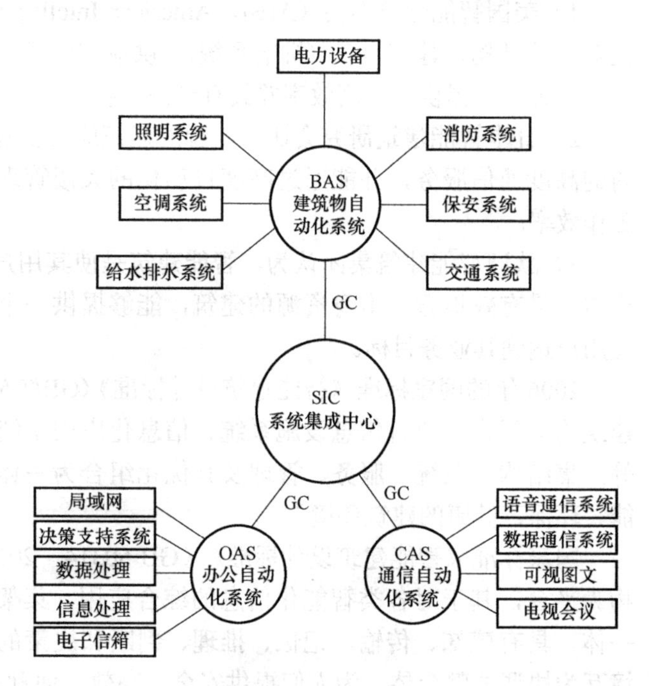

图14-2 建筑智能化功能汇总

从用户服务角度来看，建筑智能化可提供三大服务领域，即安全性、舒适性和便利 / 高效性，见表 14-1。从表中可以看出，建筑智能化可以满足人们在社会信息化发展的新形势下对建筑物提出的更高的功能要求。

表 14-1 建筑智能化的三大服务领域

安全性方面	舒适性方面	便利 / 高效性方面
火灾自动报警	空调监控	综合布线
自动喷淋灭火	供热监控	用户程控交换机
防盗报警	给水排水监控	VSAT 卫星通信
闭路电视监控	供配电监控	办公自动化
保安巡更	卫星电缆电视	Internet
电梯运行控制	背景音乐	宽带接入
出入控制	装饰照明	物业管理
应急照明	视频点播	一卡通

2. 建筑智能化的特点

（1）节约能源

节约能源主要是通过楼宇设备自动化系统（BAS）来实现的。以现代化的大厦为例，空调和照明系统的能耗很大，约占大厦总能耗的 70%，这样在满足使用者对环境要求的前提下，建筑智能化能通过其“智慧”尽可能利用自然气候来调节室内温度和湿度，以最大限度地减少能源消耗。如按事先确定的程序，区分“工作”和“非工作”时间、午间休息时间，部分区域降低室内照度、温度和湿度控制标准；下班后，再降低照度、温度和湿度控制标准或停止照明及空调系统。

（2）节省设备运行维护费用

通过管理的科学化、智能化，使得建筑物内的各类机电设备的运行管理、保养维修更趋自动化。建筑智能化系统的运行维修和管理，直接关系到整座建筑物的自动化与智能化能否实际运作，并达到原设计的目标。而维护管理工程的主要目的是以最低的费用去确保建筑物内各类机电设备的妥善维护、运行、更新。根据美国大楼协会统计，一座大厦的生命周期是 60 年，启用后 60 年内的维护及营运费用约为建造成本的 3 倍；根据日本的统计，一座大厦的管理费、水电费、煤气费、机械设备及升降梯的维护费，占整个大厦营运费用支出的 60% 左右，且这些费用还将以每年 4% 的幅度递增。因此，由于系统的高度集成，系统的操作和管理也高度集中，人员安排更合理，使得人员成本降低到最低。

（3）提供安全舒适和高效便捷的环境

建筑智能化首先确保人、财、物的高度安全以及具备对灾害和突发事件的快速反应能力，同时建筑智能化还能提供室内适宜的温度、湿度和新风以及多媒体音像系统、装饰照明、公共环境背景音乐等，可显著地提高在建筑物内的工作、学习、生活的效率和质量。建筑智能化通过建筑物内外四通八达的电话网、电视网、计算机局域网、互联网及各种数据通信网等现代通信手段和各种基于网络的办公自动化环境，为人们提供一个高效便捷的工作、学习和生活环境。

（4）广泛采用了“3C”高新技术

3C 高新技术是指现代计算机（Computer）技术、现代通信（Communication）技术和现代控制（Control）技术。由于现代控制技术是以计算机技术、信息传感技术和数据通信技术为基础的，而现代通信技术也是基于计算机技术发展起来的，所以 3C 技术的核心是基于计算机技术及网络的信息技术。

（5）系统集成

从技术角度看，智能建筑与传统建筑最大的区别就是智能建筑各智能化系统的系统集成。智能建筑的系统集成，就是将建筑智能化中分离的设备、子系统、功能、信息通过计算机网络集成为一个相互关联的统一协调的系统，实现信息、资源、任务的重组和共享。也就是说，建筑智能化安全、舒适、便利、节能、节省人工费用的特点，必须依赖集成化的建筑智能化系统才能得以实现。

14.2 建筑智能化系统简介

14.2.1 综合布线系统（GCS）

1. 综合布线概述

综合布线系统是指按标准的、统一的和简单的结构化方式编制和布置各种建筑物（或建筑群）内各种系统的通信线路，包括网络系统、电话系统、监控系统、电源系统和照明系统等。因此，综合布线系统是一种标准通用的信息传输系统。

综合布线的发展与建筑物自动化系统密切相关。传统布线如电话、计算机局域网都是各自独立的。各系统分别由不同的厂商设计和安装，传统布线采用不同的线缆和不同的终端插座；而且，连接这些不同布线的插头、插座及配线架均无法互相兼容。而办公布局及环境改变的情况是经常发生的，当需要调整办公设备或需要更换（更新）设备时，就必须更换布线。这样因增加新电缆而留下不用的旧电缆，日久天长，导致了建筑物内一堆堆杂乱的线缆，造成很大的隐患，维护也不便，改造也十分困难。随着全球社会信息化与经济国际化的深入发展，人们对信息共享的需求日趋迫切，这就需要一个适合信息时代的布线方案。

美国电话电报公司（AT&T）的贝尔（Bell）实验室的专家们经过多年的研究，在办公楼和工厂试验成功的基础上，于 20 世纪 80 年代末期率先推出 SYSTIMATMPDS（建筑与建筑群综合布线系统），现已推出结构化布线系统（SCS）。经中华人民共和国国家标准 GB/T 50311—2000 命名为综合布线系统 GCS（Generic Cabling System）。

综合布线是一种预布线，能够适应较长一段时间的需求。综合布线同传统的布线相比较，有着许多优越性，是传统布线所无法相比的。其特点主要表现在它具有兼容性、开放性、灵活性、可靠性、先进性和经济性，而且在设计、施工和维护方面也给人们带来了许多便利。

综合布线主要有以下特点：

1）兼容性：综合布线的首要特点是它的兼容性。所谓兼容性是指它自身是完全独立的而与应用系统相对无关，可以适用于多种应用系统。过去，为一幢大楼或一个建筑群内的语音或数据线路布线时，往往是采用不同厂家生产的电缆线、配线插座以及接头等。例如，用户交换机通常采用双绞线，计算机系统通常采用同轴电缆。这些不同的设备使用不同的配线材料，而连接这些不同配线的插头、插座及端子板也各不相同，彼此互不相容。一旦需要改变终端机或电话机位置时，就必须敷设新的线缆以及安装新的插座和接头。

综合布线将语音、数据与监控设备的信号线经过统一的规划和设计，采用相同的传输媒体、信息插座、交连设备、适配器等，把这些不同信号综合到一套标准的布线中。由此可见，这种布线比传统布线大为简化，可节约大量的物资、时间和空间。

在使用时，用户可不用定义某个工作区的信息插座的具体应用，只把某种终端设备（如个人计算机、电话、视频设备等）插入这个信息插座，然后在管理间和设备间的交接设备上做相应的接线操作，这个终端设备就被接入到各自的系统中了。

2）开放性：对于传统的布线方式，只要用户选定了某种设备，也就选定了与之相适应的布线方式和传输媒体。如果更换另一设备，那么原来的布线就要全部更换。对于一个已经完工的建筑物，这种变化是十分困难的，要增加很多投资。综合布线由于采用开放式体系结构，符合多种国际上现行的标准，因此它几乎对所有著名厂商的产品都是开放的，如计算机设备、交换机设备等，并对所有通信协议也是支持的，如ISO/IEC8802-3，ISO/IEC8802-5等。

3）灵活性：传统的布线方式是封闭的，其体系结构是固定的，若要迁移设备或增加设备是相当困难和麻烦的，甚至是不可能的。

综合布线采用标准的传输线缆和相关连接硬件，模块化设计。因此所有通道都是通用的。每条通道可支持终端、以太网工作站及令牌环网工作站。所有设备的开通及更改均不需要改变布线，只需增减相应的应用设备以及在配线架上进行必要的跳线管理即可。

4）可靠性：传统的布线方式由于各个应用系统互不兼容，因而在一个建筑物中往往要有多种布线方案。因此建筑系统的可靠性要由所选用的布线可靠性来保证，当各应用系统布线不当时，还会造成交叉干扰。

综合布线采用高品质的材料和组合压接的方式构成一套高标准的信息传输通道。所有线槽和相关连接件均通过ISO认证，每条通道都要采用专用仪器测试链路阻抗及衰减率，以保证其电气性能。应用系统布线全部采用点到点端接，任何一条链路故障均不影响其他链路的运行，这就为链路的运行维护及故障检修提供了方便，从而保障了应用系统的可靠运行。各应用系统往往采用相同的传输媒体，因而可互为备用，提高了备用冗余。

5）先进性：综合布线，采用光纤与双绞线混合布线方式，极为合理地构成一套完整的布线。所有布线均采用世界上最新通信标准，链路均按八芯双绞线配置。5类双绞线带宽可达100MHz，6类双绞线带宽可达200MHz。对于特殊用户的需求可把光纤引到桌面（Fiber to the Desk），为同时传输多路实时多媒体信息提供足够的带宽容量。

6）经济性：综合布线比传统布线具有经济性优点，综合布线可适应相当长时间的需求，传统布线改造很费时间，耽误工作造成的损失更是无法用金钱计算的。

综合布线较好地解决了传统布线方法存在的许多问题，随着科学技术的迅猛发展，人们对信息资源共享的要求越来越迫切，尤其以电话业务为主的通信网逐渐向综合业务数字网（ISDN）过渡，越来越重视能够同时提供语音、数据和视频传输的集成通信网。因此，综合布线取代单一、昂贵、复杂的传统布线，是“信息时代”的要求，是历史发展的必然趋势。

2．综合布线系统的组成

（1）系统组成

综合布线系统具有开放式结构的特点，能支持电话及多种计算机、数据系统，还能支持会议电视等系统的需要，根据国际标准ISO11801的定义，结构化布线系统可根据具体功能不同划分为以下六个子系统：工作区子系统、水平子系统、垂直干线子系统、设备间子系统、管理子系统和建筑群子系统，如图14-3所示。

1）工作区子系统。工作区子系统由用户终端设备连接至信息插座的器件组成，目的是实现工作区终端设备与水平子系统之间的连接。如图14-4所示，它包括装配软线、连接器和连接所需的扩展软线，并在终端设备和I/O接口处搭桥，信息插座有墙上、地上、桌上等，标准有RJ45/RJ11的单、双、多孔等各种型号。工作区常用设备是计算机、网络集线器(Hub或Mau)、电话、报警探头、摄像机、监视器、音响等。

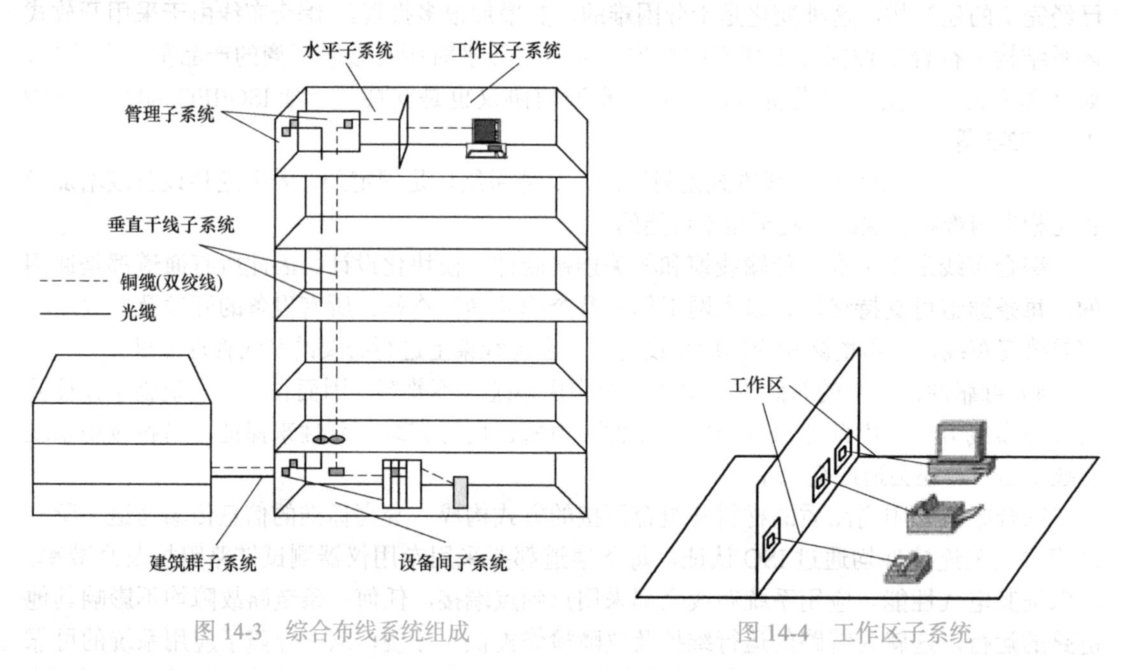

图14-3　综合布线系统组成　　　　图14-4　工作区子系统

2）水平子系统。水平布线子系统将电缆从楼层配线架连接到各工作区的信息插座上，目的是实现信息插座和管理子系统（跳线架）间的连接，将用户工作区引至管理子系统，并为用户提供一个符合国际标准，满足语音及高速数据传输要求的信息点出口，如图14-5所示。该子系统由一个工作区的信息插座开始，经水平布置到管理区的内侧配线架的线缆所组成，一般处在同一楼层。系统中常用的传输介质是超5类UTP（非屏蔽双绞线），它能支持大多数现代通信设备。如果需要某些宽带应用时，可以采用光缆。

信息出口采用插孔为ISDN8芯（RJ45）的标准插口，每个信息插座都可灵活地运用，并根据实际应用要求可随意更改用途。图14-6为RJ45标准插口，图14-7为光纤连接器。

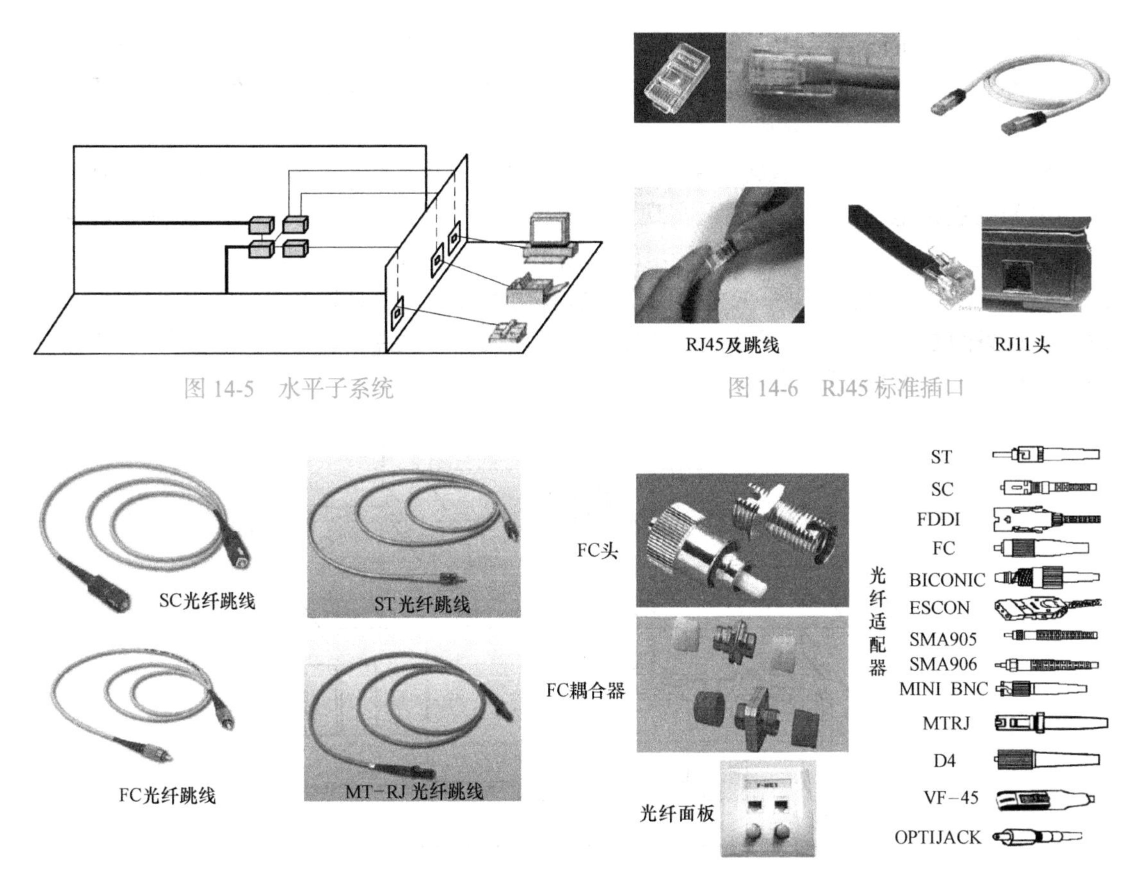

图 14-5 水平子系统

图 14-6 RJ45 标准插口

图 14-7 光纤连接器

3）管理子系统。管理子系统设置在每层配线间及大楼主设备间内，由相应的交连、互连配线架（配线盘）、跳线及辅助配件等组成，如图 14-8 所示。借助于管理子系统，管理点为连接其他子系统提供连接手段，可以实现不同的网络拓扑结构。当工作人员位置迁移或调整时，可以灵活地改变用户的路由。其主要功能是将垂直干缆与各楼层水平布线子系统相连接。布线系统的灵活性和优势主要体现在管理子系统上，对任何一类智能系统的连接，

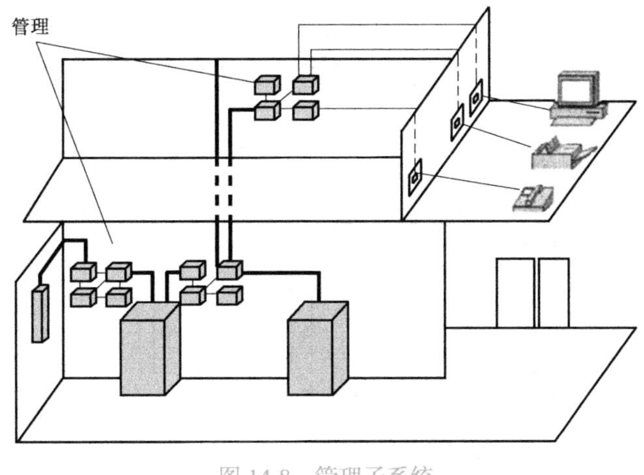

图 14-8 管理子系统

只要简单地跳一下线就可以完成线路重新布置和网络终端的调整。互连配线架根据不同的连接硬件分为楼层配线架（箱）IDF 和总配线架（箱）MDF，IDF 可安装在各楼层的干线接线间，MDF 一般安装在设备机房。

4）垂直干线子系统。建筑物垂直干线子系统由设备间的配线设备及设备间至各楼层配线间之间的连接电缆组成，目的是实现计算机设备、程控交换机（PABX）、控制中心与各管理子系统间的连接，是建筑物干线电缆的路由，是综合布线系统的神经中枢，实现主配线架与中间配线架的连接。系统由建筑物内所有的垂直干线多对数电缆及相关支撑件组成，以提供设备间总配线架与干线接线间楼层配线架之间的干线路由，如图 14-9 所示。常用介质是大对数双绞线电缆和光缆。

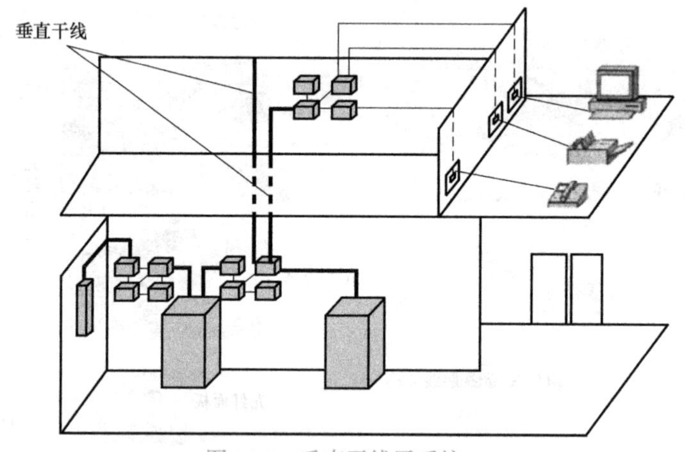

图 14-9　垂直干线子系统

对于电话主干线，一般采用大对数 3 类或 5 类主干电缆；对于高速数据主干线，可选用多模光缆，如果主干长度不超过 90m，也可采用 5 类非屏蔽主干电缆。

5）设备间子系统。设备间是在每一幢大楼的适当地点设置进线设备，进行网络管理以及管理人员值班的场所。

设备间子系统（图 14-10）把中继线交叉处和布线交叉连接处连到应用系统设备上，由设备室的电缆及连接器和相关支撑硬件组成，作用是将计算机、PABX、摄像头、监视器等公用系统的各种不同弱电设备互连起来，并连接到主配线架上。设备主要包括计算机系统、网络集线器（Hub）、网络交换机（Switch）、程控交换机（PABX）、音响输出设备、闭路电视控制装置和报警控制中心等。

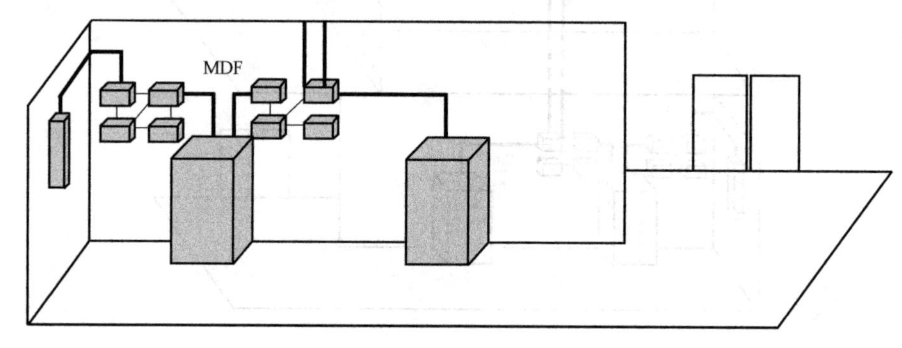

图 14-10　设备间子系统

设备间子系统一般可分为两部分：第一部分为计算机房，放置网络设备，在网络设备上可接服务器、主机等；第二部分为通信中心，放置PABX及连接PABX与垂直干缆的主配线架等。

6）建筑群子系统。该子系统将一个建筑物的电缆延伸到建筑群的另外一些建筑物中的通信设备和装置上，是结构化布线系统的一部分，支持提供楼群之间通信所需的硬件，如图14-11所示。它由电缆、光缆和入楼处的过流过压电气保护设备（浪涌保护器）等相关硬件组成，常用介质是光缆。对于电话主干线，一般采用大对数3类主干电缆；对于高速数据主干线，可选用光缆，如果主干长度不超过90m，也可采用5类25对非屏蔽主干电缆。图14-12为光纤配线。

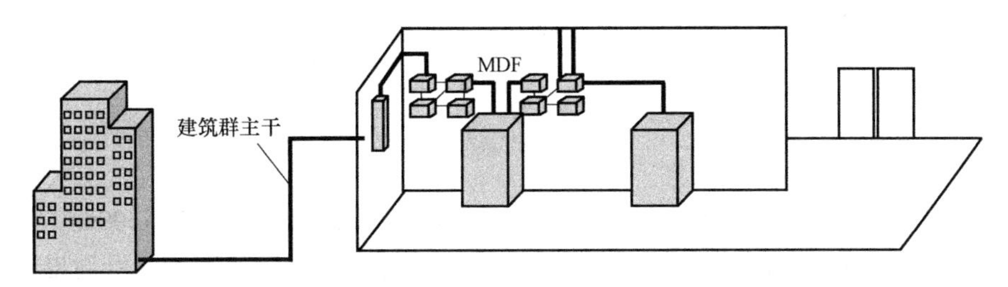

图14-11　建筑群子系统

图14-12　光纤配线

（2）综合布线中使用的电缆

目前综合布线中使用的电缆主要有两类，双绞铜缆和光缆。

1）铜缆。

① 50Ω的同轴电缆，适用于比较大型的计算机局域网。

② 非屏蔽双绞线（Unshielded Twisted Pair，简称UTP），分为100Ω和150Ω两类。100Ω电缆又分为3类、4类、5类、6类几种，150Ω双绞电缆只有5类一种。

③ 屏蔽双绞线（Shielded Twisted Pair，简称STP），与非屏蔽双绞线一样，只不过在护套内增加了金属层。图14-13为双绞线结构。

2）光缆（光纤）。光纤为光导纤维的简称，由直径大约为10μm的细玻璃丝构成。它透明、纤细，虽比头发丝还细，却具有把光封闭在其中并沿轴向进行传播的导波结构。光导纤维为传输介质的一种通信方式，其优点是：不会产生电磁波、辐射和能量，不受电磁波、辐射和其他电缆干扰；体积小、质量轻、高带宽（理论传输达2.56Tb/S）；长距离传输（单膜可达 120km）。图 14-14 为光纤结构和工作模式图。

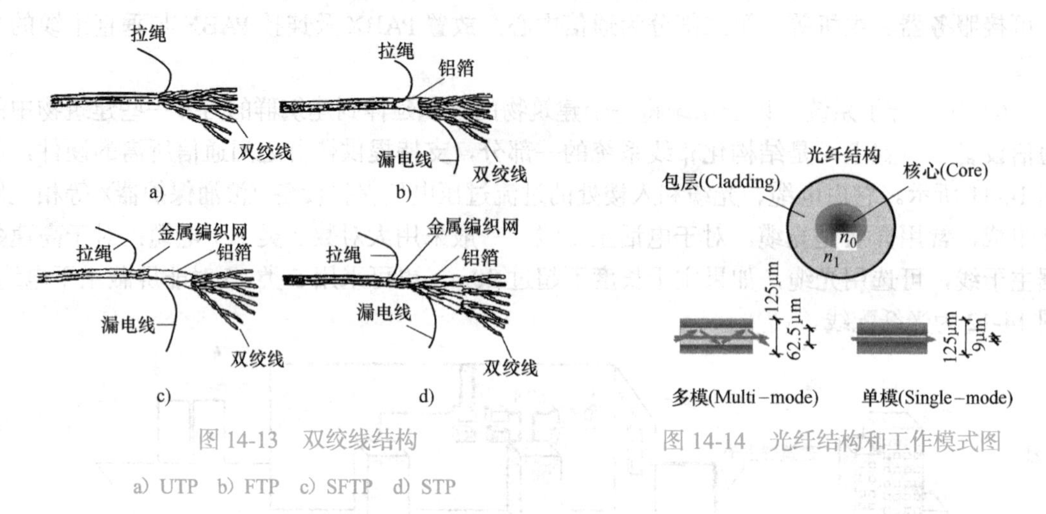

图 14-13　双绞线结构

a）UTP　b）FTP　c）SFTP　d）STP

图 14-14　光纤结构和工作模式图

① 多模光纤（Multi-Mode Fiber，MMF）。在一定的工作波长下（850/1300nm），有多个模式在光纤中传输，这种光纤称为多模光纤。多模光纤的光耦合效率高，光纤对准不太严格，需要较少的管理点和接头盒；对微弯曲损耗不太灵敏，符合 FDDI 标准。由于色散或像差，这种光纤的传输性能较差，频带较窄，传输容量也比较小，距离比较短，有色散。规格：50/125μm，62.5/125μm（常用），100/140μm，200/230μm，62.5μm 渐变增强型多模光纤。

② 单模光纤（Single-Mode Fiber，SMF）。单模光纤只传输主模，也就是说光线只沿光纤的内芯进行传输。由于完全避免了模式色散，使得单模光纤的传输频带很宽，因而适用于大容量，长距离的光纤通信。单模光纤使用的光波长为 1310nm 或 1550nm，能量损耗小，不会产生色散。大多需要激光二极管作为光源。规格：8/125μm、9/125μm（常用）、10/125μm。单模光纤常用于距离大于 2000m 的建筑群。

（3）综合布线系统的应用

由于综合布线系统主要是针对建筑物内部及建筑群之间的计算机、通信设备和自动化设备的布线而设计的，所以布线系统的应用范围是满足于各类不同的计算机、通信设备、自动化设备传输弱电信号的要求。综合布线系统网络上传输的弱电信号有：

1）模拟与数字话音信号。

2）高速与低速的数据信号。

3）传真机等需要传输的图像资料信号。

4）会议电视等视频信号。

5）建筑物的安全报警和自动化控制的传感器信号等。

14.2.2　建筑设备自动化系统（BAS）

建筑设备自动化系统（BAS）又称为楼宇自动化系统，它使建筑物成为安全、健康、舒适、温馨的生活环境和高效的工作环境，并能保证系统运行的经济性和管理的智能化。

自动测量、见识与控制是 BAS 的三大技术环节和手段，通过它们可以动态掌握建筑设备的运转状态，事故状态，能耗、负荷的变动情况。

1. 楼宇自动化系统的组成

楼宇自动化系统主要由以下部分组成：

1）供配电监控系统。

2）照明监控系统。

3）给水排水监控系统。

4）暖通空调监控系统。

5）电梯监控系统。

6）保安监控系统（SAS）：一般包括出入口控制系统、防盗报警系统、闭路电视减湿系统、保安人员巡逻管理。

7）消防监控系统（FAS)：主要由火灾自动报警系统和消防联动控制两部分构成。

8）BAS 的集中管理协调。

2. 楼宇自动化系统的功能

楼宇自动化系统的基本功能可以归纳如下：

1）自动监视并控制各种机电设备的启、停，显示或打印当前运转状态。

2）自动检测、显示、打印各种机电设备的运行参数及其变化趋势或历史数据。

3）根据外界条件、环境因素、负载变化情况自动调节各种设备，使之始终运行于最佳状态。

4）监测并及时处理各种意外、突发事件。

5）实现对大楼内各种机电设备的统一管理、协调控制。

6）能源管理：水、电、气等的计量收费、实现能源管理自动化。

7）设备管理：包括设备档案、设备运行报表和设备维修管理等。

3. 楼宇自动化系统的原理

楼宇自动化系统采用的是基于现代控制理论的集散型计算机控制系统，也称为分布式控制系统（Distributed Control Systems 简称 DCS)。它的特征是“集中管理，分散控制”，即用分布在现场被控设备处的微型计算机控制装置（DDC）完成被控设备的实时检测和控制任务，克服了计算机集中控制带来的危险性、高度集中的不足和常规仪表控制功能单一的局限性。安装于中央控制室的中央管理计算机具有 CRT 显示、打印输出、丰富的软件管理和很强的数字通信功能，能完成集中操作、显示、报警、打印与优化控制等任务，避免了常规仪表控制分散后人机联系困难、无法统一管理的缺点，保证设备在最佳状态下运行。

14.2.3　通信网络系统（CNS）

通信网络系统（Communication Network System，CNS）是楼内的语音、数据、图像传输的基础，同时与外部通信网络（如公用电话网、综合业务数字网、计算机互联网、数据通信网及卫星通信网等）相连，确保信息畅通。CNS 应能为建筑物或建筑群的拥有者（管理者）及建筑物内的各个使用者提供有效的信息服务；CNS 应能对来自建筑物或建筑群内外的各种信息予以接收、存贮、处理、交换、传输并提供决策支持的能力；CNS 提供的各类业务及其业务接口，应能通过建筑物内布线系统引至各个用户终端。

通信网络系统的组成与功能智能建筑中的通信网络系统包括通信系统和计算机网络系

统两大部分。通信系统目前主要由两大系统组成：用户程控交换机和有线电视网（CATV）。前者是由电信系统方面发展而来的，后者是广电系统方面发展至今的。计算机网络系统即智能建筑中的计算机局域网及其互联网、接入网。

CNS 一般包括以下子系统：

1）电话通信系统。电话通信系统是各类建筑物必须设置的系统。智能建筑中的电话系统交换设备一般采用 PABX（用户程控交换机），电话线路基于综合布线系统 GCS。PABX 不仅能提供传统的语音通信方式，还能满足用户对数据通信、计算机局域网互连、N-ISDN 通信的要求。

2）有线电视系统。有线电视系统 CATV 也是智能建筑的基本系统之一。与传统 CATV 不同的是，智能建筑 CATV 要求电视图像信号双向传输，并为采用 HFC（光纤同轴电缆混合接入网）打下基础。

3）视频会议系统。视频会议系统是利用图像压缩编码和处理技术、电视技术、计算机网络通信技术和相关设备、线路，实现远程点对点或多点之间图像、语音、数据信号的实时交互式通信。视频会议系统可大大节省时间、提高会议的效率、降低会议成本。

4）广播电视卫星系统。通过架设在房顶的卫星地面站可直接接收广播电视的卫星信号。VSAT（Very Small Aperture Terminal）卫星通信系统是 20 世纪 80 年代发展起来的一种新型的卫星通信系统，是具有小口径天线的智能化的地球站。这类地球站安装使用方便，非常适合智能建筑的数据传输。大量的这类小站（天线为几米甚至小到 1m 以下）协同一个大站（称为主站）构成一个卫星通信系统，可以单向、双向传输数据、话音、图像及其他综合电信和信息业务，适合于用户分散、业务量不大的专用或公用通信网。

5）同声传译系统。同声传译系统是译员通过专用的传译设备提供的即时口头翻译，译员通过话筒讲话，听众通过耳机接收，这种翻译形式可同时有几种语言，如联合国大会就有 6 种语言的同声传译。

6）公共 / 紧急广播系统。智能大厦和高级宾馆等现代化建筑物都设有广播音响系统，包括一般广播、紧急广播和音乐广播等部分。广播音响系统的设计则包括公共广播与客房音响两部分。公共广播用于公共场所，如走廊、电梯门厅、电梯轿厢、入口大厅、商场、酒吧、宴会厅等，通常采用组合式声柱或分散扬声器箱，平时播放背景音乐，当遇到火灾时作为事故广播，指挥人员的疏散。客房音响设置的目的是为客人营造一种欣赏音乐与休息的舒适环境。

7）计算机局域网。计算机局域网包括智能建筑公共主干网，以及物业管理使用的局域网和购房 / 租房用户使用的业务局域网。主干网和楼层局域网主要采用以太网系列。

8）用户接入网。从现代网络功能角度看，通信网由传输网、交换网和接入网三部分组成。电信网的接入网是指实现本地交换机与用户间连接的部分；有线电视的接入网是指从前端到用户之间的部分；而数据通信网的接入网是指通信子网的边缘路由器与用户 PC 之间的部分。用户接入网主要是解决智能建筑内部与外部世界的信息沟通。

14.2.4 办公自动化系统（OAS）

智能建筑办公自动化系统（Office Automatic System，OAS），按用途可分为通用办公自动化系统和专用办公自动化系统。通用办公自动化系统具有对建筑物的物业管理营运信息、电子账务、电子邮件、信息发布、信息检索、索引、电子会议以及文字处理、文档等的管理功能。对于专业型办公建筑的自动化系统，除了具有上述功能外，还应按其特定的业务需求，建立专用办公自动化系统。

专用办公自动化系统是针对各个用户不同的办公业务需求而开发的，如证券交易系统、银行业务系统、商场 POS 系统、ERP 制造企业资源管理系统、政府公文流转系统等。

办公自动化的支撑技术有：计算机技术、通信技术、自动化技术，可分为办公自动化系统硬件和软件两大类。

1. 办公自动化系统硬件

OAS 的硬件系统包括计算机、计算机网络、通信线路和终端设备。其中计算机是 OAS 的主要设备，因为人员的业务操作都依赖于计算机。计算机网络和通信设备是企业内部信息共享、交流、传递的媒介，它使得系统连接成了一个整体。终端设备专门负责信息采集和发送，承担了系统与外界联系的任务，如打字机、显示器、绘图仪等。

2. 办公自动化系统软件

OAS 的软件包括系统支撑软件、OAS 通用软件和 OAS 专用软件。其中系统支撑软件是维护计算机运行和管理计算机资源的软件，如 Win95、Win98、Unix 等。OAS 通用软件是指可以商品化大众化的办公应用软件，如 Word、Excel 等。OAS 专用软件是指面向特定单位、部门有针对性地开发的办公应用软件，如事业机关的文件处理、会议安排，公司企业的财务报表、市场分析等。

14.2.5 智能建筑系统集成（SIC）

从技术角度看，智能建筑与传统建筑最大的区别就是智能建筑各智能化系统的高度集成。智能建筑系统集成（System Integrated Center，SIC），就是将智能建筑中分离的设备、子系统、功能、信息，通过计算机网络集成为一个相互关联的统一协调的系统，实现信息、资源、任务的重组和共享。智能建筑安全、舒适、便利、节能、节省人工费用的特点必须依赖集成化的建筑智能化系统才能得以实现。

1. 智能建筑系统集成的目标

1）各设备子系统实行统一的监控。

2）实现跨子系统的联动，提高各子系统的协调能力。

3）实现子系统之间的数据综合与信息共享。

4）建立集成管理系统，提高管理效率和质量，降低系统运行及维护成本。

2. 智能建筑系统集成的内容

（1）功能集成

功能集成就是将原来分离的各智能化子系统的功能进行集成，实现原来子系统所没有的针对所有建筑设备的全局性监控和管理功能。功能集成主要分以下两个层次：

1）IBMS 最高管理层的功能集成：集中监视和管理功能、信息综合管理功能、全局事件管理功能、流程自动化管理功能、公共通信网络管理功能。

2）智能化子系统的功能集成：BAS、OAS、CNS 各子系统内部的功能集成。

（2）界面集成

一般各智能化子系统的运行和操作界面是不同的，界面集成就是要实现在统一的用户界面上进行和操作各子系统。界面集成实际是功能集成的外在表现形式。

（3）网络集成

网络集成就是要解决各子系统异构网络之间的互联以及各系统内部管理层信息网络与监控层控制网络之间的互联问题，从而实现系统内外的通信。网络集成的本质是解决异构网络系统之间不同通信协议的转换。

（4）数据库的集成

系统内外实现互联互通的目的是能传输数据，进而实现数据综合和信息共享。数据库集成要解决的主要问题是综合数据的组织和共享信息的访问。

综合数据的组织可采用集中式数据库或分布式数据库方式。集中式数据库位于集成系统管理层，是将各子系统的数据上传汇总集中存放在一个数据库中。分布式数据库由分布在各个子系统中的子数据库所组成，各子数据库在逻辑上是相关的，在使用上可视为一个完整的数据库。

思考题

1. 什么是建筑智能化？
2. 建筑智能化系统由哪几部分组成？
3. 建筑智能化的三大服务领域是什么？
4. 建筑智能化的主要特点是什么？
5. 什么是综合布线系统？综合布线系统的特点是什么？
6. 楼宇自动化系统由哪些部分组成？
7. 楼宇自动化系统的控制原理是什么？
8. 楼宇自动化系统的基本功能是什么？
9. 什么是 CNS？它包含哪些子系统？
10. 什么是 OAS？它的主要功能是什么？
11. 综合布线系统由哪些子系统构成？
12. 目前综合布线中使用的线缆有哪些？

单元15 建筑电气分部工程技能训练

学习目标

了解建筑电气施工图的组成和作用；熟悉建筑电气施工图的一般规定、图例、组成及内容；掌握其识读方法与步骤。

学习内容

1. 常见电气工程图例。
2. 电气工程图纸识读方法。

能力要点

1. 了解建筑电气施工图的一般规定、组成及内容。
2. 掌握施工图识读方法，熟悉图例，理解设计意图。

15.1 常用的建筑电气图例、文字代号和标注格式

1. 常用的电气图例符号

建筑电气工程图常用的电气图形符号参考《建筑电气制图标准》（GB/T 50786—2012），见表 15-1。

表 15-1 常用电气图形符号

名 称	图例符号	名 称	图例符号
导线组（图示三根导线）		双管荧光灯	
屏、台、箱柜一般符号		荧光灯	
接触器（在非操作位置上触点断开）		n 管荧光灯（n ＞ 3）	n
熔断器一般符号		单管格栅灯	
避雷器		双管格栅灯	
分线盒一般符号		三管格栅灯	
灯一般符号		复费率电度表	Wh
荧光灯		开关一般符号	

（续）

名　　称	图例符号	名　　称	图例符号
双联单控开关		光束感烟火灾探测器	
三联单控开关		感光火灾探测器	
n联单控开关（n＞3）	n	可燃气体探测器（点型）	
带指示灯的开关		感温探测器（点型）	
带指示灯双联单控开关		水流指示器	
带指示灯三联单控开关		扬声器一般符号	
带指示灯n联单控开关	n	n根导线	n
阴接触件（连接器），插座		隔离器	
阳接触件（连接器），插头		隔离开关	
投光灯一般符号		断路器一般符号	
聚光灯		熔断器式隔离器	
风扇；风机		熔断器式隔离开关	
电源插座、插孔一般符号		连接盒；接线盒	
多个电源插座 （符号表示三个插座）	3	架空线路	
带保护极的电源插座		电力电缆井/人孔	
单相二、三级电源插座		向上配线或布线	
带保护极和单极开关的电源插座		向下配线或布线	
手动火灾报警按钮		由下引来配线或布线	
消火栓启泵按钮		由上引来配线或布线	

（续）

名　称	图例符号	名　称	图例符号
电压表	V	带指示灯的按钮	
电度表	Wh	天线一般符号	
总配线架	MDF	两路分配器	
中间配线架	IDF	四路分配器	
单极限时开关	t	音响信号装置一般符号	
单极声光控开关	SL	蜂鸣器	
双控单极开关		放大器一般符号	
应急疏散指示标志	E	三路分配器	
应急疏散指示标志（向右）	→	火灾报警控制器	★
应急疏散指示标志（向左）	←	控制和指示设备	★
应急疏散指示标志（向左、向右）	⇄	280℃动作的常开排烟阀	⊖ 280℃
专用电路上的应急照明灯		280℃动作的常闭排烟阀	Φ 280℃
自带电源的应急照明灯		火警电话	
单极拉线开关		加压送风口	Φ
按钮		排烟口	Φ SE

注：1. □可作为电气箱（柜、屏）的图形符号，当需要区分其类型时，宜在图形符号内标注下列字母：LB表示照明配电箱；ELB表示应急照明配电箱；PB表示动力配电箱；EPB表示应急动力配电箱；WB表示电度表箱；TB表示电源切换箱；CB表示控制箱、操作箱。

2. 当电源插座需要区分不同类型时，宜在符号旁标注下列字母：1P表示单相；3P表示三相；1C表示单相暗敷；3C表示三相暗敷；1EX表示单相防爆；3EX表示三相防爆；1EN表示单相密闭；3EX表示三相密闭；

3. 当灯具需要区分不同类型时，宜在符号旁标注下列字母：ST表示备用照明；SA表示安全照明；LL表示局部照明灯；W表示壁灯；C表示吸顶灯；R表示筒灯；EN表示密闭灯；G表示圆球灯；EX表示防爆灯；E表示应急灯；L表示花灯；P表示吊灯；BM表示浴霸。

2. 常用的电气文字符号

建筑电气工程图常用文字符号见表 15-2 ～表 15-5。

表 15-2 线缆敷设方式标注的文字符号

敷设方式	新代号	敷设方式	新代号
穿低压流体输送焊接钢管（钢导管）敷设	SC	电缆梯架敷设	CL
穿普通碳素钢电线保护套管敷设	MT	金属槽盒敷设	MR
穿可挠金属电线保护套管敷设	CP	塑料槽盒敷设	PR
穿硬塑料导管敷设	PC	钢索敷设	M
穿阻燃半硬塑料导管敷设	FPC	直埋敷设	DB
穿塑料波纹管敷设	KPC	电缆沟敷设	TC
电缆托盘敷设	CT	电缆排管敷设	CE

表 15-3 线缆敷设部位标注的文字符号

敷设方式	新代号	敷设方式	新代号
沿或跨梁（屋架）敷设	AB	暗敷设在顶板内	CC
沿或跨柱敷设	AC	暗敷设在梁内	BC
沿吊顶或顶板面敷设	CE	暗敷设在柱内	CLC
吊顶内敷设	SCE	暗敷设在墙内	WC
沿墙面敷设	WS	暗敷设在地板或地面下	FC
沿屋面敷设	RS		

表 15-4 灯具安装方式标注的文字符号

名称	文字符号	名称	文字符号	名称	文字符号
线吊式	SW	吸顶式	C	支架上安装	S
链吊式	CS	嵌入式	R	柱上安装	CL
管吊式	DS	吊顶内安装	CR	座装	HM
壁装式	W	墙壁内安装	WR		

表 15-5 电气线路线型符号

名 称	线型符号	名 称	线型符号
信号线路	——S——	有线电视线路	——TV——
控制线路	——C——	广播线路	——BC——
应急照明线路	——EL——	视频线路	——V——
保护接地线	——PE——	综合布线系统线路	——GCS——
接地线	——E——	消防电话线路	——F——
接闪线、接闪带、接闪网	——LP——	50V 以下的电源线路	——D——
电话线路	——TP——	直流电源线路	——DC——
数据线路	——TD——	光缆一般符号	——⊘——

3. 常用的电气设备标注格式

（1）用电设备的标注格式

用电设备的标注格式为$\frac{a}{b}$。其中，a 表示参照代号；b 表示额定容量，单位为 kW 或 kVA。

例：$\frac{P02C}{40}$表示参照代号为 P02C，容量为 40kW。

（2）系统图电气箱（柜、屏）标注格式

系统图电气箱（柜、屏）的标注格式为 -a+b/c。其中，a 表示参照代号；b 表示位置信息；c 表示型号。

（3）平面图电气箱（柜、屏）标注格式

平面图电气箱（柜、屏）的标注格式为 -a。其中，a 表示参照代号；

（4）灯具的标注格式

灯具的标注格式为 a-b $\frac{c \times d \times L}{e}$ f。其中，a 表示同一个平面内，同种型号灯具的数量；b 表示型号；c 表示每盏照明灯具中光源的数量；d 表示每个光源安装容量，单位为 W；e 表示安装高度，单位为 m，当吸顶安装时用“ - ”表示；L 表示光源种类（常省略不标）；f 表示安装方式。

例：10-PKY501 $\frac{2 \times 40}{2.7}$ CH 表示共有 10 套 PKY501 型双管荧光灯，容量为 2×40W，安装高度为 2.7m，采用链吊式安装。

（5）电缆梯架、托盘和槽盒的标注格式

电缆梯架、托盘和槽盒的标注格式为$\frac{a \times b}{c}$。其中，a 表示宽度，单位为 mm；b 表示高度，单位为 mm；c 表示安装高度，单位为 m。

例：$\frac{800 \times 200}{3.5}$表示电缆梯架的高度是 200mm，宽度是 800mm，安装高度为 3.5m。

（6）线缆的标注格式

线缆的标注格式为 ab-c(d×e+f×g)i-jh。其中，a 表示参照代号；b 表示型号；c 表示线缆根数；d 表示相导体根数；e 表示相导体截面面积，单位为 mm^2；f 表示 N、PE 导体根数；g 表示 N、PE 导体截面，单位为 mm^2；i 表示敷设方式和管径，管径单位为 mm；j 表示敷设部位；h 表示安装高度，单位为 m。上述字母无内容时则省略该部分。

例：12 BLV-2(3×70+1×50)SC70-FC，表示系统中编号为 12 的线路，敷设有 2 根 (3×70+1×50) 电缆，每根电缆有三根 $70mm^2$ 和一根 $50mm^2$ 的聚氯乙烯绝缘铝芯导线，穿过直径为 70mm 的焊接钢管沿地板暗敷设在地面内。

（7）电话线缆的标注格式

电话线缆的标注格式为 a-b(c×2×d)e-f。其中，a 表示参照代号；b 表示型号；c 表示导体对数；d 表示导体直径，单位为 mm；e 表示敷设方式和管径，管径单位为 mm；f 表示敷设部位。

（8）光缆的标注格式

光缆的标注格式为 a/b/c。其中，a 表示型号；b 表示光纤芯数；c 表示长度。

注：前缀“—”在不会引起混淆时可省略；当电源线缆 N 和 PE 分开标注时，应先标注 N 后标注 PE（线缆规格中的电压值在不会引起混淆时可省略）。

15.2 建筑电气工程施工图的基本内容及识图方法

1. 建筑电气施工图的组成和内容

建筑电气工程图可以表明建筑电气工程的构成规模和功能，详细描述电气装置的工作原理，提供安装技术数据和使用维护方法。建筑物的规模和要求不同，建筑电气工程图的种类和图纸数量也不同，常用的建筑电气工程图主要有以下几类：

（1）说明性文件

1）图样目录。内容有序号、图样名称、图样编号、图纸张数等。

2）设计说明。设计说明主要阐述电气工程设计依据、工程的要求和施工原则、建筑特点、电气安装标准、安装方法、工程等级、工艺要求及有关设计的补充说明等。

3）图例。即图形符号和文字代号，通常只列出本套图样中涉及的一些图形符号和文字代号所代表的意义。

4）设备材料明细表。列出该项电气工程所需要的设备和材料的名称、型号、规格和数量，供设计概算、施工预算及设备订货时参考。

（2）电气系统图

电气系统图是用单线图表示电气工程的供电方式、电能分配、控制和设备运行状况的图样。从系统图中可以了解系统的回路个数、名称、容量、用途，电气元件的规格、数量、型号和控制方式，导线的数量、型号、敷设方式、穿管管径等。电气系统图包括变配电系统图、动力系统图、照明系统图、弱电系统图等。

（3）电气平面图

电气平面图是表示各种电气设备、元件、装置和线路平面布置的图。它根据建筑平面图绘制出电气设备、元件等的安装位置、安装方式、型号、规格、数量等，是电气安装的主要依据。常用的电气平面图有变配电所平面图、室外供电线路平面图、照明平面图、动力平面图、防雷平面图、接地平面图、火灾报警平面图、综合布线平面图等。

（4）布置图

布置图是表现各种电气设备和器件的平面与空间的位置、安装方式及其相互关系的图样。布置图通常由平面图、立面图、剖面图及各种构件详图等组成。一般来说，设备布置图是按三视图原理绘制的。

（5）接线图

安装接线图在现场常被称为安装配线图，主要是用来表示电气设备、电气元件和线路的安装位置、配线方式、接线方法、配线场所特征的图样。

（6）电路图

电路图现场常称为电气原理图，主要是用来表现某一电气设备或系统的工作原理的图样，它是按照各个部分的动作原理图采用分开表示法展开绘制的。通过对电路图的分析，可以清楚地看出整个系统的动作顺序。电路图可以用来指导电气设备和器件的安装、接线、调试、使用与维修。

（7）详图

详图是表现电气工程中设备的某一部分的具体安装要求和做法的图样。详图一般采用标准通用图集，非标准的或有特殊要求的电气设备或元件安装，需要设计者专门绘制。

2. 电气施工图的识读方法

阅读建筑电气工程图，应先熟悉该建筑物的功能、结构特点等，然后再按照一定顺序进行阅读，才能比较迅速全面地读懂图样，以实现读图的意图和目的。

一套建筑电气工程图所包括的内容比较多，图纸往往有很多张，一般应按以下顺序依次阅读和做必要的相互对照阅读。

（1）看标题栏及图纸目录

了解工程名称、项目内容、设计日期及图纸数量和内容等。

（2）看总说明

了解工程总体概况及设计依据，了解图样中未能表达清楚的各有关事项。如供电电源的来源、电压等级、线路敷设方法、设备安装高度及安装方式、补充使用的非国标图形符号、施工时应注意的事项等。

（3）看系统图

各分项工程的图样中都包含有系统图，如变配电工程的供电系统图、电力工程的电力系统图、照明工程的照明系统图以及电缆电视系统图等。看系统图的目的是了解系统的基本组成，主要电气设备、元件等连接关系及它们的规格、型号、参数等，掌握该系统的基本概况。

（4）看平面布置图

平面布置图是建筑电气工程图中的重要图样之一，如变配电所电气设备安装平面图、电力平面图、照明平面图、防雷平面图、接地平面图等，都是用来表示设备安装位置，线路敷设方法及所用导线型号、规格、数量，管径大小的。通过阅读系统图，了解了系统组成概况之后，就可依据平面图编制工程预算和施工方案，组织施工了。

（5）看电路图和接线图

了解各系统中用电设备的电气自动控制原理，用来指导设备的安装和控制系统的调试工作。因电路图多是采用功能图法绘制的，看图时应依据功能关系从上至下或从左至右一个回路、一个回路的阅读。在进行控制系统的配线和调校工作中，还可配合阅读接线图和端子图。

（6）看安装详图

安装详图是用来详细表示设备安装方法的图样，也是用来指导安装施工和编制工程材料计划的重要依据。

（7）看设备材料表

设备材料表提供了该工程使用的设备，材料的型号、规格和数量，是购置主要设备、编制材料计划的重要依据之一。

阅读图样的顺序没有统一的规定，可以根据需要，自己灵活掌握，并应有所侧重。有时一张图可反复阅读多遍。为更好地利用图样指导施工，使安装质量符合要求，阅读图样时，还应配合阅读有关施工及验收规范、质量检验评定标准以及全国通用电气装置标准图集，以详细了解安装技术要求及具体安装方法。

思考题

结合熟悉的建筑现场，准确识读建筑电气工程施工图。

参 考 文 献

[1] 郭卫琳，黄奕沄，张宇等．建筑设备 [M]．北京：机械工业出版社，2010.
[2] 胡红英．建筑设备 [M]．北京：机械工业出版社，2011.
[3] 刘福玲．建筑设备 [M]．北京：机械工业出版社，2014.
[4] 刘源全，刘卫斌．建筑设备 [M]．3 版．北京：北京大学出版社，2017.
[5] 高明远，岳秀萍，杜震宇．建筑设备工程 [M]．4 版．北京：中国建筑工业出版社，2016.
[6] 段钟清，蔡晓莉．建筑设备 [M]．2 版．南京：南京大学出版社，2014.
[7] 王增长．建筑给水排水工程 [M]．7 版．北京：中国建筑工业出版社，2016.
[8] 李祥平，闫增峰，吴小虎．建筑设备 [M]．2 版．北京：中国建筑工业出版社，2013.
[9] 上海现代建筑设计（集团）有限公司，中国建筑设计研究院，广东省建筑设计研究院 . 建筑给水排水设计规范（2009 年版）：GB 50015—2003[S]．北京：中国计划出版社，2010.
[10] 北京市政建设集团有限责任公司．给水排水管道工程施工及验收规范：GB 50268—2008[S]. 北京：中国建筑工业出版社，2009.
[11] 沈阳市城乡建设委员会，中国建筑东北设计研究院，沈阳山盟建设 (集团) 公司，等 . 建筑给水排水及采暖工程施工质量验收规范：GB 50242—2002[S]．北京：中国建筑工业出版社，2002.
[12] 中国建筑科学研究院 . 民用建筑供暖通风与空气调节设计规范：GB 50736—2012[S]. 北京：中国建筑工业出版社，2012.
[13] 上海市安装工程集团有限公司，同济大学，上海建筑设计研究院有限公司，等 . 通风与空调工程施工质量验收规范：GB 50243—2016[S]. 北京：中国计划出版社，2017.
[14] 中国市政工程华北设计研究院 . 城镇燃气设计规范：GB 50028—2006[S]. 北京：中国建筑工业出版社，2006.
[15] 城市建设研究院 . 城镇燃气输配工程施工及验收规范：CJJ 33—2005[S]. 北京：中国建筑工业出版社，2005.
[16] 中国建筑东北设计研究院 . 民用建筑电气设计规范：JGJ 16—2008[S]. 北京：中国建筑工业出版社，2008.
[17] 浙江省工业设备安装集团有限公司，宁波建工工程集团有限公司，杭州市建设工程质量安全监督总站，等．建筑电气工程施工质量验收规范：GB 50303—2015[S]．北京：中国建筑工业出版社，2016.
[18] 中国建筑科学研究院，北京市建筑设计研究院有限公司，中国航空工业规划建设发展有限公司，等．建筑照明设计标准：GB 50034—2013[S]．北京：中国建筑工业出版社，2014.